# 脳は数学をいかにして生みだすのか

武田 暁

丸善出版

# まえがき

古代ギリシャのピタゴラスは「知を愛する」を意味する「哲学」、「学問を学ぶ」を意味する「数学」という言葉の生みの親といわれている。数学と哲学は知的学問の中でもっとも抽象的な分野であるが、数学・哲学とはいったい何なのかと問われると、その問に答えるのは難しい。答えられないのは人が無知のせいではなく、数学や哲学の専門家でさえ、この疑問には容易に答えられない。

一般の人に数学とは何かとたずねると、「数学は数の学問である」という答が返ってくるかもしれない。たしかに古代のエジプト、バビロニア、中国等における数学はもっぱら数に関する学問であった。紀元前500~300年頃になると古代ギリシャで数学は数の学問を越えて発展したが、数論と幾何学がその中心的課題であった。プラトンの設立したアカデミアの入口には「幾何学を知らぬものは入るべからず」という文字が書かれていたと伝えられているが、真偽は明らかでない。当時は数学と天文学が学問の中心的課題であったが、プラトン主義とは「五感で認識する仮の世界とは独立した永劫不変な抽象的世界が存在する」という主張であり、数学はそのような抽象的世界での実在を表現していると考えられた。プラトンは「神は永遠に幾何学する」という言葉を残している。

今日では数学の対象は数論・幾何学を越えて著しく広がり、「数学とは何か」という問に答えるのは容易ではない。強いて答えれば、例えばキース・デブリンの言葉を借りると「数学はパターンの科学」、あるいは「秩序、パターン、構造、論理的関係性の科学」ということになる。数学はパターンの科学であるという考えは妥当な考えであるが、ここでいうパターンとは世の中に存在するあらゆるパターン、人が考え得るあらゆるパターンであり、抽象化された対象の示すパターンを含んでいる。

デカルトは「我思う、ゆえに我あり」という言葉で有名な最初の現代的哲学者であるが、著書『方法序説』には幾何学に関する膨大な付録がある。彼は「幾何学者たちが難しい証明に達するために使っている推論の長い鎖は、人間の知識の範囲に属するすべてのことがらは同じ仕方でつながっていると考えるきっかけになった」と述べている。近代科学の創始者であるガリレオ、ニュートンはデカルトに大きな影響を受けた人物であるが、彼らが科学的思考にもたらした革命は、数学が科学の文法であるという発見ともいえる。以来、今日まで「究極的な物理法則は数学で記述される」という考えが物理学者のあいだでは支配的な考えになっている。

数学は非常に論理的な学問であり、数学を特徴づける証明という手続きは、誤りのない論理の連鎖を用いてよく知られた命題から新たな命題を導く手続きである。哲学者・論理学者であるラッセルは、「数学は科学と関連して起こり、論理学はギリシャ人の中から生まれてきた。近年この二つの学問は非常に進歩し、論理学はだんだん数学的に、数学はだんだん論理学的になり、二つの学問の間に画然とした境界線を引くことはできず、事実上、一つの学問になってきた」と述べている。

著者は長年にわたり素粒子物理学の理論研究をしてきたが、物理学におけるマクスウェルの電磁気理論、量子力学と量子場の理論、アインシュタインの一般相対性理論、現代素粒子物理学の統一理論等は高度に数学的な理論であり、また同時にきわめて正確に物質世界の現象を記述できる理論である。これらの理論は時間・空間座標、時空のゆがみ、電場・磁場、素粒子の場、重力場、物理法則の対称性や対称性の破れなどなどの抽象的な概念を含んでおり、それらの抽象的概念を理解し、心の中にそれらの概念を含む世界像を形成し、論理的・数学的な操作を駆使して興味のある結論を見いだすのはたいへんな作業である。

自然を眺めるだけでは物理法則をあらわにすることはできず、観測や実験を通して得られた知見を統合して物理法則を見いだし、物質世界の世界像を形成するのは心の働きであり、心の働き、脳の機能の理解がなくては自然の理解はできないものと思われる。そのためには数学を支える脳機能、論理的推論を行う脳機能、抽象化した概念を生みだし操作する脳機能とは何かを明らかにすることが必要のように思われる。著者は脳科学に魅せられて、これまで『脳はいかにして物理学を創るのか』（岩波書店）、『脳はいかにして言語を生みだすか』（講談社）という著書を世に問うたが、かねがね数学を生み出す脳機能についても世に問いたいと考えてきた。本書はその問に答えるささやかな試みの一つである。最後になったが、著者がもち込んだ原稿を快く受け入れ本書の出版をしていただいた丸善出版、原稿を精査し本書を読みやすくするための数々の貴重なアドバイスをしていただいた企画・編集部の佐久間弘子氏に心からの感謝を申しあげる。

平成28年10月

武田　暁

# 推薦のことば

東京大学特別栄誉教授　小柴昌俊

著者は大学では私の4年先輩で、素粒子理論の学者として世界的に名を知られた私の尊敬する学者です。60数年にわたる長い付き合いですが、その間、カミオカンデの建設やニュートリノの研究についていろいろと貴重な助言をしてもらいました。

どういうわけか著者は70歳になられたころから脳科学の研究を始められ、その成果の一つがこの本であると思います。物理学の基本法則は数式で表されるという、自然を記述する数学の不思議な役割はよく知られていますが、理論物理学者である著者が、数学を創りだす脳の数理機能を明らかにしたいという意気込みの結晶がこの本によく表れていると思います。

# 目次

5章

# 脳の論理機能 ― 論理学と数学

## 8章

# 1章 序論――数と人間

人間は外界の物体の形、大きさ、色、動き等に対する感覚と同様に、生まれながらに集合中の物体の数に対する感覚をもっており、一つの物、二つの物の集合、三つの物の集合の違いを認知できる。幼児には1、2、3、多くても4くらいの数までの少数の物の集合を区別して認知する能力と、集合中の物体の数が多い場合でも物体の数の概略の値を認知する能力、二つの数の大小関係をある程度の精度で認知する能力とが備わっている。また多くの哺乳動物や鳥類も数に対して幼児と同様な数の感覚と数の認知能力をもっていることは、動物を対象にした多くの研究から明らかにされている(1,2)。幼児や動物の示す数の感覚とは、小さな数を区別して認知する能力、数の大きさを概算する能力、数の大小を比較する能力等であるが、視覚等を通して得られる外界の物体の数とは切り離された抽象的な数の概念は、幼児や動物はもっていないように思われる。

幼児や動物の示す数に対するこれらの感覚は、動物と異なり幼児では学習すると短期間のうちに大きな数までも区別して認知できるようになる。大きな数をも個別に認知する能力、数を数える能力、数を用いて計算する能力、さらには抽象的な数の概念の獲得等は人間に固有の能力であり、幼児はこれらの能力や数の概念をいつのまにか学習し獲得する。他の動物には見られないこれらの機能は幼児の言語能力とも関連しており、幼児の成長に伴い、言語の獲得と数学的能力の獲得とがたがいに関連して進行するように見える。

古代メソポタミア、エジプト、ギリシャ等の文明では数学・天文学が学問の中心的な役割を果たしていたが、プラトンやアリストテレス等により設立されたアカデミアでは数学・天文学を学問の中核として研究が行われ、これらの学校は蓄積された数学に関する知識の伝承にも大きな役割を果たした[3]。古代文明における数学は主として数論と幾何学であり、数と図形の示す神秘的な性質が当時の大きな関心事であった。古代文明の象徴でもあるギリシャ文明の最大の遺産は、仮説を立てる、推論をする、証明する等の人間の知的能力を顕在化したことであり、数論や幾何学の分野で予見されたいろいろな定理を、証明という論理手続きを用いて導いたことは、人類文化史の中の画期的な成果であった。数論と幾何学、特にユークリッド幾何学は、日々移り変わる世の中で未来永劫変わらない真実を表している学問と受け取られ、確実性の極みの学問と考えられていた。

この世には物質世界、人が意識的に構成する心の中の世界、それに加えて抽象的な数学の世界が存在すると考えよう。地上の物体や天空の星は物質世界の法則に従って運動しているが、それらの運動を支配する物理法則は物体の運動の観測を通して明らかにされてきた。人が観測するか否かにかかわらず物質世界が存在し、物質世界に固有の自然法則に従って物体は運動しているように見えるが、物体の運動をいろいろと観測してもニュートンの運動法則や万有引力の法則が顕在化して見えるわけではなく、人が観測結果を統合・抽象化することにより、初めてニュートンの運動法則や万有引力の法則が見いだされたので、物質世界を支配する自然法則は人が心の中で意識的に構成する世界像により初めて明らかにできたと考えられる。心の中で作りあげた世界像は観測結果そのものではなく、観測結果を一般化・抽象化して形成されたものであるが、そこで見いだした物理法則・世界像が物質世界を非常に正確に記述できることは不思議なことであり、物質世界と心の中で構成する物質世界像とが不可分なほど密接に関連していることを示している。

ルネ・デカルト（1596~1650年）は偉大な哲学者であり数学者でもあるが、1637年に出版された『方法序説』[4]には、幾何学に関する106ページにわたる優れた付録がついている。デカルトはデカルト座標系とよばれる今日では広く使われている直交座標系を初めて導入し、円や楕円等のいろいろな幾何学図形を、代数方程式を用いて表すことにより、幾何学と代数学が別個の数学ではなく、一つの真理を異なる方法で表現する学問であることを示す等の重要な貢献をし、現代数学の誕生への道筋をつけた人物である。デカルトは「人間の知識の範囲に属するすべてのことがらは、幾何学者が定理を証明するために使っている推論の長い鎖と同じ仕方で、たがいにつながっている」と述べている。デカルトの「幾何学」の影響を受けたアイザック・ニュートン（1642~1727年）は代表的著作である『プリンピキア』[5]を著したが、その正式の題名は「自然哲学の数学的原理」である。ニュートンは物理法則を数学で表すことを目標にしてニュートンの運動法則を作り上げたが、そのために数学に微分という概念と微分形式の方程式を導入した。

デカルトやニュートンにより強調された物理学の基本的な法則は数式で表されるという考えは、今日まで多くの物理学者に受け継がれている。物理学の理解に際しての数学の不思議な有効性について、著名な理論物理学者ウィグナーは「数学の不条理な有効性」とよんでいる[6]。物質世界を支配する法則が数学で表現できることは、ニュートンの運動法則だけでなく、マクスウェルの電磁気の法則、アインシュタインの特殊相対性理論・一般相対性理論等によりみごとに裏づけられており、物質世界を記述するこれらの法則は数学の世界が有効に、かつ、驚くほど正確に物質世界を記述できることを示している。数学には多様な数学があり、そのすべてが現実の物質世界のふるまいの記述に適しているわけではない。しかしいろいろな数学の成立の過程を見ると、素材になるアイデアはわれわれの五感を通して得られた直感に依存しており、数学は五感を通して得られた物質世界のいろいろな事象を抽象化・概念化し、それらを心の働きを通して論理的に統合してまとめあげたものといえる。

著名な数理学者・宇宙科学者であるペンローズは、物質世界、心の中で構成する世界、数学の世界の三つの世界はたがいに密接に結びついているので、実際には三つのべつべつの世界があるのではなく、いまだ充分には解明されていないが、ただ一つの世界が存在する可能性があるとも考えているように見える[7]。ちなみに古代ギリシャのプラトン（紀元前４２８~紀元前３４７年?）は、われわれの五感を通して認識する物質世界とは独立した永遠不変な抽象的世界が存在すると考えていた。自然数等の数、円や正方形等の幾何学図形、数や図形に関するいろいろな数学定理等は抽象的世界における普遍的な実在であるとプラトンは考えたが、このような考えはプラトン主義とよばれている。

数学の不条理な有効性を考えると、(1)数学的実在はそれを発見する人の心の働きとは関係なく独立に存在するのか、あるいは(2)数学的実在は人の脳の働きにより生みだされた産物で、人間の発明にすぎないのか、という疑問を生みだす。数学の研究が発見なのか発明なのかについては、数理科学者・自然哲学者のあいだでも意見が分かれているように見える。このような疑問に答えるためには脳の高度な働き、特に脳内で行われる抽象化された概念の形成と概念間の脳内相互作用の詳細を調べる必要があり、その中からいずれは答を見いだすことができるものと思われる。物質世界、心の世界、数学の世界という三つの世界を結びつける鍵となるのは脳の働きであり、本書では脳の構造と機能に基づいて、脳の数学的機能がいかにして行われるかを論じ、抽象的な概念の形成や操作等の高度の脳機能に迫ることにより、数学とは何かを探ること[8]にする。

以下に2章以降で取り上げる内容の概要を記す。2章の「数論と幾何学」では、古代ギリシャなどの文明で花開いた数学に関するいくつかの話題を取りあげ、数学のおもしろさと数学に隠された神秘性を読者に実感してもらい、またいくつかの具体的な数学定理の証明を例示して、証明という数学固有の手続きに触れる。3章の「数を認知する脳」では数を感じる、数を数える、数を記憶する、計算をする、図形を認知する、図形を操作する等の脳機能を概観し、記号や言葉を用いて学習することを通して人に固有の数学能力が獲得されることを示す。4章の「脳の数機能」では、fMRI（機能的磁気共鳴映像法）等の非侵襲的測定方法で得られた数を操作しているときの人の脳の活性化部位を概観し、併せてサルの脳の数機能に関与するニューロン・ニューロン集団の存在に関する実験結果をも概観し、これらの知見を統合して人の数機能に関与する脳部位を特定し、またそれら脳部位で数理機能がどのように行われるかを論じる。5章の「脳の論理機能―論理学と数学」では、論理演算とは何か、論理的推論を行う際の脳内論理回路について論じ、6、7章の「ニューロン回路網の数理機能Ⅰ、Ⅱ」では、数学における命題の表現、命題間の関連づけを行う論理演算等の数学構成に欠かせない機能が、ニューロン回路網の働きによりどのように行われるかを推論する。8章の「脳はいかにして数学を生みだすのか―証明という脳機能を再考する」は最終章であり、多様な論理演算規則をコードするニューロン群の存在について触れ、これまでの議論を振り返って、脳がいかにして数学を生みだすかを改めて考える。

## 参考文献

1. S. Dehaene: The number sense（Oxford University Press, Revised and updated edition, 2011).
2. K. Devlin: The math gene: How mathematical thinking evolved and why numbers are like gossip（2000).（デブリン、山下篤子訳、「数学する遺伝子―あなたが数を使いこなし、論理的に考えられるわけ」早川書房、２００

７）
3. M. Livio: Is god a mathematician（Simon and Schuster, Inc., 2009).（リヴィオ、千葉敏生訳、「神は数学者か？ 万能な数学について」早川書房、２０１１）
4. R. Descartes: Discourse on method, optics, geometry, and meteorology, translated by P. J. Olscamp（The Bobbs-Merril Company, 1965).（デカルト、山田弘明訳、「方法序説」筑摩書房、２０１０）
5. I. Newton: Mathematcal principles of natural philosophy（1729).（ニュートン、河辺六男訳、「自然哲学の数学的諸原理（世界の名著31　ニュートン）」中央公論社、１９７９）
6. E. P. Wigner: The unreasonable effectiveness of mathematics, Communications in Pure and Applied Mathematics, Vol.13（1960).
7. 参考文献3。
8. J-P. Changeux and A. Connes: Matiere a pensee（1989).（シャンジュー、コンヌ、浜名優美訳、「考える物質」産業図書、１９９１）

# 2章 数論と幾何学

## 古代の数論

物を数える際に使う数、1、2、3、……は自然数とよばれている。人間が物の数を数えるようになった時期がいつ頃かを特定するのは難しいが、いまから3万年くらい前の動物の骨には多くの刻みを入れた跡が見いだされており、何らかの集合中の物の数を刻みの数で表したように思われる。さらにいまから5千年ほど前になると、物の売買に使われたトークンを入れる粘土の箱等が多く見いだされており、トークンの数で売買された物の量を数値化したと考えられ、当時の人間が数を数えた明確な証拠と考えられている。

人間が骨や棒につけた印の数、小石・玉・粘土で作ったトークンの数等を用いて数を表した証拠が多々存在するが、これらの方法は大きな数を表すには不便であり、その後に記号を用いて数を表す方法が発見され、広く使われるようになった。数を表す記号は言葉を表す文字よりも早くから使われていたように見える。いずれにしても人には数に対する感覚と、物の数を数える能力とが古くから備わっていたと思われる。

現在広く用いられているアラビア数字、0、1、2、3、4、5、6、7、8、9で数を表すアラビア数字はインドで生まれ、次第に世界各地で広く使われるようになった。古代メソポタミア文明では数を表すのに六十進法と十進法がともに使われ、現在でも1時間を60分、1分を60秒で表す時間の測り方や、1度を60分、1分を60秒で表す角度の測り方等に六十進法の名残が見られる。メソポタミアの数システムでは位取りの方法も用いられており、大きな数を複数の桁を用いて表すことができた。一方、0は何もないこと、無を表す記号であるが、0という記号はメソポタミアの数システムには存在せず、0が最初に文献に見いだされるのはインドで7世紀のことである。しかし、それよりだいぶ早い時期から0は使われていたものと推測されている。

0が導入される以前の数の記述方法では大きな数を表すのに不便であり、位取りの方法と0を用いると、非常に効率的・簡明に大きな数を表すことができる。十進法の0を含めた数字はアラビア数字とよばれるが、インドで最初に用いられた十進法がアラビアに伝わり、その後に世界各地で広く用いられるようになったことから、この名称が使われるようになったものと思われる。アラビア数字を用いた数システムでは大きな数を表すのに複数の桁を用い、各桁に0から9までのいずれかの数字を当てはめることにより、いかなる大きな数も簡単に表すことができる。例えば1094という4桁の数は、$1\times10^3, 0\times10^2, 9\times10^1, 4\times10^0$ の四つの数の和であり、$n$ 桁目の数はその数に10の $(n-1)$ 乗を掛けた数を表している。1094の3桁目の0は3桁目の数がないことを示しているが、数字0を用いないと3桁目の数が必要でないことを示すのが少し複雑になることなどからも、0の導入が大きな数を表すのを容易にしたことは明らかである。

古代文明における数の歴史の中では、地域により十進法だけでなく六十進法、十二進法、五進法等も用いられたが、例えば六十進法では数字を表す60もの異なる記号が必要なのであまりに複雑で不便である。一方、現代の計算機に用いられる二進法では、大きな数字を表すのに桁数があまりに大きくなりすぎてしまい、六十進法とは別の理由で不便である。十進法は両手の指を使って数を数えるのに適していることもあり、人間の使う数システムとしてはきわめて自然な選択とも考えられるが、10個という手ごろな多さの数記号を用い、相当大きな数までも比較的少数の桁を用いて簡便に表現できるので、十進法は人間が進化の過程で見いだした数を表示する非常にすぐれた表現方法といってよい。

古代メソポタミアなどの数学では数計算は言葉を用いてまわりくどく説明されていたが、その後に加減乗除に用いられる+、−、×(または・)、÷(または／) 等の記号、等号=、不等号>、<等の記号が導入された。これらの数記号を用いると数計算や数学的推論の記述が容易になるので、数記号の導入は数学史上の画期的な出来事であった。時代や場所によりいろいろな数記号が用いられてきたが、現在では国や地域によらずほとんど共通な数記号が用いられており、アラビア数字と

数記号を用いた数学は万国共通の言語を構成しているといってもよい。ちなみに、現在用いられている＋、－の加減記号が登場したのは15世紀、等号＝が登場したのは16世紀、×、÷の乗除記号が登場したのは17世紀のことである[1]。

アラビア数字や各種の数記号は歴史の産物であり、これらの数字や記号を用いなければならない必然性は存在しないが、幼児がまわりで話されている言葉を聞くことを通して母語を学習するのと同様に、人は誰でもアラビア数字と数記号で表現される数システムにくり返し触れることにより、集合中の物の数の数え方、数の意味、数の表示方法、加減乗除等の数計算等を自然に習得できる。

メソポタミア、エジプト、ギリシャ等の古代文明では、数学が学問の中心的な地位を占めていた。ターレス（紀元前６２４～５４６年？）はミレトス（現在のトルコ西海岸地域）の生まれで、エジプト、メソポタミアで学び、自然哲学を学ぶイオニア学派の祖といわれている。ターレスは物質世界の成り立ちのモデルの提唱や日食の予言等でも知られているが、幾何学の祖ともいわれている。またピタゴラス（紀元前５７２～４９７年？）は直角三角形に対して成立するピタゴラスの定理（三平方の定理）の証明等でよく知られているが、彼の設立したアカデミアでは数学を最も重要な学問と位置づけており、ピタゴラス学派では自然の秩序は数を用いて表されると考えていたように見える。ピタゴラスは「学問を学ぶ」を意味する数学、「知を愛する」を意味する哲学という言葉の生みの親といわれている。

紀元前６００～紀元前３００年にわたる約3世紀の間の古代文明における数学、特に幾何学の成果は、紀元前３００年頃に出された13巻から構成されるユークリッドの著書『原論』にまとめられており、平面幾何学・立体幾何学・数論・無理数等が論じられている。『原論』は厳密な論理を用いて少数の公理・公準から多くの定理を導こうとした画期的な著作であり、その内容は大きな変更を受けることなく、今日でも世界中の初等・中等数学教育の基礎となる素材を提供している(2)。

以下では古代文明で議論され、今日でもその重要さが失われていない数と幾何学に関するいくつかの興味ある話題を取りあげよう。また数学の理解と数学の問題の解決にどのような脳機能が必要か、特に証明という数学に固有の論理的な推論にどのような脳機能が必要かに関しては後の章で論ずることにする。

## 素　数

自然数（正の整数）のなかには素数とよばれる一群の数がある(3)。2、3、7、……のように1と自分自身以外の数では割りきれない数を素数という。素数でない数、例えば6は2×3という具合に二つの素数の積で書けるが、素数でない自然数は複数の素数の積の形で書けるので合成数とよばれている。自然数を素数の積に分解して表すことを素因数分解とよんでいる。素因数分解はそれぞれの数に対して一義的に決まっている。

十九世紀のドイツの数学者レオポルト・クロネッカーは、「神は整数を創った。あとはすべて人のしわざだ」と述べているが、神の創った自然数を用いて素因数分解等の頭の体操ができるのは、神から人間に与えられた贈り物といってもよい。素数を小さい方から順に並べると、2、3、5、7、11、13、17、……という具合になる。例えば17が素数であることを確かめるには、17を17より小さい素数2、3、5、7で割ってみて、いずれの場合にも割りきれないことを確かめないといけないので多少時間が掛かる。しかし慣れてくると、一つの自然数、ただしあまり大きな数でない自然数が素数か否かの感覚が何となく身についてくる。

2で割りきれる自然数は偶数、2で割りきれない自然数は奇数とよばれる。自然数の最後の桁が0、2、4、6、8の数は偶数、1、3、5、7、9の数は奇数である。自然数を大きさの順に並べると、奇数と偶数が交互に現れる。ある自然数が偶数か奇数かは最後の桁の数字を見ればわかるので、その自然数が素数2で割りきれるかどうかはすぐにわかる。

ある自然数が3で割りきれるか否かを確かめるのは少し面倒になる。例えば18、123、1047等の数は3で割りきれるが、3で割りきれることを確かめる簡単な方法の一つは、異なる桁の数を全部足したとき、答が3、6、9のいずれかの数になることである。1+8=9, 1+2+3=6になるので、18、123は3で割りきれる。1047の場合には1+4+7=12となるが、答の12にまた同様な計算を行うと1+2=3になるので、1047は3で割りきれる。桁数の大きな26938 17のような数の場合には、3で割りきれる3、6、9の数字を無視して、2+8+1+7=18, 1+8=9から、2693817は3で割りきれることを確かめられる。

ある自然数が2、3の次に大きい素数5で割りきれるか否かを確かめるのは容易であり、最後の桁の数字が0か5の数は5で割りきれ、その他の自然数は5で割りきれない。2、3、5と順次大きな素数に移ると、次は素数7になる。7の倍数は14、21、28、……等、七つおきに存在するが、大きな自然数が7の倍数か否かを確かめるのにあまり簡便な方法がないので、実際にその数を7で割ってみるのが手っ取り早い。例えば123456２という自然数を7で割るのに少し時間がかかるが、答は176366余りが0で、7の倍数であることがわかる。

2、3、5、7と取りあげてきたので、次に素数11の倍数を考察しよう。121、1331、8778などはすべて11の倍数である。11の倍数か否かを簡単に確かめるには、奇数番目の桁の数を足し合せた数と、偶数番目の桁の数を足し合せた数とを比較し、その差が0になれば11の倍数である。121の場合には（1＋1）-2＝0、1331の場合には（1＋3）-（3＋1）＝0、8778の場合は(8＋7)-(7＋8)＝0になり、いずれも答は0なので、これらの整数はすべて11の倍数である。桁数が非常に大きな数の場合には、差が0でなく11とか22とか231とかの大きな数になり得るが、再び答の数の奇数桁の数の和と偶数桁の数の和の差をとり、その差が0になれば11の倍数になる。13以上の大きさの素数になると、2、3、5、11と異なり素数の倍数を探すためのあまり簡便な方法は見つからない。しかし大きな数の素因数分解をするのが楽しみになれば、より数が身近なものの感じられ算数が好きになるようにも思われる。大きな数の素因数分解が非常に難しいことを利用して、現代の暗号が構成されていることはよく知られている。

素数がどれくらい多数存在するのか、あるいは素数は限りなく存在するのかなどの疑問は昔から多くの人が興味をもった疑問である。以下に1から50までの素数、51から100までの素数を記してみよう。

1から50までの素数 —— 15個
2、3、5、7、11、13、17、19、23、29、31、37、41、43、47

51から100までの素数 —— 10個
53、59、61、67、71、73、79、83、89、97

51から100までの自然数の中の素数の数は1から50までの素数の数より少し少ない。同様に101から150、151から200までの素数を調べると、同じ50の幅の自然数中の素数の数はしだいに減ってくる。

18～19世紀の最高の数学者といわれるカール・フリードリッヒ・ガウスは、15歳のときに毎日の楽しみとして毎日15分ほど当時利用できた素数表を見ながら素数を調べ、5桁の自然数までの素数分布を調べたといわれている。また任意の自然数$N$より小さい素数の総数を概略表す公式を見いだしたことでも知られている。ガウスのことを考えると、脳の可塑性の大きな若いときに自然数や素数と深く戯れる経験をすると、数の世界に対する感覚が磨かれるだけでなく、脳内に数理機能を行う多様な回路網を準備するのに役立つのではないかと思えてくる。

## 著者の独白

筆者は東京大学理学部物理学科の2年生のとき、小平邦彦先生の特殊相対性理論の講義に出席した。先生は数学のノーベル賞といわれる4年に一度のフィールズ賞の日本人最初の受賞者である。当時は終戦翌年の混乱期であり、どんな講義内容であったかはあまり思い出せないが、先生は、机の上に詰まれていた受講学生提出のレポートを採点される際に、机の上のレポート群を床の上に放り出され、より遠くまで飛んだレポートから良い点をつけられたという話が伝説になっている。

1954年頃に先生のプリンストンのお宅をお訪ねしたことがあったが、その折に先生のピアノ演奏を聞かせていただいたり、数学上の苦労話を伺ったりした。数学で重要なのは数学的な直感だといわれ、先生は「数感」とよんでいたようである。フィールズ賞の受賞後のインタビューで、「数学を理解することは実在する数学的現象を見ること。見るとは数感により知覚すること。数感をみがかないかぎり数学の世界は見えてこない」ともいわれたようである。人は視覚・聴覚・触覚等の五感を通して外の世界を認知し理解するが、抽象的な世界である数学の世界を理解するには、素数を楽しむことを通して数学の世界で遊び、その世界を理解するための新たな感覚、数覚をみがく必要があるのかもしれない。

## 素数は限りなく存在する ― 背理法による証明

自然数の中に含まれる素数の割合は数が大きくなるほど減少してゆくが、それでは「どこかで素数がなくなるのか?」という疑問が生ずる。答は古くから知られており、いくらでも大きな素数が存在することが、いまから2300年ほど前に書かれたユークリッドの大著『原論』の中で証明されている。以下に証明の概略を述べよう。

最大の素数があると仮定して、その素数を$q_n$で表そう。素数を小さい方から順次$q_1$、$q_2$、$q_3$、……、$q_n$で表し、それら素数のすべての積に1を加えた数$N$を作る。$N=q_1q_2q_3\cdots q_n+1$である。$N$は最大素数$q_n$よりは明らかに大きな数であるが、どの素数$q_1$、$q_2$、$q_3$、……、$q_n$で割っても1が余る。したがっては$q_n$より大きな素数であるか、あるいは仮定に反して$q_n$より大きな素数が存在し、$N$はその素数で割りきれる合成数でなければならない。いずれにしても$q_n$より大きな素数が存在することになり、素数の大きさに上限がある、すなわち素数の数は有限個であるとの仮定は誤りになる。

以上の例のように、数学の証明では証明すべきことと反対のことが成立すると最初に仮定し、それから導かれる論理的結論が最初の仮定と矛盾することを示すことにより、証明すべき命題が成立することを示す方法がよく使われる。このような証明方法は背理法とよばれている。

## フェルマーの小定理 ― 数学的帰納法による証明

背理法は数学の定理の証明によく使われる方法の一つであるが、定理の証明に数学的帰納法とよばれる方法もよく使われる。素数に関する定理の一つであるフェルマーの小定理の数学的帰納法による証明を以下に示そう。フェルマーの小定理とは、「$p$が素数ならば、任意の自然数 $n$ に対して $n^p-n$ は $p$ で割りきれる」という定理である。数学的帰納法とは自然数 $n$ に関する一つの性質 $A(n)$ に対し、

(1) $A(1)$ が正しい、

(2) 自然数 $n$ について $A(n)$ が正しければ $A(n+1)$ が正しい、

という二つを示すことにより、任意の自然数 $n$ に対して $A(n)$ が正しいと結論する証明方法である。

フェルマーの小定理の場合、$X(n)=n^p-n$ とおくと $n=1$ に対して $X(1)=1^p-1=0$ となり、$X(1)=0$ は $p$ で割りきれるので $A(1)$ は正しい。次に一つの $n$ に対して定理が成り立つと仮定すると、$X(n)$ は $p$ で割りきれるので $X(n)=n^p-n=mp$ と書ける。ここで $m$ はある自然数である（$n=1$ のときは $m=0$）。次に $X(n+1)$ を計算すると、$X(n+1)=(n+1)^p-(n+1)=n^p+{}_pC_1\,n^{p-1}+{}_pC_2\,n^{p-2}+\cdots+{}_pC_{p-1}\,n+1-(n+1)$ となる。ここで ${}_pC_r\,(r=1, 2, \ldots, p-1)=p(p-1)\cdots(p-r+1)/r(r-1)\cdots2\cdot1$ は $p$ 個から $r$ 個を選ぶ組み合せの数である。

$p$が素数の場合には分子の$p$は分母に現れる$r$以下のいかなる数でも割りきれないので、${}_pC_r$は$r$が1から$p$-1のいずれの値の場合も$p$に比例する。また仮定により$n^p+1-(n+1)=n^p-n=mp$となるので、$X(n+1)$は$p$で割りきれる。したがって、$A(n)$が正しければ$A(n+1)$も正しいと結論できる。

定理の証明に用いられる背理法や数学的帰納法を支える脳機能は相当高度な脳機能であり、どのようにして脳がこのような数理機能を遂行できるのかを考えるのは重要である。8章で改めてこの問題を取りあげる。

## 自然数の示す不思議な性質

すべての自然数は素数の積で表せるので、素数は掛算の基本要素である。一方、1は足算の基本要素であり、1をくり返し足してゆけば、いかなる大きさの自然数も作ることができる。素数は足算でも大事な役割を果たしており、18世紀の数学者クリスチャン・ゴールドバッハは、「2より大きな偶数はどれも二つの素数の和で表される」と予測した。$4=2+2$, $18=7+11$, $170=73+97$という具合に、4以上の偶数は二つの素数の和で表せる。非常に大きな偶数の場合に和がその偶数になる素数の組を探すのはたいへんな作業になるので、ゴールドバッハの予測が正しいと結論するのは難しい。これまで多くの数学者がこの予測を証明しようと試みてきたが、いまだ証明されていな

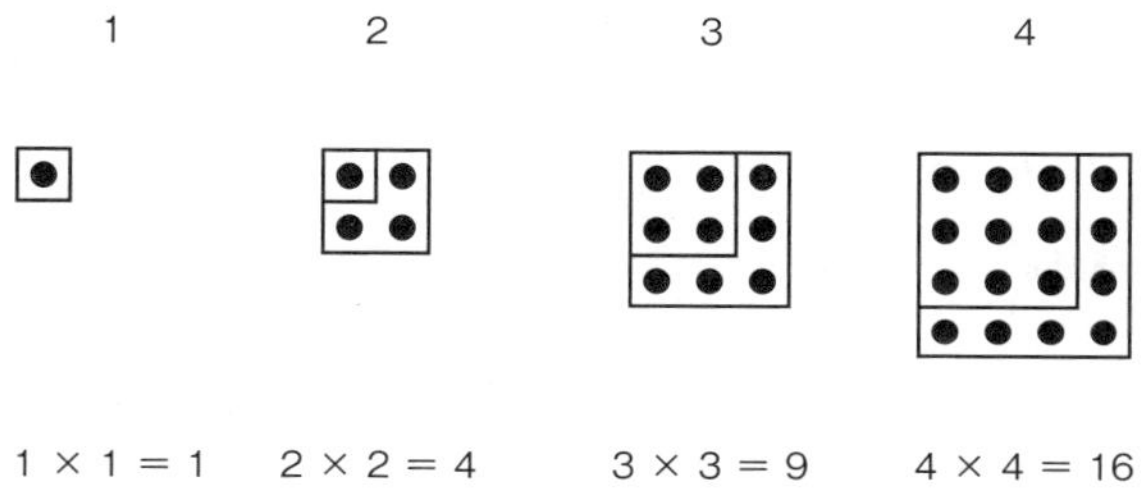


**図2・1**　グノモン図形

い。しかしゴールドバッハの予測に反する例も見つかっていない。ちなみにゴールドバッハは「2より大きいすべての整数は三つの素数の和で与えられる」との予測もしている。

自然数にはいろいろとおもしろい性質があり、古くから議論の対象とされてきた。例えば、自然数の中には完全数とよばれる数がある。ある自然数を割りきれる数をその数の約数とよぶが、例えば6の約数は1、2、3である。1も約数に含めることにする。1+2+3=6から、6のすべての約数の和は6に等しい。整数6のように、すべての約数の和と等しい数を完全数とよぶ。完全数を探すのはなかなかたいへんであるが、古くから完全数探しは一つの興味の対象になっており、西暦100年頃に書かれた書物には、当時知られていた完全数として6、28、496、81238が挙げられている。

奇数を1から小さい順に順次足してゆくと、1+3=4, 1+3+5=9, 1+3+5+7=16, ……のようになる。これらの値は4=2×2, 9=3×3, 16=4×4, ……で示されるように、2、3、4、……の平方数である。なぜかを理解するために図2・1のような正方形

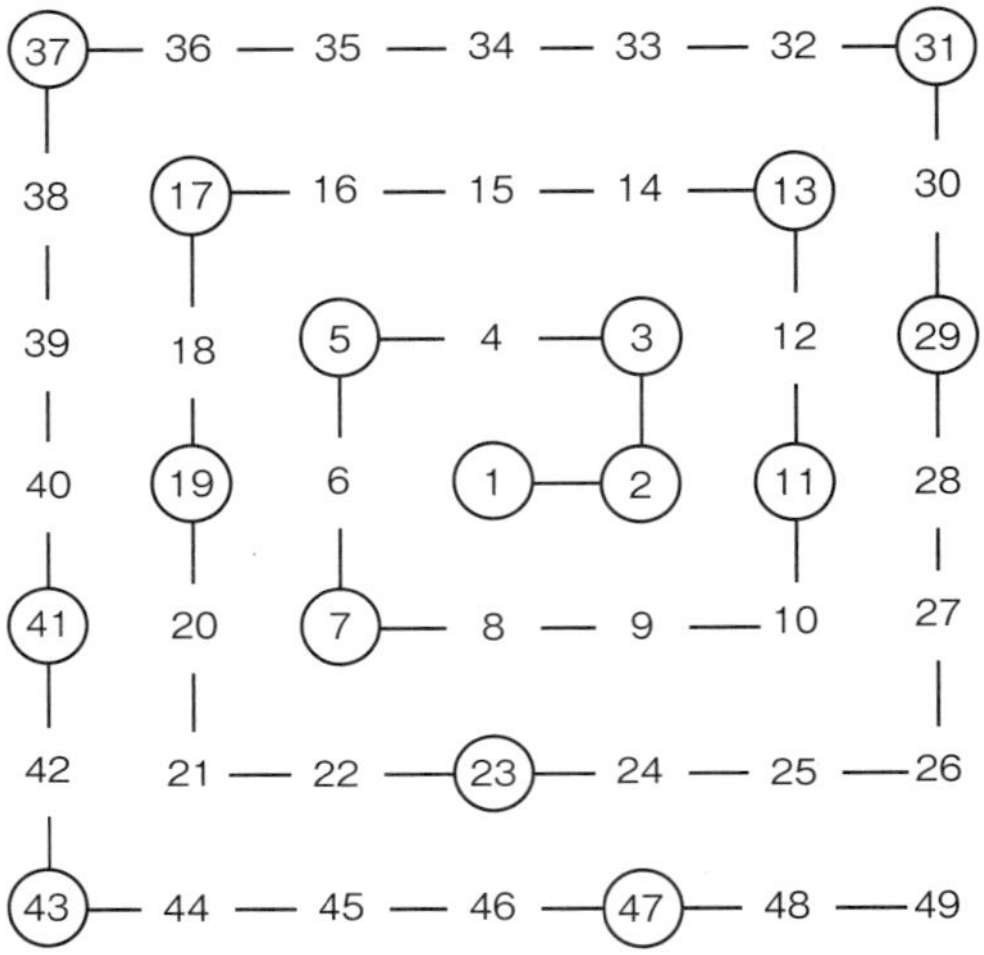


**図 2・2** ウラムの渦巻き図形

の升目に丸を入れた図形を書いてみる。

最初の図形は一つの升目に丸を入れた図形、次の図形は升目を3個増やして辺の長さが2倍の正方形を作り、それぞれの升目に丸を入れた図形、その次の図形は升目を5個増やして辺の長さを3倍にし、個々の升目に丸を入れた図形である。このように順次大きくなる図形を作ると、辺の長さが1、2、3、……、面積が1、4、9、……の正方形ができる。大きな図形を作る際に加える逆L字型の図形をギリシャ人はグノモン[4]とよんでいた。グノモンは指針を意味する単語である。逆L字形の図形に含まれる丸の数は順次3、5、7、……である。このように奇数個の丸を順次加えていくと辺の長さが1ずつ大きな正方形ができるので、奇数の足算から数の平方が得られることを理解できる。このように図形を描いて幾何学的な考察をすると自然数の間に成り立つ関係を理解するのに役立つことが多く、自然数の性質と幾何学は密接な関係で結ばれているように見える。

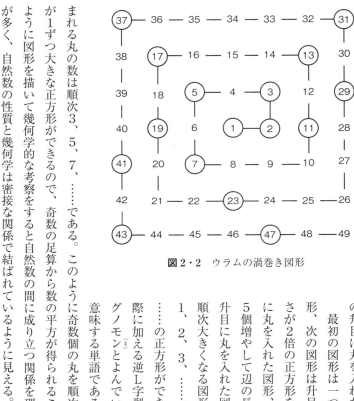

自然数の中に素数がどのように分布しているかを示唆する図形として古くからいろいろな図形が考えられてきたが、数理物理学者であるスタニスワフ・ウラム（１９０９〜１９８４年）により作られた素数分布を示す図形を図２・２に示した。[5] 自然数を１から順次渦巻き状に反時計回りに並べると、多くの素数がたがいに斜め方向に並んでおり、素数分布に隠されたなんらかの規則性を示しているように見える。図中の円で囲んだ数字は素数である。このような図形が素数分布を理解するのにどのような意味をもつかは明らかでないが、幾何学図形を描くことが素数分布を直感的に理解するのになんらかの役割を果たす可能性を示唆している。

## 幾何学

図形についての数学を幾何学という。古代文明の世界でも幾何学は土地測量・航海術・天体観測等の現実的な要求から重要視されていたが、メソポタミア・エジプトの古代文明では幾何学は数論・天文学とともに文化の最先端の学問としての地位を占めていた。特筆すべきは各種の図形の示す性質を証明という手続きで論理的に説明する試みが行われたことであり、その成果の多くはユークリッドの『原論』にまとめられている。古代文明の最大の成果は、仮説を立てる、推論する、証明するなどなどの人間の高度な能力を顕在化したことと、数学・天文学を最大の研究テーマとするいくつかの学校が設立され、初めて文化の伝承を行う制度が確立したことと思われる。

## 三垂線の定理とピタゴラスの定理

平面幾何学の定理の証明の例として、ここでは三垂線の定理とピタゴラスの定理を取りあげ、これらの定理がどのように証明されたかを見てみよう。任意の三角形ABCをつくり、各頂点A、B、Cからその対辺に垂直な直線を引いて三つの垂線を作ると、それらは一点Oで交わる。これが三垂線の定理である。なぜ一点で交わるかは簡単には理解できないが、任意にいくつかの三角形を描いて、それら三角形の三垂線を作ると必ず一点で交わるので、誰でも三垂線の定理が成り立つことを確認できる。また任意の直角三角形を作り、直角をはさむ二辺の長さのそれぞれの平方の和を計算すると、斜辺の長さの平方に等しくなることを確かめられる。これがピタゴラスの定理である。

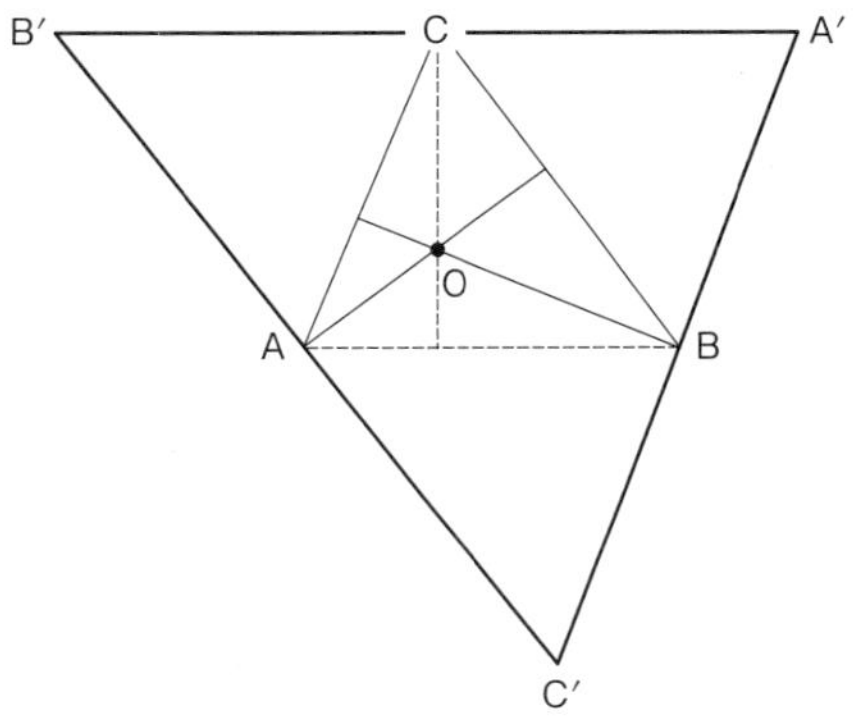


**図 2・3**　三垂線の定理

最初に三垂線の定理の証明を見てみよう。三角形ABCが与えられたとき、図2・3のように各頂点A、B、Cを通り、その対辺に平行直線をそれぞれ引き、大きな三角形A′B′C′を作る。三角形

A′B′C′には四つの三角形A′BC、B′CA、C′AB、ABCが内蔵されるが、これら四つの三角形はたがいに合同であり、同じ形・同じ大きさの三角形である。したがって辺AB′と辺C′Aの長さは同じになるので、Aは大きな三角形の辺B′C′の中点になる。同様にBは辺A′C′、Cは辺A′B′の中点になる。

Aは B′C′の中点なので、Aから辺B′C′への垂線、すなわちAから辺BCへの垂線上のどの点もB′、C′から等距離にある。またBは辺A′C′の中点なので、Bから辺A′C′への垂線、すなわちBから辺ACへの垂線上の点はA′、C′から等距離にある点である。したがって、これら二つの垂線の交点であるOはA′、B′、C′のいずれの点からも等距離にある。一方、Cから辺ABへの垂線はA′、B′から等距離にある点の集まりなので、点Oもこの垂線上にある。したがって三垂線はいずれも点Oを通るので、三垂線の定理が証明できたことになる。

次にピタゴラスの定理（三平方の定理）を考察しよう。ピタゴラス（紀元前572〜497年？）は数学という言葉の生みの親と考えられている。ピタゴラスの著作は現存していないが、後に書かれたピタゴラスの伝記や言い伝えにより、その業績が知られている。ピタゴラスの定理とは任意の直角三角形に対して、直角をはさむ2本の底辺に接する正方形の面積の和は斜辺に接する正方形の面積に等しいという定理である。この定理が成立することは直角三角形の土地の三辺の長さの測量等を通して古くから知られていたが、ユークリッドの『原論』にその証明が記載されている。定理はピタゴラス本人、あるいはピタゴラス派の人物により初めて証明されたと考えられており、今日

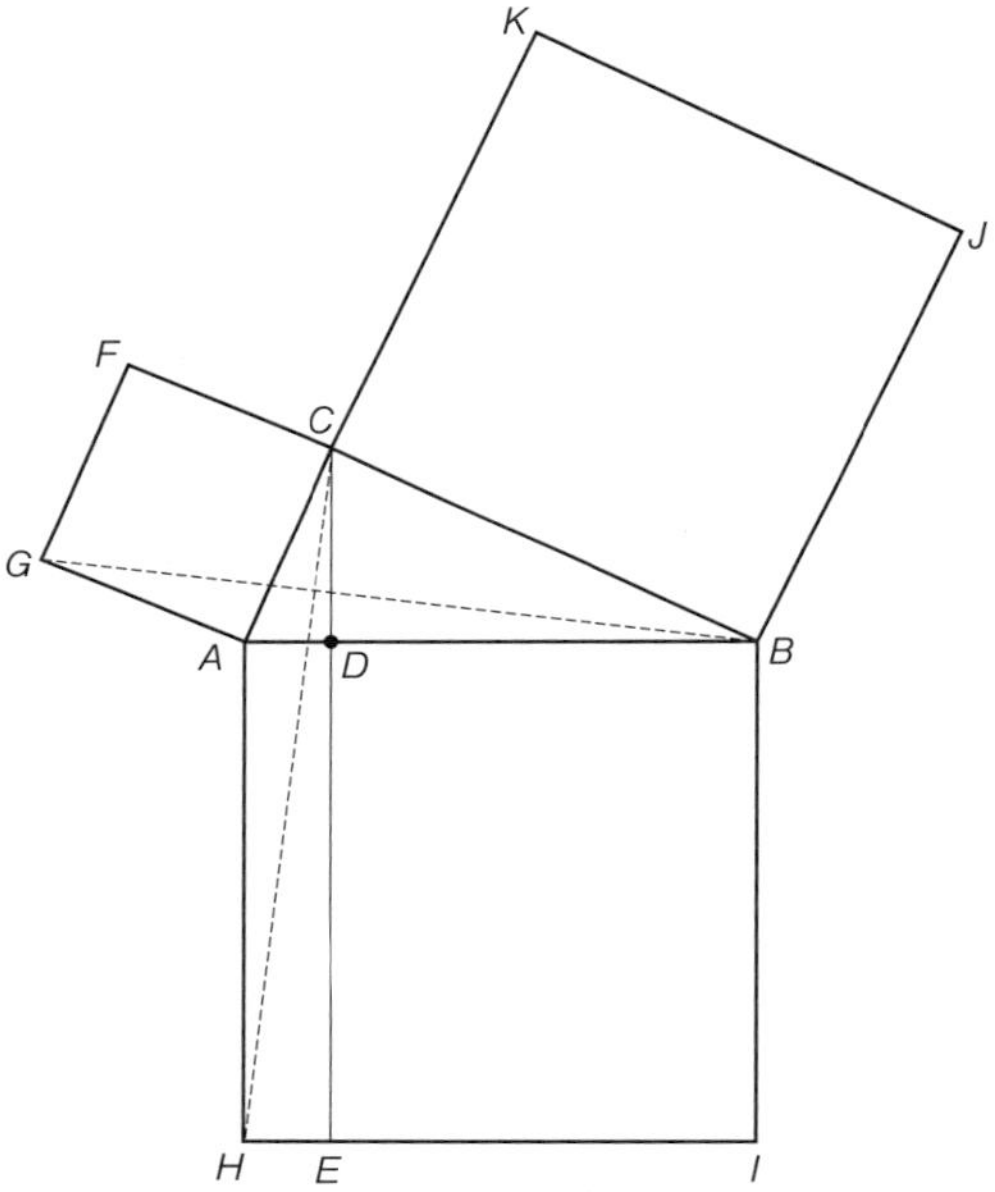


**図2・4**　ピタゴラスの定理

までに多様な証明の仕方が知られている。ここでは一つの典型的な証明の概略を示そう。

図２・４に示したように直角三角形ＡＢＣの各辺に外接する三つの正方形を描く。角ＡＣＢが直角なので、図の3点ＦＣＢは一直線上にあり、また3点Ｋ、Ｃ、Ａも一直線上にある。次に頂点Ｃから辺ＡＢに垂線を下ろし、ＡＢとの交点をＤとする。また、その垂線を延長してＡＢに外接する正方形の辺との交点をＥとする。この図形で矩形ＡＤＥＨと正方形ＡＣＦＧの面積を比べてみる。図の三角形ＡＣＨは底辺の長さが辺ＡＨの長さ、高さがＡＤの長さの三角形なので、その面積は1/2×(ＡＨの長さ)×(ＡＤの長さ）になり、ちょうど矩形ＡＤＥＨの面積の半分になる。同様に図の三角形ＡＢＧの面積は正方形ＡＣＦＧの面積の半分になる。

一方、二つの三角形ＡＣＨ、ＡＢＧは形と大きさの等しいたがいに合同な三角形であり、二つの三角形の面積は等しい。したがって、これら三角形の面積の2倍の面積をもつ正方形ＡＣＦＧと矩形ＡＤＥＨの面積はたがいに等しいことになる。同様な方法で、正方形ＢＣＫＪの面積と矩形ＢＤＥＩの面積が等しいことを示せる。したがって二つの矩形ＡＤＥＨ、ＢＤＥＩの和である正方形ＡＢＩＨの面積は二つの正方形ＡＣＦＧ、ＢＣＫＪの面積の和になるので、ピタゴラスの定理が証明されたことになる。三垂線の定理やピタゴラスの定理の証明の際に、図２・３、２・４に示したようにいろいろな補助線を引いて定理を証明したが、補助線を用いることにより演繹的推論を容易にする能力は人間が学習を通して獲得した機能と思われる。

次に補助線を用いた典型的な証明の別の例として、「三角形の内角の和が１８０度である」という定理の証明を見てみよう。図２・５に示したように任意の三角形ＡＢＣに対して、頂点Ａを通り辺ＢＣに平行な直線ＤＥを引く。角ＡＢＣは角ＤＡＢに等しく、角ＡＣＢは角ＥＡＣに等しい、したがって三角形ＡＢＣの内角の和は頂点Ａを取り巻く角ＤＡＢ、角ＢＡＣ、角ＣＡＥの和、すなわち１８０度になる。三角形の内角の和が１８０度であることは直感的にわかることではないが、角ＡＢＣが角ＤＡＢに等しいこと、角ＡＣＢは角ＥＡＣに等しいこと、三つの角ＤＡＢ、ＢＡＣ、ＣＡＥの和は１８０度であることは図形を見れば直感的に理解できることであり、補助線を引

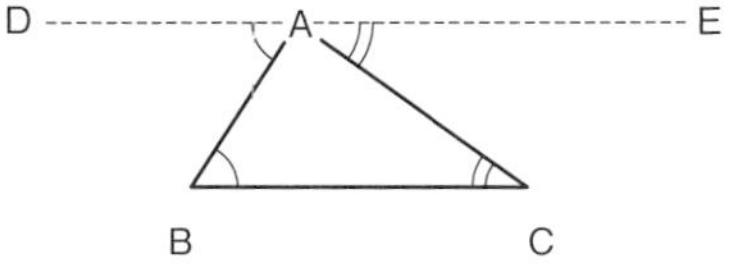


**図２・５**　三角形の内角の和＝180 度

くことにより直感的に理解できることがらのみを用いて定理を証明することができる。

辺の長さがそれぞれ3、4、5の三角形は$3^2+4^2=5^2$という関係を満たす正三角形であり、古代エジプトでは直角を作るのに、辺の長さが3、4、5の割合の三角形を用いたといわれている。3辺の長さの比が整数比で直角三角形を作れる図形の中で、斜辺の長さが素数のものとしては、斜辺の長さが上述の5の場合だけでなく、5、13、17、29、37などの直角三角形が知られていた。

$$3^2+4^2=5^2,\ 5^2+12^2=13^2,\ 8^2+15^2=17^2,\ 20^2+21^2=29^2,\ 12^2+35^2=37^2,\ \cdots\cdots$$

素数5、13、17、29、37などは4で割ると1余る素数であるが、これら素数の平方は二つの自然数の平方の和として表せる。このような数と図形の間の不思議な関係は古代の人々を魅了したものと思われる。

## 平面幾何学の公理系

ユークリッドの『原論』では、平面幾何学図形の示すいろいろな性質をいくつかの公理から構成される公理系に基づいて、厳密な論理のみを用いて証明している。ユークリッドの平面幾何学の公理系を構成する公理は次のように表される。

（1）任意の二点を結ぶ直線が引ける
（2）直線は両方向へ無限に延長できる
（3）任意の点を中心とし、任意の半径の円を描ける
（4）すべての直角はたがいに等しい
（5）任意の直線と、その直線上にない任意の点が与えられたとき、その点を通ってその直線と平行な直線を一つだけ引ける（平行線の公理）
（平行線の公理は別の公理でおき換えることも可能である。ユークリッドの「原論」では10個の公理が設定され、平行線の公理は以下のように少し複雑な公理で表されている。「平面上の2直線が3本目の直線と交わっていて、同じ側の内角の和が2直角より小さいとする。このとき2直線を内角の和が2直角より小さい方向に十分に延長すれば、2直線は必ず交わる」という公理である。この公理と前記の公理5とは同等であることが示されている。）

上述の五つの公理はわれわれの通常の感覚からいうとほとんど自明のことがらを述べているように思われるが、このような自明な公理系から、証明という論理的な手続きで平面幾何学のいろいろな定理を証明できることは偉大な成果といってよい。さきに三垂線の定理やピタゴラスの定理の証明の概略を示したが、上記の五つの公理からなる公理系を用いて、これらの定理を証明できる。

## 有理数、無理数、アラビア数字

ここで数について少し整理しておこう。物を数える際に使う数1、2、3、……は自然数とよばれる。自然数に0を含めることもある。0、1、2、3、4、5、6、7、8、9を用いて数を表すアラビア数字はインドで生まれ、現在では広く世界中で使われているが、十進法ではなく五、十二、六十進法が用いられた地域や時代もあり、十二、六十進法の名残は今でも残っている。1、2、3、……という自然数は集合中の物体の総数を数える数として用いられるが、1番目、2番目、……という具合に集合中の物体の順番を数えるのにも用いられ、順序数の性質ももっている。

自然数は正の整数であるが、正の整数から負の整数、整数比で表される分数の導入に至るのは容易であり、また分数を少数で表すなどのことも行われ、数の領域は広がっていった。最初に負の数が導入された際、負の意味を理解するのにはいろいろな混乱があったと伝えられているが、人は負の数をいつのまにか自然に受け入れてきたように見える。整数比で表される数は有理数とよばれるが、有理数を少数で表すと、2/5＝0.40000…、2/3＝0.6666…、1/7＝0.142857142851 4285…のように、0が無限に続くか、同じ数列が無限にくり返されるかのいずれかになる。

すでに紀元前300～400年頃には、直角をはさむ2辺の長さがそれぞれ整数の直角三角形の斜辺の長さは必ずしも有理数で表せないことが広く知られており、新しいタイプの数が必要のように見えた。例えば直角をはさむ二辺の長さがそれぞれ1の場合はピタゴラスの定理により斜辺の長さは2の平方根になるが、2の平方根は有理数では表せない。2の平方根だけでなく、ピタゴラス派の数学者により自然数3、5、6、7、8、10、11、12、13、14、15、17の平方根も有理数では表せないこと、すなわち新たな種類の数である無理数であることが示された。その後に4、9、16、25などの自然数の平方で表される平方数を除くと、他のすべての自然数の平方根は無理数であることが証明されている。無理数を少数で表すと、無限に続く、かつ、くり返し数列ではない小数になる。

平方数でない自然数の平方根が有理数でないことを証明する一つの方法の概略は以下の通りである。平方数でない自然数$N$の平方根が有理数であると仮定すると、適当な二つの整数$p$、$q$を用いて、$N$の平方根は$N^{1/2}=p/q$のように分数で表せる。これから$Nq^2=p^2$が得られる。$N$、$p$、$q$をそれぞれ素因数分解すると、$p$、$q$の素因数分解に現れる素数は、どの素数も$p^2$、$q^2$には偶数べきで現れる。一方、$N$は平方数でないので、$N$の素因数分解に現れる素数の中には奇数べきで含まれる素数が必ずある。その素数のべき乗を比べると、$N$には奇数べき、$p^2$、$q^2$には偶数べきで現れるので、$Nq^2=p^2$という等式は成立し得ない。したがって、平方数でない自然数の平方根は有理数で表せない。

## 代数方程式

未知数の値を決める方程式である代数方程式もユークリッドの『原論』に記されている。特定の数を表す記号ではなく、未知数を表す記号が導入されたことも画期的な出来事である。『原論』には未知数 $x$ の値を決める一次方程式、二次方程式などの代数方程式の解法や解も論じられているが、代数学も古代ギリシャ文明の偉大な遺産である。$x$ のべき乗の係数が有理数の代数方程式の解が存在する場合には、$x$ の値は必ずしも有理数ではなく一般に無理数になるが、円周率のような数は係数が有理数の代数方程式の解には現れない。円周率のような代数方程式の解としては得られない数は、無理数の中の超越数とよばれている。

## 円周率

古代から正方形と同じ面積の円とはいかなる半径の円かが問題にされてきた。円周率は円周の長さを円の直径で割った値として定義され、また円の面積は円の半径の平方と円周率の積で表される。円周率 $\pi$ の値は古くから議論されてきたが、円に外接、または内接する正多角形の辺の長さの総和から円周の長さの上限と下限を求め、円周の長さを近似的に得る方法で円周率が計算されてきた。用いる正多角形の角数を大きくするほど、よりよい精度で円周率を計算できる。

円周率の値として古代メソポタミアでは3が用いられたときもあったが、紀元前300年頃のアルキメデスは正九十六角形を用いて円周率を計算し3・14を得ている。その後も多くの地域で円周率の計算がなされてきたが、例えば西暦190年頃の中国では円周率＝3.14159（3072個の辺をもつ正多角形で計算）、西暦600年頃の中国では3.1415926と3.1415927の間との値が得られ、西暦630年頃の中国の公式記録では円周率を3.1415927とするなどのことが記されている。[2] 円周率は無理数であり、小数で表現するとくり返しのない無限に続く小数になる。いずれにしても、円周率は古くから世界中の数学者の興味の対象であったように見える。現在ではより効率的な円周率の計算方法と計算機を用い、10兆桁程度の精度で円周率が計算されている。

## 複素数

二次の代数方程式の中には解の存在しない方程式が存在する。例えば二次方程式である $x^2=A$ を例として考えると、$A$ が負の数であるときには解が存在しない。数学者はすべての代数方程式に解が存在することを望んだようで、$x^2=-1$ の解として虚数 $i$ を導入し $x^2=\pm i$ とした。実数と虚数から合成される数を複素数とよび、実数 $a$ と虚数 $ib$ から複素数 $a+ib$ が作られる。整数、有理数、無理数、複素数という具合に数の領域は拡大されてきたが、人は他の動物と異なり、数の領域を拡張することや、新たに導入された数を理解し使用する能力をもっているように見える。虚数はカルダノ（1501～1578年）により初めて導入されたが、彼は「虚数は詭弁的であり、数学をここまで拡張しても実用上の使い道はない」と述べていた。デカルトは虚数を想像上の数とよんだが、虚数の有用性を示したのはオイラー（1701～1783年）であり、彼は虚数を記号 $i$ で表した人物である。

## 数と図形

数と図形との間には密接な関係がある。整数を視覚的に表現するためには図2・6に示したように1直線上に等間隔に点を打ち、その中の一つの点を原点に選んで数0に対応させ、原点の右に等間隔に並ぶ点を順次1、2、3、……に、左に等間隔に並ぶ点を順次 -1、-2、-3、……に対応させることができる。このようにすると、各点の原点からの距離が整数の絶対値の大きさになる。有理数である1/3、2/7、7/2等の分数は整数を表す点のあいだに位置する点に対応させることができ、原点からその点までの距離が分数の大きさになる。有理数と無理数を合せた数を実数とよぶが、無理数を含む実数は直線上のいずれかの点に対応することが証明されており、実数の大きさは直線上での原点からその点までの距離で表される。

複素数 $a+ib$ を表すには、図2・7に示したように二次元平面上にたがいに直交する2本の直線を引いて $x$ 軸と $y$ 軸とし、二つの直線の交点を原点に選び、$x$ 座標が $a$、$y$ 座標が $b$ の点を複素

数 $a+ib$ に対応させることができる。複素数の二次元表示を用いるとピタゴラスの定理は容易に理解できる。座標原点 (0, 0)、$x$軸上の点 $(a, 0)$、複素数 $a+ib$ に対応する点 $(a, b)$ の3点の作る図形は直角三角形であり、原点と点 $(a, b)$ を結ぶ線は直角三角形の斜辺になる。直角三角形の直角をはさむ二辺の長さはそれぞれ $a$、$b$ であり、原点から点 $(a, b)$ までの距離は直角三角形の斜辺の長さであるが、長さの平方は複素数 $a+ib$ の大きさの平方 $(a+ib)(a-ib) = a^2+b^2$ で与えられるので、ピタゴラスの定理が複素数を用いて証明されたことになる。

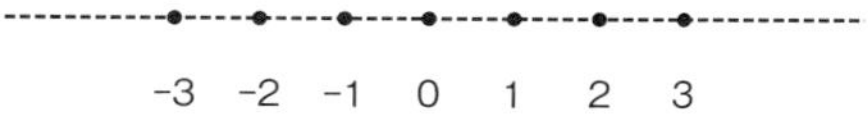


**図 2・6**　実線と直線

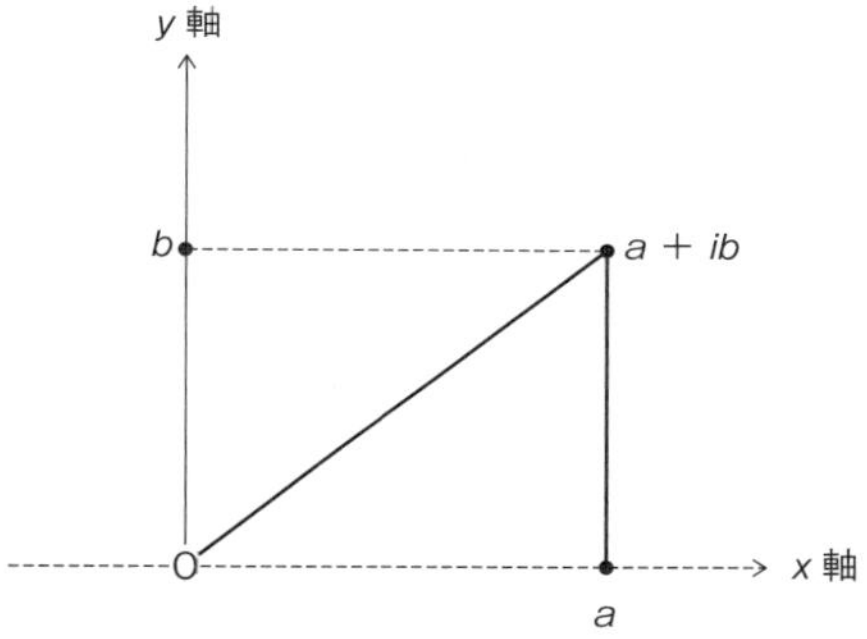


**図 2・7**　複素数の 2 次元表現

人はいろいろな形の図形を認知できる。直線や曲線は一次元図形であり、円・正方形・矩形等は二次元図形、球や立方体は三次元図形であるが、これらの図形を認知し、あるいはこれらの図形を操作する機能が人には備わっている。先に取りあげた三垂線の定理やピタゴラスの定理の証明の際には複数の三角形がたがいに合同な図形であることを利用したが、図形の合同を認知する際には図形を移動あるいは回転して二つの図形が重なることを示す必要があり、また問題によっては図形の移動・回転だけでなく、図形の縮小・拡大等の操作も必要になる。脳にはこのような操作を行う機能が備わっており、脳の空間認知・空間情報処理機能が数学、特に幾何学を構成する機能を支えているものと思われる。

この章の締めくくりとして、数理科学者であり現代計算機の祖ともいえるフォン・ノイマン（1903～1957年）がどのように数学を見なしていたかを述べることにする。彼は50歳を過ぎたばかりの若さで不幸にして病死したが、亡くなる頃は脳科学にも強い関心を示していた。その頃のノイマンの言葉を引用しよう。[6]「言語はおおむね歴史的な産物と了解するのが適切だろう。……ギリシャ語やサンスクリット語は歴史の産物にすぎず、完璧な論理的必然性のもとにできたものではないのと同じように、論理学も数学も歴史的・偶発的な表現形式と見なすのが理にかなっている。したがって、論理学と数学にはわれわれのまだ知らない変種も存在するはずである。脳の中枢神経系と神経伝達システムの性格がそれを物語っている。中枢神経系がどんな言語を用いているにせよ、私たちが通常慣れ親しんでいるものよりも小さい論理深度と算術的深度を特徴としているのがわかる」。

数学を人の進化の歴史の中で生みだされた歴史的偶然の表現と考えるか、あるいは人が作りあげたものではなく、人が五感で認識する世界とは独立した永劫不変な抽象的世界を記述する体系と考えるかは論議の対象であるが、次章以降では数学を支える脳の数理機能について論ずることにしよう。

# 参考文献


1. M. Livio: Is god a mathematician (Simon and Schuster, Inc., 2009).（リヴィオ、千葉敏生訳、「神は数学者か？ 万能な数学について」早川書房、２０１１）
2. A. Hellemans and B. Bunch: The Timetables of Science, A chronology of the most important people and events in the history of science (Simon and Schuster, Inc., 1988).
3. 「ゼロと無限素数と暗号—数学者たちを魅了してきた深奥な数」（ニュートンムック、ニュートン別冊、ニュートンプレス、２０１２）
4. R. Kaplan and E. Kaplan: Hidden Harmonies (2011).（R・カプラン、E・カプラン著、水谷淳訳、「数学の隠れたハーモニー」ソフトバンク・クリエイティブ、２０１１、２章参照）
5. P. Atkins, Galileo's Finger (Oxford University Press, 2003).（アトキンス、斉藤隆央訳、「ガリレオの指」早川書房、２００４、３９５ページ参照）
6. N. Macrae: John Von Neumann (A Cornelia and Michel Bessie Book, 1992).（マクレイ著、渡辺正、芦田みどり訳、「フォン・ノイマンの生涯」朝日選書６１０、朝日新聞社、１９９８）; J.Von Neumann: The computer and the brain (Yale University Press, 1958).（フォン・ノイマン、柴田裕之訳、「計算機と脳」ちくま学芸文庫 Math & Science、筑摩書房、２０１１）

# 3章 数を認知する脳

前章では古代文明で花開き、今日でもわれわれの興味の対象である数論と幾何学に関するいくつかの話題を取りあげた。数と幾何学図形の示す不思議な性質を見いだして楽しむ、それらを理解するために必要な定理の証明を行うなどの行為を行う際、どのような脳部位、脳機能が働くかを考えよう。特に人が数や図形に関する操作を行っているとき、ｆＭＲＩ（機能的磁気共鳴影像法）やＰＥＴ（陽電子放射断層撮影法）等の非侵襲的測定方法による脳の活性化部位の画像化を行った結果を参照して、数を認知する、数を数える、数を記憶する、数を操作する等の際に働く脳部位・脳機能について考えよう。

人は目で物を見る、耳で音を聞く、手で物に触れる等の行為により、五感を通して脳に入ってくる情報を分析・統合処理して物の大きさ・形・色・位置等を認知するが、同時に物の集まりに含まれる物体の数をも認知する。また複数の物体の発する音や、複数の音節からなる音声を分析処理し、音源の数や音声中の音節の数をも認知できる。数は大きさ、形、色等とは異なる性質であるが、生まれたばかりの赤ん坊でも数の感覚をもっており、1、2、3等の小さな数を区別して認知する能力と、二つの数を比較して大小関係をある程度は認知する能力をもっている。このような能力は動物ももっているが、動物と異なり人は成長すると非常に大きな数をも個別に認知し記憶できるようになる。デハーネの著書『数の感覚（The number sense）』[(1)]や、デブリンの著書『数学する遺伝子（The math gene）』[(2)]には、動物や幼児の示す数の感覚、数を処理する能力等に関する多様な実験・観測結果が詳しく述べられている。以下では数を認知したり数を操作する脳機能と機能脳部位について論ずる。

## 数の感覚、数の認知

哺乳動物や鳥類等の示す数の感覚に関しては、多くの観測・実験結果が蓄積されている。動物が1、2、3等の小さな数を区別して認知する能力を示す一例は次のようなものである。実験対象はワタリガラスで、片方の箱のみに食べ物を入れた二つの箱を用意する。箱のふたにはそれぞれ違う個数の点が書いてある。それらの箱のそばに一つのカードが置いてあり、そのカードには食べ物の入った箱のふたに書かれている点と同数の点が書かれている。カラスは何度かふたを開ける試みを繰り返した後に、食べ物を得るためにはカードに書かれている点と同数の点が書かれているふたの箱を開けることを学習した。この実験からカラスは2、3、4、5、6個の点を識別できることが示されている。[3]

動物は小さな数を正確に認知できるだけでなく、数を概算する能力をもっている。例としてネズミを用いた次の実験を取りあげよう。[1、4] ネズミを二つのレバーA、Bが設置されている箱に入れ、ネズミがレバーAを $n$ 回押してからレバーBを押すとえさが出る仕掛けを作っておく。$n$ 回より少ない回数レバーAを押してからレバーBを押すと、えさではなく電気ショックが与えられる。ネズミは繰り返し学習すると、学習後はレバーAを $n$ 回押してからレバーBを押してえさを得るようになる。レバーAを押す回数は必ずしも正確ではないが、電気ショックを避けるために $n$ 回より少し多めにレバーAを押してからレバーBを押すことが多い。

実験結果の概略を図3・1に示した。図の横軸はネズミがレバーAを押した回数、縦軸はレバーAをある回数押した確率を示しており、$n$ 回以下の回数レバーAを押す確率は小さく、ほとんどの場合に $n$ 回、または $n$ 回より少し多めにレバーAを押すことを示している。図にはネズミがレバーAを押す確率が最大値になるレバー押しの回数は、$n$ 回より少し多いことが示されている。ネズミはレバーAを押すべき回数 $n$ のおよその値を記憶し、電気ショックを避け、かつ、えさが得られるようにレバーAを押すようになる。$n$ の値を変えて（$n=4, 8, 12, 16$）実験すると、$n=16$ の場合までネズミはレバーを $n$ 回以上押すことを学習できた。$n$ が大きくなるほどレバーAを押す回数の頻度分布は広くなるが、ネズミはレバーAを押すべき回数 $n$ のおよその値を記憶し、記憶に基づいて

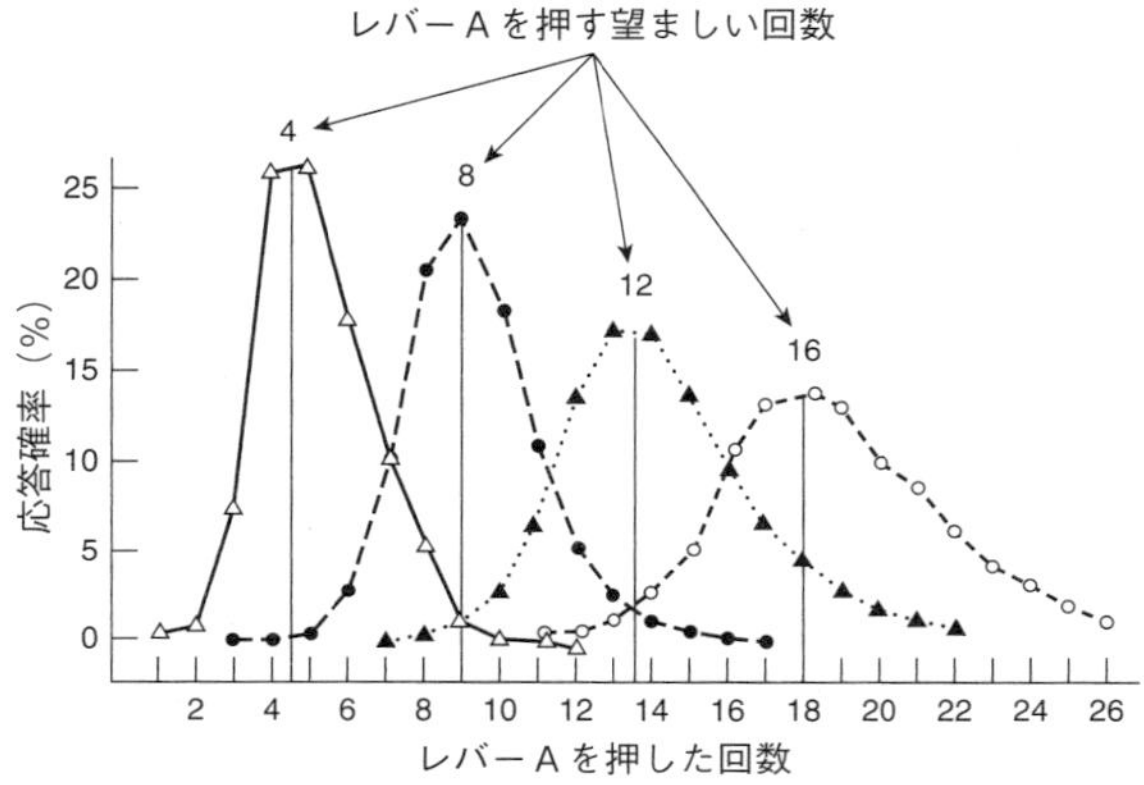


**図3・1**　ネズミが数を概算し、記憶する能力（参考文献1の図を引用）

$n$回以上の回数レバーAを押すことを学習する。

人の場合は生後間もない幼児でも小さな数を認知し、また数の概略の大きさを認知できるので、動物と同程度の数の感覚は生まれながらに人にも備わっているように見える。小さな数を認知できることを示す幼児を対象にした実験では、幼児は言葉を話せないので、例えば次のような方法を取る[1,5]。スクリーン上に少数のドットから構成されるドットパターンを提示する。パターン中のドット数は2個とか3個の少数である。繰り返し同じドット数のスライドを見せると、幼児は飽きてきて関心を失い、短時間スライドに視線を留めた後にスクリーンから視線をそらす。

次に前と異なるドット数のスライドを見せると赤ん坊は新たな関心を示し、ドット数が変わらないスライドを提示したときより有意に少し長い時間スクリーンを注視する。赤ん坊がドット数の変化に気づいたことを示しており、小さい数、例えば2とか3のような数であれば、数の違いがわかることを示している。ドット数を変化させず、ドットの形・大きさ・配置等を変えてみても、ドット数が変わらない限りスクリーンを注視する時間は伸びないので、赤ん坊はドット数の変化に応答してスクリーンを少し長時間見つめるように見える。

音の変化に対しても同様なことが知られている[1,6]。赤ん坊に数音節からなる音声を聞かせる。例えば2音節の音声を繰り返し聞かせると飽きてくるが、3音節の音声に切り替えると新たな関心を示すので、赤ん坊は音節数の変化を感じているように見える。ドットパターンのような視覚刺激とは異なるので、この実験では注視時間の変化を使えない。その代わりに赤ん坊におしゃぶりを与え、おしゃぶりを吸うごとに音節数の決まった音声が出るように細工しておく。赤ん坊は音声が出ることに興味を示し、おしゃぶりの吸引を繰り返すが、いずれは飽きてきて吸引しなくなる。しかし、吸引するときに例えば2音節の代わりに3音節の音声が出るように切り変えると、赤ん坊は再び興味を示し、おしゃぶりを吸引する。赤ん坊は音節数が少ない音声の場合には、音節数を認知し、音節数の変化を認知できるように見える。

赤ん坊は小さな数を認知できるだけでなく、1、2、3という小さな数のみが関わる足算・引算をする能力も備えている。実験の一例は生後4か月の赤ん坊を被験者にした実験である[7]。人形劇の舞台上に人形を一つ置く。次にスクリーンで舞台を隠す。次に赤ん坊に見えるような経過で、スクリーンで隠された舞台にもう一つの人形を置く。後にスクリーンをせり上げたときに舞台上に人形が二つ見えるはずであるが、ときにはひそかに舞台から一つの人形を取り去るので一つしか見えない。前者の場合に比べて後者の場合には、赤ん坊が舞台の人形を見つめる時間が2秒ほど有意に長くなる。1+1=2ということを赤ん坊は知っており、その足算が成立しない状況に逢うと舞台を見つめる時間が長くなるものと思われる。

同様に2個の人形に1個をひそかに加える、あるいは1個をひそかに取り除くなどをすると、赤ん坊が舞台の人形を見つめる時間が長くなる。これらの実験結果から、2+1=3, 2−1=1などの小さな数1、2、3が関与する足算と引算を行う能力を赤ん坊はもっており、計算結果と異なる状況に逢うと舞台を見つめる時間が長くなる。このような行動は関与する数が1、2、3などの小さな数の場合に限られており、3あるいは4より大きな数を認知する能力や、それらの数の足算・引算をする能力は生まれたばかりの赤ん坊には備わっていないように見える。

赤ん坊には小さな数を認知する能力だけでなく、少し大きな数に対しても数を概算する能力が備わっており、異なる数の菓子を置いた二つの皿を目前に置くと数の多い皿の方に手を伸ばす等の行動をとるので、数の大小関係を認知している。数があまり違わないときには誤って数の少ない皿に手を伸ばすことも多いので、正確に数を認知しているわけではないが、動物と同様に数を概算する能力も生まれつきもっているように見える。

## 数を数える(8)

大きな数を区別して正確に認知するためには、数を数える機能が必要である。さらに数記号あるいは言葉を使って数を表す機能が加われば、数を数える機能、数を認知する機能は格段に向上する。チンパンジーなどの類人猿は人が教えることにより数を数える能力をある程度獲得できるが、数を数える機能は本来動物には見られない人に固有の能力のように思われる。集合中の物体の数を正確に認知するためには数を数える能力が欠かせないが、多くの子供は4歳くらいになると数を数え、集合中の物の総数を正確に認知できるようになる。物の数を数える際に数える順番は問題ではなく、順番によらずに同じ数が得られることをも幼児は学習する。

人類が数を数え始めた初期の時代には、身体の異なる部分を異なる数に対応させる方法や、骨や木片に刻みを付けて刻みの数で数を表す方法などが用いられた。身体の部分を用いて数を表す場合には、最初は手の指を使って数を表す方法を用いたと思われるが、両手の指を用いても表現できるのは10までの数であり、それを超える数を表現する際には体のいろいろな部分を異なる数に対応させる等の方法が取られたようである(1)。その後に数を記号や言葉で表す方法が発見され、アラビア数字を用いていかなる大きな数でも容易に表現できるようになると、数を数えて認知する能力は各段に向上した。その際には位取りの方法の導入と、0の導入が重要な役割を果たしている。

大人の被験者にドットパターンを見せ、パターン中にいくつのドットがあるかを答えさせると、数が非常に少ないときにはドット数がいくつかを一瞬で答えられる。しかしドット数が少し大きくなると、ドットを一つずつ勘定して総数を数えるので瞬時には答えられず、多少の時間が掛かる。ドットパターンを提示してから答えるまでの時間、すなわち応答までの遅延時間をミリ秒単位で正確に測定すると、数が3より大きくなると遅延時間はドット数にほぼ比例して増大するので、一つずつドットを数えて答を見いだしているように見える。4、5、6個程度の比較的少数のドット数のドットパターンの場合には、被験者は一瞬のうちにドットの総数を答えているようにも思われるが、精密にミリ秒単位の時間測定をすると、ドット数が一つ増えるごとに答えるまでの時間は数十ミリ秒程度余計に掛かっている。

## ウェーバーの法則

ドットパターン中のドット数が多い場合には、人はひとつひとつのドットを順次数えて正確な答を出すが、それとは別にドット数のおよその見当をつけ、一瞬のうちに概略のドット数を答えることもできる。ドット数を数える時間的余裕を与えない状況でドット数の概略を答えさせると、ほぼ正しい答をすることができるが、数が大きくなるにつれて答の正確さは悪くなる。答の誤りの大きさの平均値を$\Delta n$とすると、$\Delta n$は正しい答の大きさ$n$に比例している（図3・1に示したラットの実験でも、$n=4, 8, 12, 16$に対する応答確率曲線は$n$が大きくなるほど広がりが大きくなっている）。

一般に外からの刺激の強さを$f$とすると、人が感じる刺激の強さ、すなわち脳が感じる刺激の強さ$g$は$f$の対数$\log f$に比例することが多い。この関係はウェーバーの法則とよばれている。二つの外部刺激の強さの差を$\Delta f$、脳が感じる二つの刺激の強さの感覚差を$\Delta g$とすると、$\Delta g \sim \Delta \log f \sim \Delta f/f$である。ドットパターン提示の際の外部刺激（視覚刺激）の強さ$f$がドット数$n$に比例すると仮定すると、$\Delta n/n$が一定ならば、$n$の値にかかわらず二つの外部刺激の強さの感覚差$\Delta g$は同じになる。感覚差$\Delta g$が同一の値なら、$n$の値にかかわらず二つのドットパターンのドット数の違いを同じ精度で区別できると考えられるので、例えばドット数$n$が10と8の場合を90パーセントの精度で区別できれば、同じ90パーセントの精度でドット数１００と80とを区別できることになる（図３・１の応答曲線をネズミがレバーAを押した回数ではなく回数の対数を用いてプロットすると、応答曲線はより左右対称な形になり、また曲線の広がりの半値幅は$n$にほぼ比例して増大するので、ウェーバーの法則が成立しているように見える）。

人には数の概略の大きさを認知する能力が生まれつき備わっているが、数を概算する精度は生後1年目ごろに著しく向上し、その後も年齢とともに緩やかに向上する。図３・２に二つのドットパターン中のドット数の大小を見分ける精度が年齢とともに向上する様子を、学校教育を受けた人と、受けない人に分けて図示してある。図の縦軸は二つのドットパターン中のドット数の違いをパーセントで表しており、横軸は被験者の年齢を示している。学校教育を受けた人は、年齢の増加に伴いドット数が15パーセント程度異なる二つの数の大小を判別できるようになるが、学校教育を

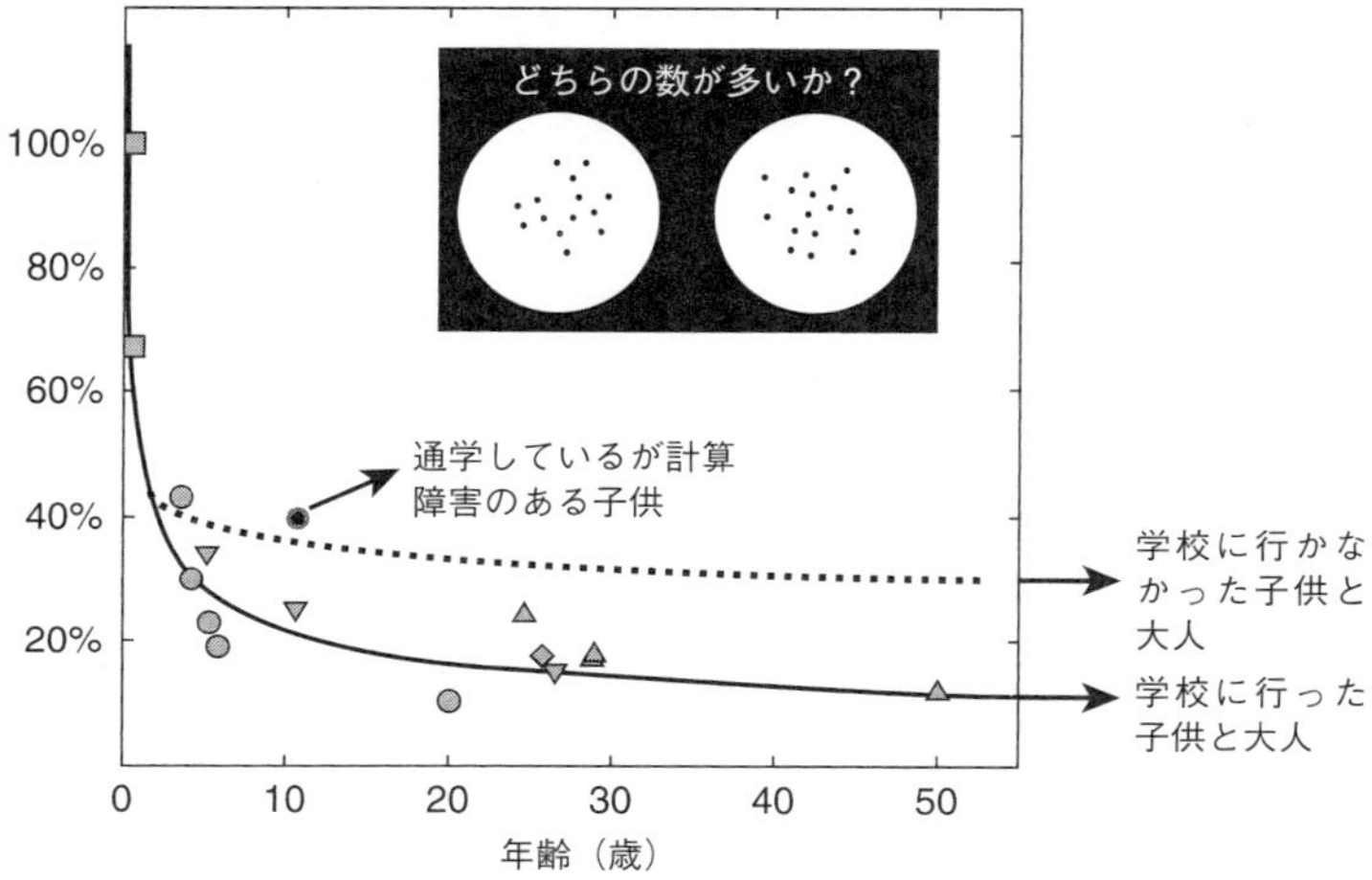


**図3・2**　数の感覚能力の教育・年齢による変化（参考文献1の図を引用）

受けない人や計算障害のある人は、ドット数が30パーセント程度以上違わないと判別できないことが示されている。図の丸、三角、逆三角、四角等の印で表した点は異なる被験者を表しており、同一印の異なる点は被験者の加齢に伴う判別能力の変化を示している。また黒丸は計算障害のある被験者の判別能力、矢印はその判別能力が加齢とともに低下することを示している。

## 数の認知

これまで述べてきたように、数を認知する機能には数の概略の大きさを認知する機能と、1、2、3のような小さな数を正確に認知する機能とが存在するように見える。レブキンらによる人を対象とした実験[9]では、（イ）

1から8個までのドット数のパターンを示し、できるだけ早くドット数を答えさせる課題と、(ロ) ドット数が10、20、…、80のドットパターンを示し、できるだけ早くドット数を答えさせる課題を被験者に課した。後者の課題の場合には、いずれのパターンもパターン中のドット数は10の倍数である10、20、…、80のいずれかであることを事前に被験者に知らせておく。

数を概算する脳機能のみが働けば、8個の異なるパターンに含まれるドット数の相対比は二つの課題で同じなので、ウェーバーの法則が成立すれば答に要する時間と答の正確さは二つの課題であまり差が出ないものと思われる。実験結果もこの予測に一致したが、例外的にドット数が1、2、3の場合にはドット数が10、20、30の場合よりも答に要する時間が最大200ミリ秒程度も短くなり、また答の正解度も高くほとんど100パーセントになった。このような実験結果は、1、2、3のような小さな数を認知する脳機能と、数の大きさを概算する脳機能とが同時に並行して機能している可能性を示唆している。

1、2、3のような小さな数を正確に認知する機能はサビタイジング(subitizing)とよばれている。サビタイジングとは小数の事物から構成される集合体の場合に、一瞬見ただけで集合中の事物の総数を素早く正確に認知する機能であり、事物を一つずつ数えることなく総数を判断する機能である。この機能は、同時に並列に少数の個々の事物に注意を向けて認知する脳機能によるものと思われるが、3個程度までの事物であれば、それらの事物を区別して認知し、個々の事物の動きや性質をも同時に認知できることはよく知られている。数を概算する機能とサビタイジング機能とが異なる脳部位で行われるか否かはあまり明確ではないが、数の概算機能は後述する頭頂葉のＩＰＳ（頭頂間溝、intra parietal sulcus）とよばれる領域で主として行われ、サビタイジングはＩＰＳ領域から少し離れた頭頂葉後部や後頭葉で行われているという考えもある。[10]

## 数の概念の形成

数を勘定する機能、集合中の物体の数が多くても数を正確に認知する機能は動物には見られない人間に特有な機能であり、また被験者の住む地域の文明の成熟度に依存してこれら機能の成熟度は変化する。多くの場合に幼児は2歳頃から数を勘定するようになり、集合中の物体を指差しながら、順次1、2、3、……という具合に数を数えられるようになる。最初に1を他の数から区別し、次に2、その次に3を他の数から区別するようになり、いずれは集合中の物体の数が多くても数を勘定する仕方を覚え、同時にそれぞれの数の意味をも習得する。また、いかなる物体の集合にも集合中の物体数に対応して数を指定できることを習得し、数とは何かという数の概念をも獲得するように見える。

近代文明から隔離されたいくつかの地域では数を表現する言葉が限られており、1、2、あるいは1、2、3までしか個々の数字を表す言葉が存在せず、例えば数を1、2、some、many という具合に表す文化圏も存在する。しかし、これらの文化圏の人間も他の文化圏で教育を受けた後には大きな数を数えることを学習し、また数を操作できるようになる。これらの事実は、数を勘定する機能、数の概念等は学習を通して獲得されることを示している。数をアラビア数字等の記号や言葉で表す機能、記号や言葉を用いて数を操作する機能等は生まれつき人に備わっている脳機能ではなく、学習により獲得される機能であるが、いったん言葉や記号で数を表すことを学習すると、小さな数を認知する機能や数を概算する機能等の生得的な機能に用いられた脳部位、あるいはそれら脳部位と関連する脳部位の機能が再編成され、数の認知能力・数計算等の能力が格段に向上するように見える。

言葉や記号を用いると数に関する機能が向上することを示す実験の一例として、[10,11] 最初にスクリーン上に一つのアラビア数字を２００ミリ秒提示し、次に何も提示しない数秒の遅延時間を置いて一つのドットパターンを２００ミリ秒提示する。被験者はパターン中のドット数と最初に提示されたアラビア数字との大小関係を比較するのが課題である。その際に空間分解能のよいｆＭＲＩを用いて脳の活性化部位を測定する。ｆＭＲＩでは脳部位をボクセル（voxel）とよばれる小領域に分割し、各ボクセルの活性化の様子を画像化するが、ボクセル群の活性化パターンからどのような刺激が加えられたかを推測することができる。アラビア数字を学習した後にこの実験を行うと、ドット数の異なるドットパターン提示の際のボクセル群の活性化パターンの違いがより明確になるので、アラビア数字の記憶領域からの制御機能によりドット数の認知がより正確になることを示唆している。

これまで述べたように幼児は小さな数を認知する、小さな数の加算や引算をする、数の概略の大きさを認知するなどの能力を生まれつきもっているが、幼児が成長するにつれて0やマイナスの整数を理解する能力、あるいは加減乗除等の計算をする能力等をどのようにして獲得するかが問題である。0は何もないことを意味するが、0の意味を理解しているか否かを試す実験を言葉の話せない幼児に行うことは難しい。数学の歴史の中で0が導入されたときには、当時の識者の間にもいろいろな混乱があったように見える。記号0の導入は大きな数を位取りを用いて表す際にきわめて有効であり、人は記号0の使用を通して0の意味と使い方を学習するように見える。記号0の導入の際と同様に、マイナスの数が導入されたときにもいろいろな混乱があったといわれている。

0が初めて導入された時代には、例えば$1-2$を$-1$と考えず、1から2を取り除くことはできないので答は0とすべきとの考え方もあった。0を含めた加減乗除の計算規則を完結するためには、$n+0=n$, $n-0=n$, $n\times0=0$などの計算規則の体系の習得が必要であり、また数を0で割ることはしないという約束を理解することも必要になる。0と負の数を含めると、数を用いる数学システムの効用は著しく増大するが、0やマイナスの数の理解には、それらの数を含む加減乗除などの算数体系の習得と理解が欠かせないものと思われる。言語をもたない動物には0や負の数の概念は存在しないものと思われるが、サルの脳の頭頂葉には数0をコードするニューロン群の存在が最近の研究により確かめられている（4章参照）。数0の認知機能は数0の概念の形成に必要な機能であるが、数0の認知能力の獲得のみでは、必ずしも数0の概念が形成されたとはいえないものと考えられる。

## 幼児は適切な学習により、容易に数と算数を覚えられる

幼児は生まれながらに1、2、3程度の小さな数を認知できること、小さな数の足算・引算ができること、成長するにつれて数を勘定するようになることを述べた。幼児は3より大きな数をどのようにして覚えるのか、大きな数を勘定する際に大人と同じように勘定するのか等の疑問が生ずる。幼児の認知能力開発のためにいろいろな試みを行っているグレン・ドーマンによれば[12]、適切な学習方法により幼児は数の知識や数計算の能力を驚くほどの速さで身に着ける。

ドーマンが幼児に算数を教える際に用いた教材は次のようなものである。白いボール紙に直径1・8センチメートル程度の大きさの赤色のドットを記したカードを用意する。ドット数が1から100までの100枚のカードを用意する。最初に一つのドットのみが記されているカードを幼児に1秒間示し、何の説明も加えずに単に「これは1です」という。同様に「これは2です」、「これは3です」などといいながら、順次1から10までのドット数のカードをそれぞれ1秒間見せる。このような学習を繰り返して行うが、1回の学習の所要時間は1分以下に抑える。1日に3回程度このような学習を行うと、幼児は1から10までのドット数を認知し、それらの数のよび方をも覚える。

一つのカードを1秒程度しか見せないので、多数のドットが記されたカードを見せられた場合には、幼児がカードに記されたドット数を勘定する時間的余裕はない。ドーマンによれば、大事なことは1枚のカードを1秒間程度以上見せないこと、幼児が集中してカードを見る環境で実施すること、幼児がわかったか否かを調べる等のテストはしないことである。1秒という時間は幼児が課題をこなすのに充分な時間であり、それ以上の時間を掛けると幼児は飽きてきて課題に集中できなくなる。

次に1のカードの代わりに11のカードを使う、2のカードの代わりに12のカードを使うという具合に、日時の経過とともにしだいにカードの10枚の組を入れ変えて学習を行い、最終的に100までのカードを学習させる。学習の結果、幼児は3か月程度で1から100までのドット数を判別して認知できるようになり、それらの数字の呼称も覚えるようになる。1、2、3、……という言葉は単なる数を表す音声符号であるが、幼児はカードに記されたドット数を見分け、ドット数と音声符号との対応関係をも理解して記憶する。大人と異なり、学習後は幼児に例えば38個のドットの書かれたカードを見せると、幼児は一瞬のうちにドットの総数を認知して38と答えるようになる。幼児の年齢の低いほど、すなわち脳の可塑性が大きい年齢で学習を始めるほど、学習効果が大きいといわれている。大人でも相当な訓練をすれば、渡り鳥の数を勘定する専門家のように、多数の物体の数を一瞬のうちにほぼ正確に認知できるが、普通の大人は大きな数のおよその値しか認知できない。上述の学習を受けた幼児が大きな数のドット数を一瞬のうちに正確に答えることができるのは、ドットを順序づけて一つずつ数えあげるのではなく、多数のドットのそれぞれから来る視覚情報を同時に並列処理し、それらの情報を統合して、パターン中のドットの総数を認知しているように見える。次にドーマンたちが行った数の操作の学習を見てみよう。幼児に足算を教える際には、最初に1から9までのカードを用意する。次に「1たす1は2」といって、1、1、2の3枚のカードを順次見せる。さらに「1たす2は3」といって、1、2、3の3枚のカードを順次見せる。最後に「1たす9は10」といって、1、9、10の3枚のカードを見せる。それぞれのカードを見せる時間は1秒以内、全体で1分以内の短時間で学習を終えることが肝要である。このような学習を1日3回行う。翌日は「2たす1は3」、「2たす2は4」、……、「2たす9は11」を教える。以下同様にして、「9たす1は10」、……、「9たす9は18」を学習すると、幼児は1桁の数の足算をすべて覚える。

学習の際に「たす」ことの意味は説明しないが、幼児は自ら足算の意味を理解し、足算ができるようになる。引算・掛算・割算もこのようにして教える。アラビア数字を覚えさせるには、赤で1、2、3と書いた別のカードの組を用意し、1のカードを見せて「これは1です」、2のカードを見せて「これは2です」、という具合に教えると、幼児は1から100までの数とアラビア数字との対応関係を容易に覚える。

幼児はまわりで話されている言葉を聞きながら単語を覚え、また単語を並べて文を作る仕方を覚える。単語の意味や文の作り方を説明しなくても、自ら意味を理解し、構文の仕方も覚え、いつの間にか多くの単語や構文の仕方を学習して自由に言葉を扱えるようになる。多くの幼児は生後9か月頃から身のまわりの物を表す単語を話すようになり、1歳半頃には記憶した単語の語彙数は爆発的に増加し、3~4歳になると知っている単語を組み合せて自由に言葉を話すようになる。算数も同様であり、数に触れる機会が多ければ自然に数を覚え、加減乗除等の計算もできるようになる。その際に言葉を用いて数を表し、言葉を用いて数計算をすることが重要であり、言葉の理解と数の理解が並行して進行するものと思われる。

## 記号を用いる能力

記号を用いて数を表す能力は人間特有の能力であり、他の動物には見られない能力である。数を表すのに非常に効率のよい方法はアラビア数字を用いた数の表記である。アラビア数字と加減乗除・等号・不等号等の数学記号を用いた数学システムは一つの言語であり、これらの記号を使って数や数式等を表すことができる。アラビア数字は0、1、2、……、9の10個にすぎないが、どんなに大きな数でも複数の数字を左から右に並べることにより表現でき、位取りを示す各桁の数字の表す意味、すなわち $n$ 桁目の数字 $a$ は数 $a \times 10^{n-1}$ を意味することを理解していれば、数字列を用いていかなる数も表すことができる。

人はアラビア数字を覚えれば、誰でも37とか87のような大きな数でも楽にイメージできる。前述の学習した幼児のようにはドット数37のドットパターンを見たときに正確なドット数をただちには把握できなくても、37という数字を示されれば数字の表現するドット数をイメージでき、時間を掛ければパターン中のドット数が37であることも確かめられる。また数字に加えて等号、不等号、加減乗除等の数学記号を用いれば、数の間の関係式も表現できる。脳が高次の数理機能を果たすには、数字や数学記号の使用と理解が欠かせない役を果たしている。人間は数を記号で表す能力をもつ唯一の動物であり、数記号を用いる、言葉で数記号や数式を表現することにより、数計算の能力や数学的な思考を進める能力が著しく進歩したと思われる。また数記号を用いることにより、人は他の動物には見られない0という概念、マイナスの数という概念等をも獲得し、0やマイナスの数をも扱える能力をも獲得した。

## 数の記憶

数は数字で表現することもできれば、書き言葉や話し言葉で表現することもできる。アラビア数字を用いると、いかなる数も数記号0、1、2、……、9を用いて表せるが、数字を表す言葉zero, one, two, three ……、あるいはゼロ、イチ、ニイ、サン、……等を用いて表すこともできる。言葉を用いる場合には、言葉を書き言葉で表すこともできるし、話し言葉で表すこともできる。大きな数を表す場合には、位取りを用いて左から右へと並ぶアラビア数字列、あるいはそれらの数字列に対応する順序づけられた単語の文字列で表される。例えば5桁のアラビア数字は、13578のように5個の数字が左から右へ順序づけて配列された数字列で表すか、あるいは1万、3千、5百、7拾、8というように、万、千、百、拾のような位取りを表現する言葉を用いた単語の配置系列で表される。

数字がどのように脳に記憶されているかを論じる際に、数を数える際に障害を示す人の症例が参考になる。アラビア文字を読む際に障害を示す患者の中には、1を2、12を17と数字を読み違える障害を示すが、12を１０２と読み違えることはなく、数字の位取り、桁の取り方は間違えない患者がいる。一方で12を１０２、17を１０７０のように読み、個々の数字のおき換えはしないが、位取り、桁の取り方を間違える患者がいる。このような異なるタイプの傷害を示す患者の存在は、各桁の数字をコードする機能と位取りをコードする機能とが分離しており、それぞれの機能がともに正常に機能すれば正しく数字を表現できるが、どちらか一方の機能に障害があると、その機能に関連した障害が生ずることを示唆している。

1桁の数の足算や引算、1桁の数の掛算である「九九」の計算は多くの子供が最初に学ぶ数演算であるが、繰り返し学習後はこれらの簡単な演算の答は脳のいずれかの部位に記憶され、いつでも取りだして想起できるようなっているものと思われる。掛算を例にとると、例えば3×5の答は3を5回足す、あるいは5を3回足して得られるが、「九九」の学習後はこのような足算を実行することなく、「九九」の記憶部位から記憶を想起してただちに15という答が得られる。また子供が

「九九」を学習する際に、例えば$7\times8=56$を7を8回足して確かめるようなことは一度もしないのが普通である。いくつかの簡単な掛算、例えば$2\times3=6$は2を3回足すことであることを一度だけ確認しておけば、その知識を一般化し、$n\times m$は$n$を$m$回足すという掛算の意味を理解するものと思われる。

人は「7かける8は56」というような言葉を繰り返し聞いて記憶することにより、すべての「九九」の結果を記憶できる。「九九」を学習した人では、脳のいずれかの脳部位に「九九」の計算表が記憶されており、その表から答を読み取って1桁の数の掛算の答を得ているように見える。国や地域、教育程度等により異なるが、1桁の数の掛算の中で、例えば7×6、8×7等の答を間違う人、答えるのに手間取る人が意外に多いことが知られている。これらの計算が現実に必要になることが少ないために記憶が曖昧になるのか、あるいは脳内の「九九」の計算表から答を読み取る際に間違いが起こるように思われる。

1桁の数の掛算ではなく大きな数の掛算の場合には、多くの人は記憶に頼るのではなく、実際に掛算を実行して答を得ている。例として比較的簡単な掛算、23×27を暗算する場合を取り上げよう。人により計算方法は異なるだろうが、多くの人は最初に$23\times7=161$を行い、次に$23\times2=46$を行った後に答を1桁ずらして460にし、最後に161と460を足して621を得る。この間は途中の答である161、46、460などの数字は記憶しておかなければならない。このような作業の間に一時的に記憶される記憶は作業記憶とよばれている。23×27のような計算を行うのは人によっては大変な作業であり、また計算に習熟した人にとっては楽な作業である。脳内のどの部位に途中の答を作業記憶として一時的に保持するのか、桁をずらすという作業をどのように行うのかなどの問題も明らかにする必要がある。

## 脳内にソロバンは存在するのか[13]

脳内でどのように数字が記憶されているかを考える際に重要なことは、数の処理機能と空間情報・時間情報の処理機能が脳内で密接に関連して機能していることである。このことは次章で述べるように数・空間位置・時間間隔の情報が頭頂葉の同一領域、あるいは隣接領域で処理されることと関係している可能性が強いものと思われる。数と空間位置との関連が存在すると考えると、異なる数を記憶している記憶部位が数を変えると少しずつ変化し、全体として数を表示する脳内地図が形成されている可能性が考えられる。

数と空間位置との関連を示す実験の一例として、二つの数の大小を比較し、どちらの数が大きいかを答えさせ、答えるまでに要する時間を測定した実験がある。[14]例えば5と7を比べる場合と、12と50を比べる場合を取りあげると、いずれの場合も簡単にどちらの数字が大きいかを答えられるが、答えるまでの時間（反応時間）をミリ秒単位で精密に測定すると、二つの数字の差が大きいほど反応時間が短く、差が小さくなると反応時間が長くなる。数の距離効果とよばれるこのような結果は、数字がなんらかの形で一つの曲線上の点として脳内に表象されており、その曲線上の数字の位置を参照して数字の大小を判断し、たがいに離れた位置にある数字の大小はより容易により早く判断でき、近くに位置する数字の大小の判断にはより時間を要することを示唆している。

このような数とその脳内記憶位置との関連を示唆する実験は他にもいろいろと存在する。これらの実験結果から、数の記憶部位が数の大きさに応じて脳内でなんらかの形で規則的に変化し、数が一つの曲線上に順序づけられて記憶され、大きさの近い数は線上のたがいに近傍の領域、大きさの相当に異なる数は線上の離れた領域に記憶されているというイメージが浮かんでくる。二つの数の大小を比較する際の反応時間が二つの数が近いときに長くなることは、それらの数の記憶部位が隣接しており、数字の記憶想起に伴う活性化部位が重なり合い、重なりの度合の大きいほど二つの数の違いを認知するのに必要な時間が長くなることにより説明できる。また二つの数を比較する際の精度はウェーバーの法則に従うが、このことは隣接する数の記憶領域間の距離が数の差に比例して増えるのではなく、数の対数の差に比例して増大すると仮定するとうまく説明できる。しかし現実に異なる数がどのように脳内で記憶されているかを確かめるのは難しいだけでなく、数の認知や記憶には個人差が大きいことが予想される。それでも数字の記憶部位にはなんらかの規則的な配置地図が存在する可能性が強いと考えられている。

アラビア数字を用いる文化圏では、いかなる整数も位取りと0を含む10個の数字を用いて表すことができる。アラビア数字を学習した人の脳内では、数字の各桁の数を表現する脳部位が桁ごとに少し異なり、それぞれの桁をコードする脳部位の特定の活性化状態がその桁の数字を表現すると考えると、ある意味で脳内にソロバンのような表示機構が形成されていることになる。この場合でもウェーバーの法則の成立することは説明できる。人の脳に微小電極を挿入して個々のニューロンの働きを観測することはできないので、どのように数が脳内で表現されているかを実証するのは困難であるが、少なくとも暗算に習熟した人の脳内では、あたかも脳内にソロバンが存在するような形で数が記憶され、それを用いて数計算がなされると考えるのは魅力的な考えである。

脳内で数がどのように記憶されているかを示唆する興味ある事例として、それぞれの数字が空間内の特定の位置を占めている、すなわち数字と数字の空間位置が相互に関連する共感覚をもつ人の数字の空間配置のイメージがある。図3・3に共感覚をもつ二人の被験者のそれぞれが陳述した数の空間配置のイメージを示した[15]。このような主観的な空間配置のイメージが数を表現する脳内地図とどのように関連しているかは明らかでないが、異なる数の記憶部位がなんらかの形で規則的に脳に配置されていることを示唆しているように思われる。

数字‐空間の共感覚についてはラマチャンドラと彼の協力者により多くの興味ある事実が示されている[16]。数字‐空間共感覚をもつ被験者に対して、（ア）9個の数字を画面のいろいろな位置にランダムに表示し、30秒間表示してそれらの数字を記憶させる、または、（イ）被験者の供述する数字の配列を示す曲線の形を参照して、9個の数字をその曲線上のあるべき場所に提示して記憶させる。（ア）、（イ）の結果を比べると、明らかに（イ）の場合の方が被験者は9個の数字をよく記憶

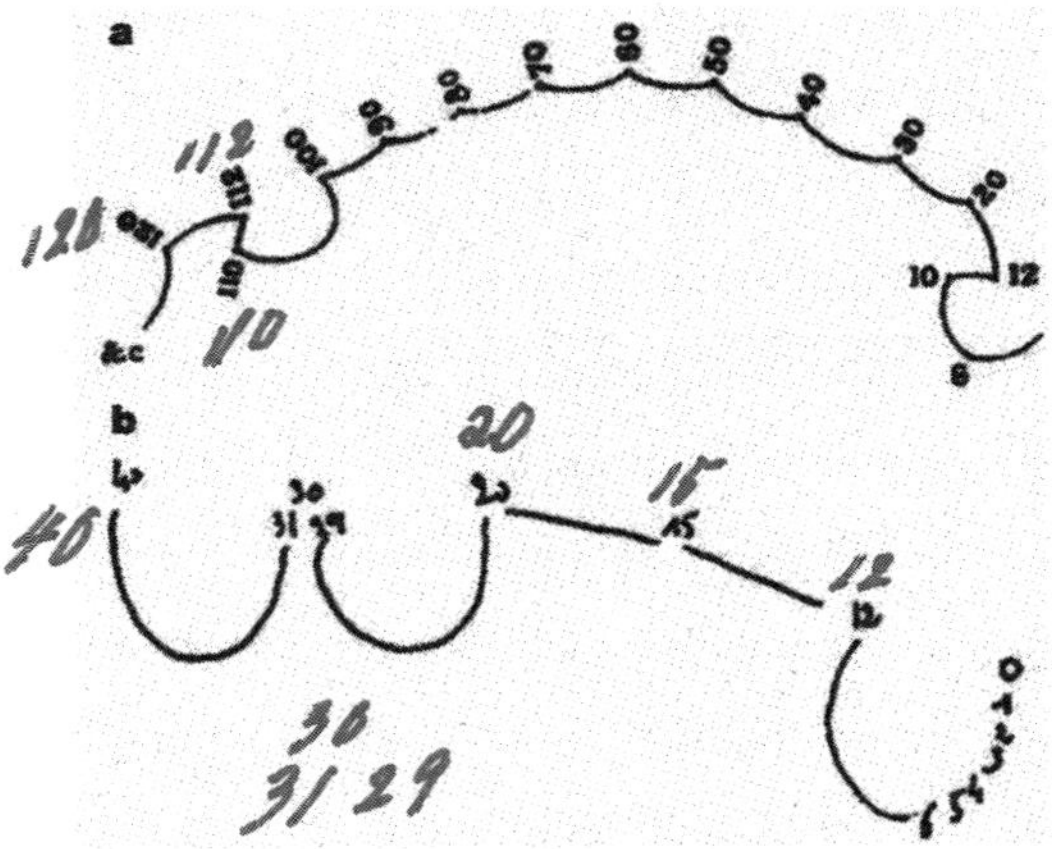


**図3・3**　2人のフランス人被験者a、bの数字地図。0から12までの数は時計回りに配列している（参考文献15の図を引用）

できることが示されている。また別の実験では、共感覚者のもつ曲線が突然鋭く曲がっている場合に、被験者に二つの数字の引算や割算を行わせると、二つの数字が鋭い曲がりをはさんで位置する場合には、そうでない場合に比べて計算の精度や速度が著しく落ちることが示されている。これらの事実は、数字 - 空間の共感覚者の脳内には、数字を順序づけて配列する表示が存在することを強く示唆している。

## 幾何学と脳

数学には古代から数を扱う代数学と図形を扱う幾何学が存在し、それらが密接に関係して発展してきた。脳の視覚情報処理の機能は相当詳しく調べられており、視覚対象の形態認知は脳内の腹側径路とよばれる径路、視覚対象の位置や大きさ、動きなどの空間情報認知は脳内の背側径路とよばれる径路に沿って行われる。形態認知に関しては、一次視覚野、二次視覚野、四次視覚野、側頭葉の高次視覚野という具合に腹側径路に沿って移動するにつれて、より統合的な形態認知が行われ、空間認知に関しては、一次視覚野、二次視覚野、三次視覚野、五次視覚野、頭頂葉の高次視覚野という具合に背側径路に沿って移動するにつれ、より統合的な空間情報認知が行われる。また高次視覚野では、形態情報と空間情報の統合が行われる。

形態認知の場合には、一次視覚野で物体の形の境界を作る輪郭線の断片の方向等の認知が小視野ごとに行われ、高次の視覚野に行くにつれそれら小視野内の情報が統合され、単純な図形の認知、さらにはより複雑な図形の認知が行われる。形態情報と空間情報が統合される高次視覚野では、形の向き、大きさなどによらない形での形態認知が行われる。また図形の移動、回転、スケール変化などの操作は、空間情報の視覚認知部位で行われる。幾何学図形の形の認知、図形の向きの認知、図形の回転・並進・スケール変換などの操作は幾何学に欠かせない操作であるが、これらの操作は視覚情報処理の脳機能に備わっているように見える。

数と図形とは異なる概念であり、数論と幾何学の間には直接的な関連がないようにも思われるが、1章で述べたようにデカルトらにより幾何学図形は代数式で表現できることが示され、幾何学と代数学とは同一の学問の異なる表現であることが示されてきた。次章で少し詳しく論じるように、数の認知・数の操作と図形の認知・図形の操作は同一脳部位、または隣接する脳部位で行われ、たがいに相関を保って機能しており、数論と幾何学との関連を支える脳機能を提供しているものと思われる。

## 参考文献


1. S. Dehaene: The number sense, Revised and updated edition (Oxford University Press, 2011).
2. K. Devlin: The math gene : How mathematical thinking evolved and why numbers are like gossip. (Ellen Levine Library Agency, 2000). (デブリン、山下篤子訳、「数学する遺伝子―あなたが数を使いこなし、論理的に考えられるわけ」早川書房、２００７)
3. O. Koehler: The ability of birds to count, Bulletin of Animal Behaviour Vol. 9, p. 41 (1951).
4. F. Mechner: Probability relations within response sequences under ratio reinforcement, Journal of the Experimental Analysis of Behavior Vol. 1, p. 109 (1958).
5. P. Starkey and R. G. Cooper. Jr. : Perception of numbers by human infants, Science Vol. 210, p. 1033 (1980).
6. R. Bijeljac-Babic, J. Bertoncini and J. Mehler: How do four-day old infants categorize multisyllabic utterances, Developemental Psychology Vol. 29, p. 711 (1991).
7. K. Wynn: Addition and subtraction by human infants, Nature Vol. 358, p. 749 (1992a).
8. M. Piazza and V. Izard: How humans count: numerosity and the parietal cortex, The Neuroscientist Vol. 15, p. 261 (2009).
9. S. K. Revkin: M. Piazza, V. Izard, L. Cohen and S. Dehaene: Does subitizing reflect numerical estimation?, Psychol. Sci. Vol. 19, p. 607 (2008).
10. M. Piazza: Neurocognitive start-up tools for symbolic number representations, Trends in Cognitive Sciences Vol. 14, p. 542 (2010).

11. E. Eger, V. Michel, B. Thirion, A. Amadon, S. Dehaene and A. Kleinschmidt: Deciphering cortical number coding from human brain activity patterns, Curr. Biol. Vol. 19, p. 1608 (2009).

12. G. Doman: How to multiply your baby's intelligence (1984).（ドーマン、人間能力開発研究所訳、「子どもの知能は限りなく 赤ちゃんからの知性触発法」サイマル出版会、１９８８）

13. 参考文献１、２４４ページ。

14. S. Dehaene, E. Dupoux and J. Mehler: Is numerical comparison digital: Analogical and symbolic effects in two-digit number comparison, Journal of Experimental Psychology: Human perception and performance Vol. 16, p. 626 (1990).

15. E. M.Hubbard, M. Piazza, P. Pinel and S. Dehaene: Interaction between number and space in parietal cortex, Nature Reviews Neuroscience Vol. 6, p. 435 (2005).

16. V. S. Ramachandran: The tell-tale brain, a neuroscientist's quest for what makes us human (Brockman Inc., 2011).（ラマチャンドラン、山下篤子訳、「脳のなかの天使」角川書店、２０１３）

# 4章 脳の数機能

## 脳の数機能と脳部位

人が数に関するなんらかの操作をしているとき、ｆＭＲＩ、ＰＥＴ等の非侵襲的測定方法を用いて脳の活性化部位を特定できる。これらの方法は活性化している脳部位への血流量が多少増加することを利用して脳の活性化部位を特定する方法である。ｆＭＲＩを用いて活性化脳部位を特定する際の空間分解能は通常は3ミリメートル程度であり、より大きな磁場を用いたｆＭＲＩでは1ミリメートル程度まで空間分解能を上げることができる。一方、時間分解能は1秒程度であり、脳の基本構成要素であるニューロン（神経細胞）、ニューロン集団の活性化の時間変化のスケールである数ミリ秒～数十ミリ秒に比べると時間分解能は非常に悪い。したがって、複数の脳部位が活性化す

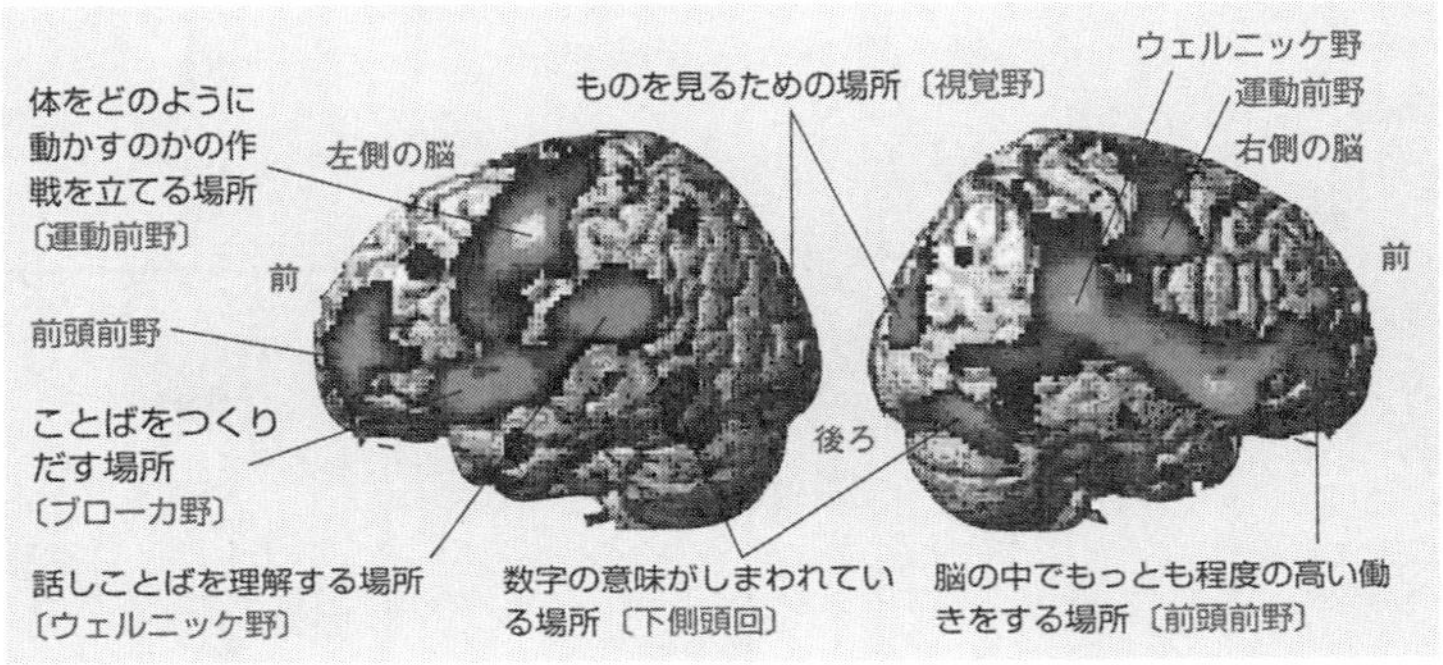


**図4・1**　1から10までを暗誦する（参考文献1の図を引用）

る時間順序等をこれらの測定方法のみを用いて調べることは難しいが、活性化する脳部位の概略の位置は特定できる。

図4・1は著者が目を閉じた状態で1から10までの数字を繰り返し暗誦しているとき、図4・2は101から110までの数字を繰り返し暗誦しているときの脳の活性化部位を示したものである。図の薄黒い部分が活性化した部位であり、それら部位中の白い部位は特に強く活性化した部位である。左右のいろいろな脳部位が活性化しているが、左脳の言葉の意味を理解するウェルニッケ野、言葉を組み立てるブローカ野、それら脳部位に対応する右脳の脳部位が活性化するだけでなく、運動前野や前頭前野等の脳部位も活性化する。暗唱する際には言葉を発するわけではないが、言葉を組み立てる機能を行う脳部位や言葉の意味を理解する脳部位が活性化することを示している。また前頭前野の活性化は右脳に比べて左脳の方が強い。そのほかに数字の意味の記憶部位と考えられる下側頭回とよばれる部位

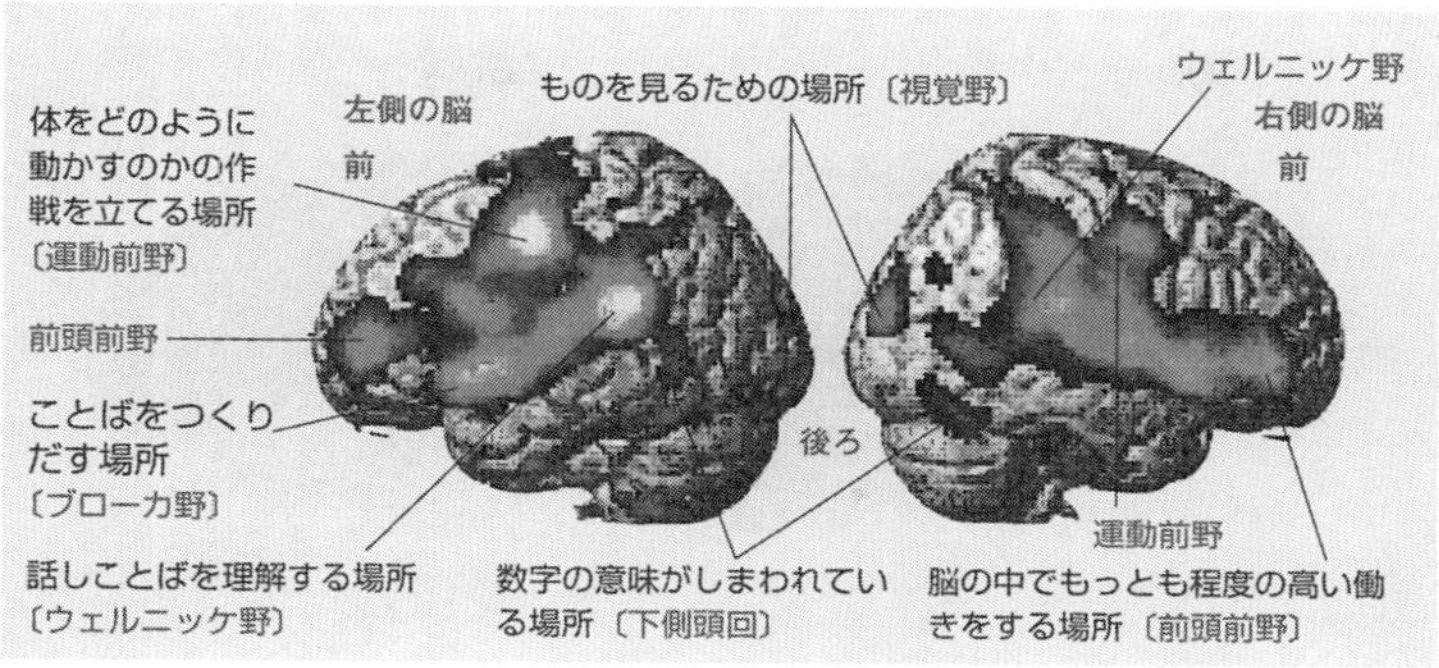


**図4・2**　101から110までを暗誦する（参考文献1の図を引用）

も活性化する。これらの脳部位の位置を図4・1、図4・2に示してある。

１０１から１１０までを暗誦しているときと1から10までを暗誦しているときとを比較すると、前者の場合には前頭前野の活性化がより活発であり、１００と1桁の数字を組み合せるなんでもない作業にも前頭前野が関与しているように見える。ちなみに著者が1から10までの数字を暗誦するのに２・２秒程度、１０１から１１０までを暗誦するのに５秒程度掛かっている。

図４・３は著者が目を閉じた状態で、１、２、３、５、７、11、……、47という具合に50以下の素数を小さい方から順次暗誦しているときの脳の活性化部位を示している。図４・１、図４・２と同様に左右の脳のいろいろな部位が活性化するが、前頭前野、ウェルニッケ野、下側頭回の働きは数字を単に暗誦するときより活発になり、左右の頭頂連合野も活性化する。頭頂連合野は後述するように数を操作するときに中心的な役割をする脳部位である。

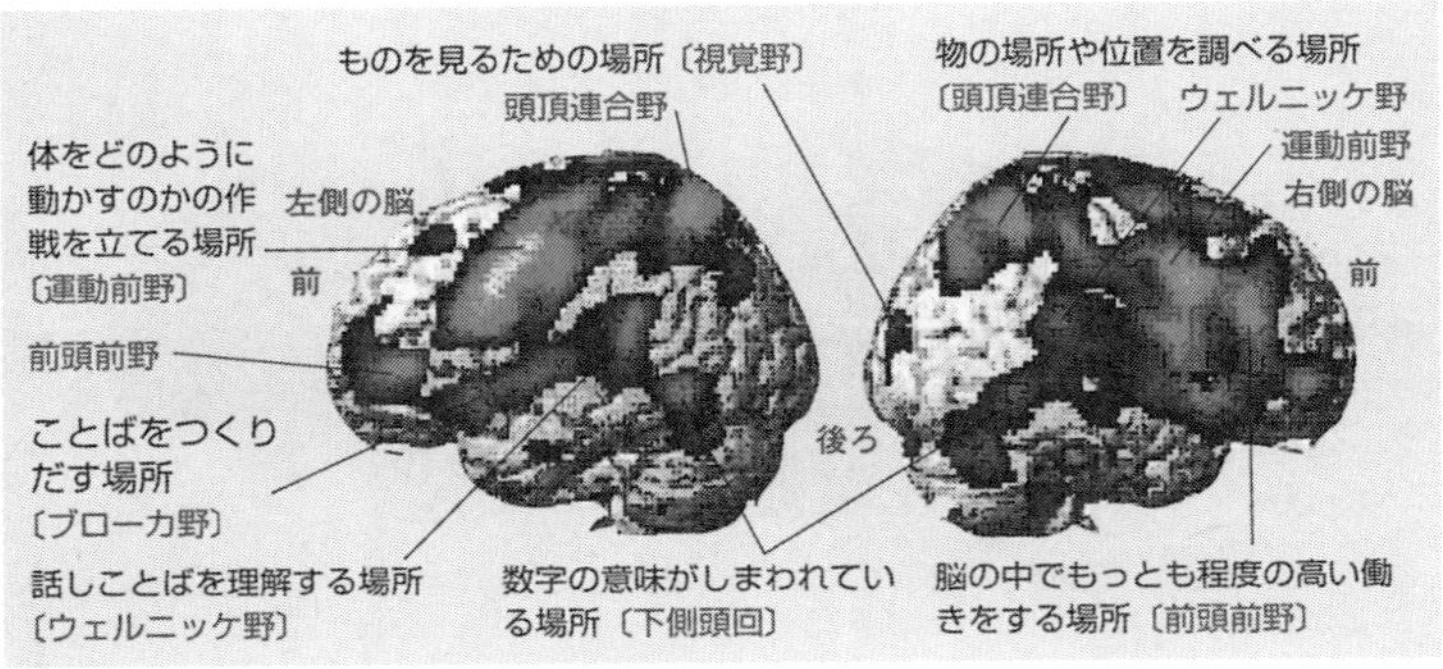


**図 4・3** 47 までの素数を暗誦する（参考文献 1 の図を引用）

## 著者の独白 1

著者にとって素数は幼いときから慣れ親しんできた数なので、素数を小さいほうから順にあまり苦労せずに素早く暗誦できる。素数47まで暗誦するのに要した時間は10秒程度である。しかし50以下の素数を著者が完全に記憶しているわけではなく、素数を記憶から取りだし暗誦する際には、その数が素数2、3、5、7で割りきれるかを同時に並行してチェックしているように思われる。2で割りきれないためには奇数でなければならず、5で割りきれないためには最後の数字が0と5でないことが必要であり、これらの要件は即座にチェックできるが、3と7で割りきれるか否かも並行してチェックしているような気がする。また素数に慣れ親しんでいると、2桁の数字が素数か否かの何とはない感覚が身についてくる。いずれにしても無意識のうちに行われる脳の並列処理機能の結果が、広範囲の脳部位の活性化として画像に現れているものと思われる。

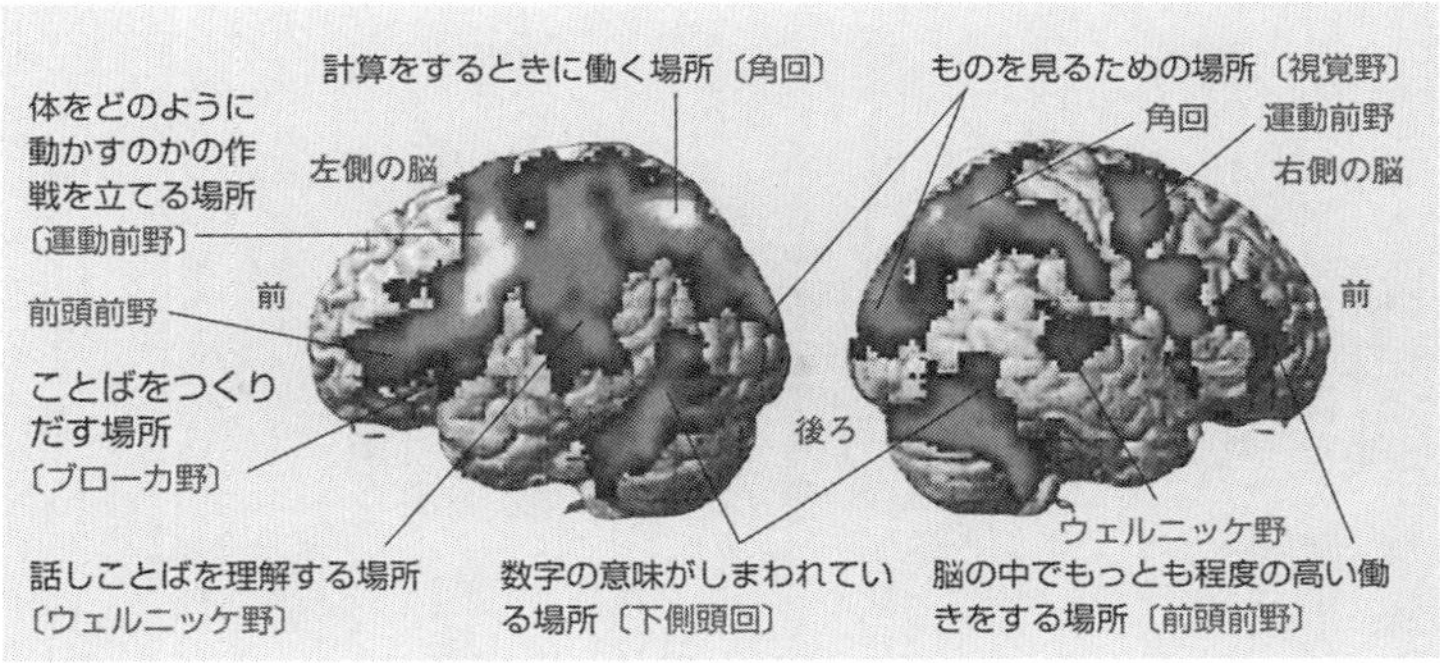


**図4・4** 1桁の足算を行う（参考文献1の図を引用）

　足算・引算・掛算を行っている際の活性化脳部位の画像化も行った。ウェルニッケ野、ブローカ野、運動前野、前頭前野、下側頭回、角回等の広範囲の脳部位が活性化しているが、角回は数計算をするときに必ず働く脳部位であることが知られている。足算・引算・掛算を行っているときの活性化脳部位と、それら脳部位の活性化の程度を比較すると3種の演算でほとんど変わらないので、これらの数計算は同一の脳部位を用いて実行されているように見える。図4・4は1桁の数の足算を素早くしているときの活性化脳部位を示している。広範囲の脳部位が活性化するが、図には数計算の際に強く活性化する角回の位置を示してある。図4・1、図4・2、図4・3、図4・4の画像処理は東北大学の川島隆太氏によるものである[1]。

## 脳の活性化部位の特定の際の問題点

ｆＭＲＩやＰＥＴによる脳の活性化部位の特定についてはいくつかの問題点がある。[2]（ア）ｆＭＲＩを用いた脳画像は，通常，一辺の長さが3ミリメートルの画素（ピクセル）の集合から成り立っている。ある課題を行っている際の脳画像には通常は数センチメートル平方の脳領域にわたり活性化が見られるが，その領域には数十個の画素が含まれる。また一つの画素の領域には数十万個のニューロンが存在する。したがってｆＭＲＩの信号強度を表す画像は非常に多数のニューロンからなる個々の画素領域，多数の画素領域から構成される局所脳部位の脳活動の平均した強さを表しており，画像からは個々のニューロンの働きがわからないだけでなく，特定された脳部位内に活性化している部位と活性化していない部位が混在しているのか，活性化部位がさらに小さな複数の活性化領域に分割されているのかなどのことはわからない。

（イ）ｆＭＲＩ信号強度は同じ課題を行っている場合でも1回ごとにゆらぎにより変動する。画像処理の際には課題遂行時のｆＭＲＩ信号強度から何もしていないとき（コントロール条件）のｆＭＲＩ信号強度を差し引き，その差が有意に残る部位を課題に関連した活性化部位として特定する。しかし，それぞれの脳部位はコントロール条件下（リラックスした状態）でも絶えず自発的に活性化しており，自発活性化の強さにはゆらぎがある。被験者がリラックスしてくださいと指示されても脳は自発的に活性化しているので，課題遂行時の活性化強度からコントロール条件化での活性化強度を差し引いた活性化の強度が自発的活性化強度のゆらぎの大きさに比べて大きく、統計的に意味がある活性化であることが必要である。

（ウ）同一課題を繰り返し行う際、課題に関係する脳部位の活性化の程度、すなわちｆＭＲＩ信号強度は変化する。最初は当該脳部位が強く活性化しても、課題に慣れてくるとより効率的に課題をこなせるようになって活性化の程度は減少し、血流量の増加をあまり伴わないで課題を行えるようになる。また課題に習熟した被験者が行う場合には、課題に関連する脳部位の活性化があまり認められない場合も多く知られている。課題学習後はエネルギーをあまり消費せずにその課題をこなせるようになることは、理にかなっているものと思われる。

画像化の際によく使われている表示方法では、測定されたｆＭＲＩの信号強度の増加が脳活動の自発的ゆらぎにより偶然に生ずる確率を計算し、ゆらぎにより信号強度の増加を説明できる確率が５パーセント以下の脳領域をだいだい色、０・１パーセント以下の脳領域を暗い赤、１パーセント以下の脳領域を黄色という具合に色分けして表示することが多い。強い活動とは必ずしもｆＭＲＩ信号強度の絶対値が大きいことではなく、ゆらぎを考慮した統計処理を施した結果として、信号強度の増大の統計的な確からしさが大きいことを表している。美しく色づけされたｆＭＲＩ画像を見ると、当該脳部位が盛んに働いているように実感されるが、色にだまされないようにすることも重要である。本書では図の色づけをしてないので、活性化部位は白色・淡い黒色・濃い黒色で表しているが、最も活性化の確かな部位は黒い領域で囲まれた白色の部位である。

（エ）局所ニューロン集団の活性化パターンには多様なパターンがあり、短時間のみ強く活性化して入力の存在を素早く認知する脳部位もあれば、比較的長時間にわたり活性化を維持し、必要な情報を課題遂行中は継続保持する脳部位もある。fMRI信号強度の増加が活性化強度の時間的総和に依存すると考えると、短時間だけ強く活性化する脳部位は課題に関係しない脳部位として見落される可能性もある。いずれにしてもfMRI画像の解釈にはいろいろな曖昧さが残るので、慎重な解釈が求められる。

fMRI等の測定方法では活動脳部位への血流量の増加を測定して活性化部位を特定するが、当該脳部位の活性化に伴いただちに血流量が増加するわけではなく、血流量は数秒掛けてゆっくりと増加し、6秒くらいで最大になり、それから10数秒掛けてゆっくり下降し元の状態に戻る。またfMRI画像は通常は2秒に1回程度しか撮れないので、多くの場合に同じ課題を繰り返し行って得られた画像を平均化する方法を取っている。血流量の増加と局所脳部位の活性化の強さとの因果関係はいまだ充分には明らかにされていないが、ニューロン間の主たる神経伝達物質の一つであるグルタミン酸の放出が血流量変化の引き金になっており、実験結果はfMRI信号強度が当該脳部位のニューロン群の平均発火頻度の増大に伴って増強することを示している(3)。

血流量の増加の主たる原因として、グリア細胞の一種であるアストロサイトの役割が調べられている。大脳皮質には多数のニューロンの他にグリア細胞とよばれる細胞が存在し、ニューロン数の10倍程度のグリア細胞が存在する。ニューロン間の結合部位であるシナプス部位の多くにはアストロサイト細胞の末端が伸びており、ニューロンから放出されたグルタミン酸の一部がアストロサイトに取り込まれる。それに伴いアストロサイト内のカルシウムイオン濃度が増大し、その濃度変化がアストロサイト細胞の細胞本体を経由して血管と密着している細胞終末に到達し、終末から放出されるある種の化学物質の働きにより血管を膨らませ血流量が増加する。図4・5に大脳皮質の主たるニューロンである錐体ニューロン対間のシナプス部位に側枝を伸ばしているアストロサイトの様子を示した。このようなアストロサイトの機能は、活性化している局所脳部位への血流量の増加の50パーセント以上を説明できるとの報告もなされている[4、5]。

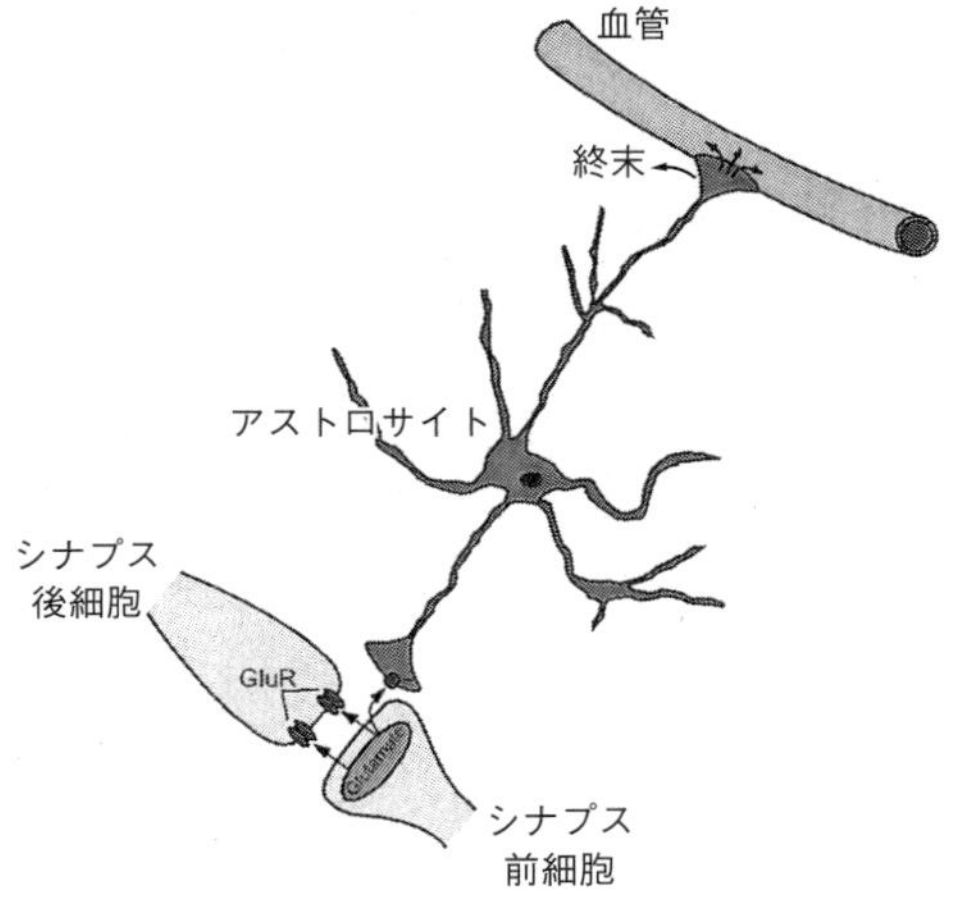


**図4・5** シナプス部位と血管をつなぐグリア細胞、アストロサイト（参考文献4の図を引用）

## 著者の独白 2

今から十数年前になるが、2002年に東北大学の川島隆太先生に無理にお願いして、著者が数をいろいろと操作しているときの脳のｆＭＲＩ画像をとっていただいた。１から10までの数を暗誦する、１０１から１１０までの数を暗誦する、50以下の素数、あるいは51から１００までの間の素数を大きさの順に暗誦する、などなどの課題を行っているときの著者の脳の活性化部位を画像化していただいた。図４・１、図４・２、図４・３、図４・４はその際の画像である。画像化された図を見ると自分の分身を眺めるような気分になり、客観的に自分を眺めるよい経験になった。その際に若いＴ氏も同行され筆者と同じ課題の被験者になられたが、同じ課題を行っているときの二人の活性化脳部位はほとんど同じであった。数を扱う機能のような学習により得られる脳機能では個人差が大きくても不思議ではないが、同一課題に対して二人の機能脳部位がほぼ一致したことから推測すると、数を数える、素数を数えるなどの比較的簡単な数機能は人によらずにほぼ同じ脳部位を使って行っているように見える。

長らく理論物理学に慣れ親しんできた著者には、専門誌に発表される物理実験の結果を眺めては、その結果は疑わしいのではないかと最初に考えるくせがついている。また実験結果を可能な限り還元論的思考方法で、すなわち物質の構成要素である素粒子や原子・分子の性質から理解しようとする。一方、脳の構造と機能はきわめて複雑であり、ニューロン・ニューロン集団の機能から還元論的に脳の数機能を理解するのは困難である。それでもニューロン集団の機能を基にしてなんとか推論できるような結果でない限り、脳機能に関する実験結果を多少疑いの目で見ようとするくせがついている。ｆＭＲＩを用いた活性化部位の画像化の論文は今日までに３万を越えるといわれており、その中には脳の数機能に関する論文も相当数存在する。個々の論文の解釈には前述のようないろいろな問題が存在するが、それでも多くの実験結果を総合すると、数機能を行う脳部位の概略の脳地図はだいぶ明らかにされてきているように思われる。

ｆＭＲＩなどの非侵襲的測定方法で得られた結果から得られたいろいろな数機能を行う脳部位が、あらかじめ特定の数機能を行うように組織化されているか否かが問題である。３章で述べたように数を感じる、小さな数を認知する、数の概略の大きさを認知するなどの脳機能は幼児にも生まれながらに備わっており、これらの機能を行う脳部位は生まれつきその機能を遂行するように組織化されたとも考えられる。しかし数を数える、大きな数を個別に認知する、数計算を行う等の多くの数機能は学習により獲得されるものであり、学習していない人々に共有されている機能ではない。

したがって本来、他の脳機能に使われていた脳部位が学習の結果として数機能をも分担するようになったと考える方が理にかなっている。このように個体進化の過程で特定の機能に用いられていた脳部位が他の機能にも用いられるようになることを外適応とよぶ。数を扱う多くの脳部位が外適応の結果として生じたとすれば、それらの脳部位は本来の機能にも用いられていると思われるので、特に数機能のみに選択的に用いられる脳部位は存在しないと考えた方がよいように思われる。

## 大脳皮質の区分

大脳皮質は左右の大脳半球に分かれ、それぞれの半球は前頭葉、側頭葉、頭頂葉、後頭葉の四つの領域に分かれる。さらにこれら四領域は皮質上の位置や機能の違いによりいくつかの領野に分けられている。目・耳・皮膚等の感覚器官から情報を受け取り処理する部位が感覚野であり、視覚野・聴覚野・体性感覚野等に分けられる。一方、手足を動かすなどの運動の指令を出す一次運動野、指令を出す前に運動を円滑に行うための運動プログラムを組むなどの働きをする運動前野・補足運動野があり、これらを総称して運動野とよぶ。感覚野や運動野のいずれにも属さず、直接には感覚器官や運動器官と結ばれていない皮質部位を皮質連合野とよぶ。連合野は皮質上の位置の違いにより前頭連合野・側頭連合野・頭頂連合野に分けられる。

ブロードマンは皮質構成の様子の詳細な違いを基にして、人およびサルの左右の大脳半球のそれぞれを約50の領野に分け番号づけを行った。一方、大脳皮質には多くのしわがあり、しわの盛りあがった部分を回（gyrus）、しわが脳内部に入り込んだ部分を溝（sulcus）とよぶ。脳は多数の回と溝から構成されている。本書では皮質の特定領域を示すために回や溝の名称を用いることがあるので、図4・6、図4・7にいくつかの代表的な回、溝の名称と位置を示した。図の中心溝（ローランド溝）は前頭葉と頭頂葉を分ける境界に位置する深い溝、外側溝（シルビウス溝）は前頭葉と側頭葉、頭頂葉と側頭葉と分ける境界に位置する深い溝である。図4・6は脳を外側から見たときの

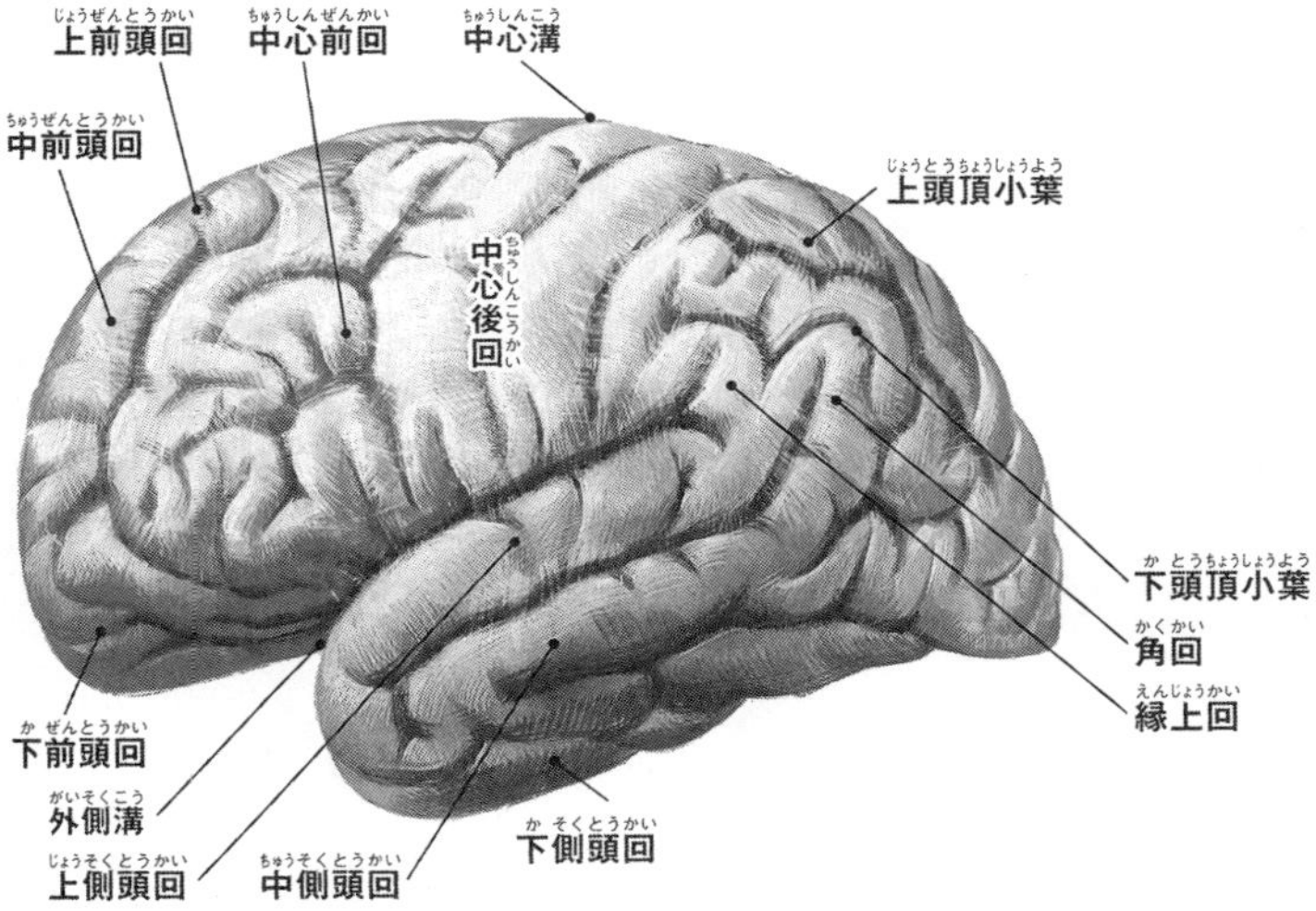


**図 4・6**　大脳皮質の溝と回（皮質を外側から見た図）

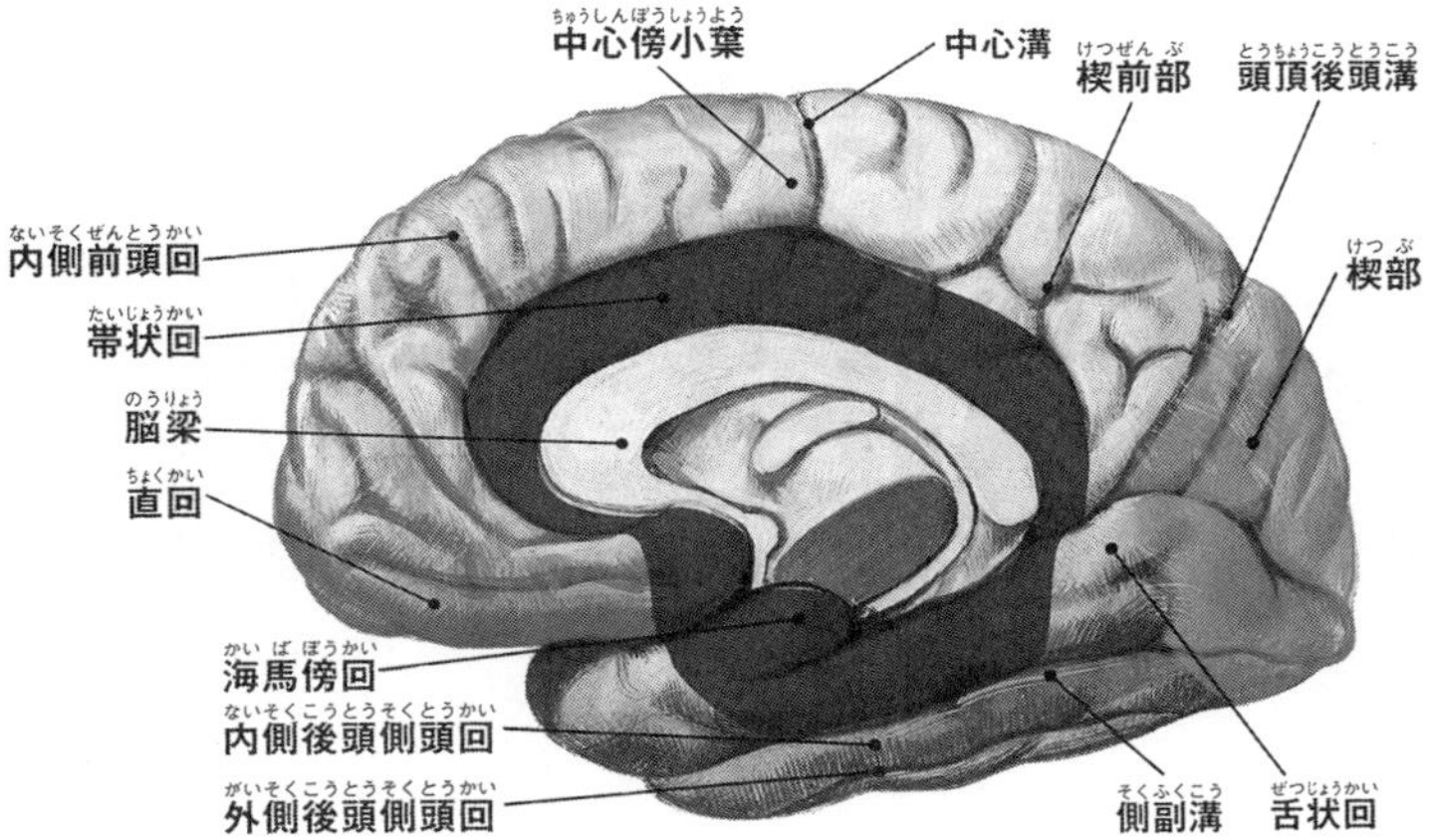


**図 4・7**　大脳皮質の溝と回（皮質を内側から見た図）

図、図4・7は脳を左脳と右脳を分ける溝の内側から見た図である。

サル等の哺乳動物に比べて人の脳で特に発達している脳領域があり、下部頭頂葉（ＢＡ39、40野）、言語を扱うブローカ野（ＢＡ44、45野）やウェルニッケ野（ＢＡ22野）、前頭前野、前部帯状回（ＢＡ32野）などが知られている。これら脳部位の数理機能の役割については後述することにする。ＢＡはブロードマンによる領野区分を意味している。

## ニューロンの構造と機能⑥

大脳皮質には１４０億個程度の多数のニューロン（神経細胞）が存在し、また小脳、大脳辺縁系、大脳基底核等の大脳皮質以外の脳部位のニューロンを加えると、脳全体では１０００億個程度のニューロンが存在する。脳の情報処理機能を営む最小単位はニューロンであり、大きさ、形、機能の異なる多種類のニューロンがある。ニューロンは体細胞と異なり細胞本体から多くの突起が出ているが、その多くは樹状突起とよばれる木の枝のような形をして短い突起であり、突起の長さは1～2ミリメートル程度である。１本だけ軸索とよばれる長い突起があり、細胞本体を出てから多岐に枝分かれしている。図４・８に大脳皮質の代表的ニューロンである錐体ニューロンとインターニューロンの軸策と樹状突起の様子を示してある。錐体ニューロンの軸策の中には相当離れた脳部位まで枝を伸ばしているものもあり、長いものでは1メートル程度の長さにもなる。

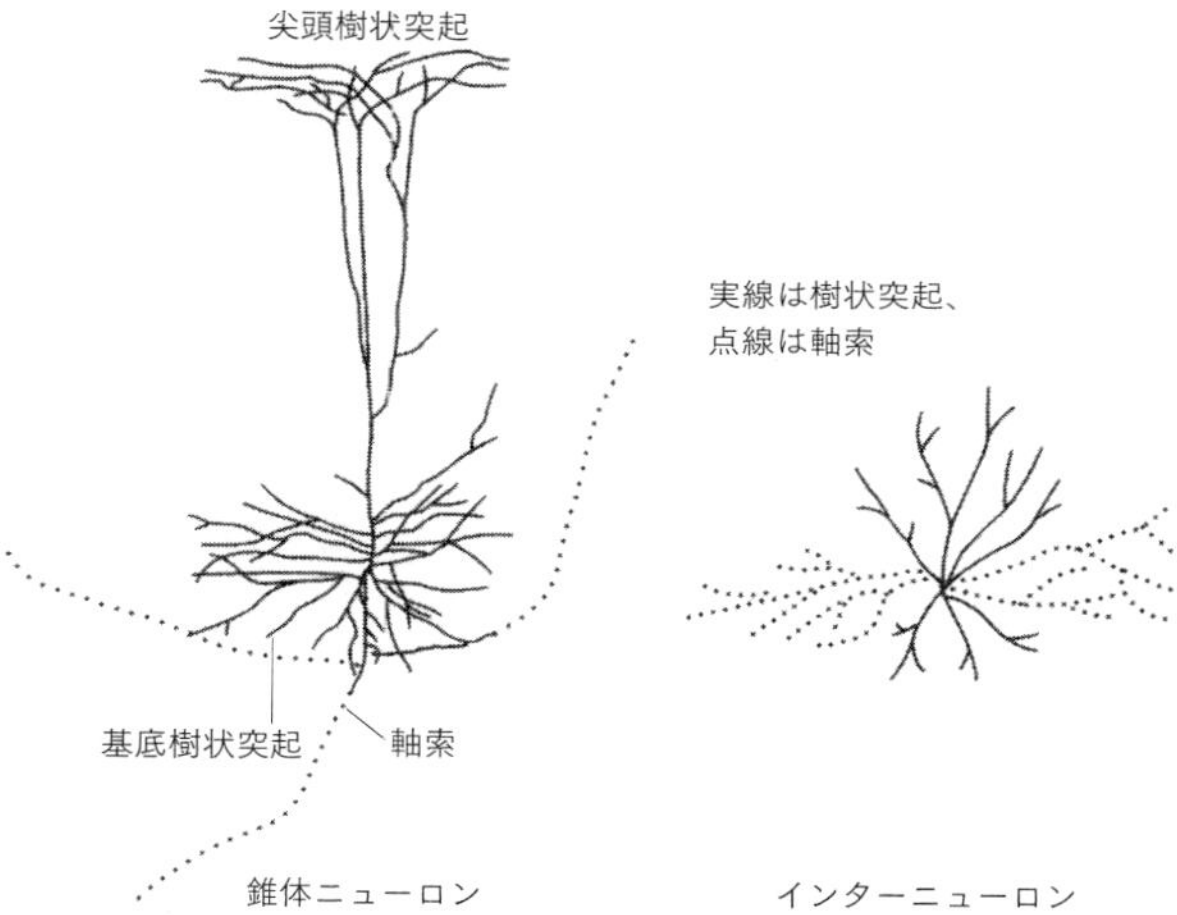


**図 4・8**　ニューロンの軸索と樹状突起

樹状突起はニューロンに他のニューロン群で処理した情報を伝える入力線維であり、軸策は他のニューロン群にニューロンで処理した情報を出力する出力線維である。

生体内ではいろいろな化学物質がイオン化しており、$Na^+$、$K^+$、$Ca^{++}$などの正イオンや、$Cl^-$などの負イオンが存在する。ニューロンの細胞膜上には多数の多様な蛋白質が埋め込まれているが、その中でNa－Kイオンポンプとよばれる蛋白質は$Na^+$イオンを細胞膜内から膜外に、$K^+$イオンを膜外から膜内に排出する役を果たしている。イオンポンプが働くと、この2種類の正イオンの移動が3対2の割合で行われるので、細胞膜の外側は正、内側は負に帯電する。したがってニューロンはミクロな電池のように振る舞う。各種のイオンの細胞膜を通しての移動により生ずる膜内外の電位差を膜電位とよぶが、通常の状態では膜電位はイオンポンプの働きにより負の値をもち、この値を静止膜電位とよんでいる。ニューロンにより異なるが-70ミリボルト程度の値である。

ニューロンはミクロな発信機のような性質ももち、膜電位が変化して-60ミリボルト程度に上昇すると軸策の本体との付け根の部分で電気的パルス信号が発生し、その信号は軸索を伝わり軸策末端まで到達する。軸策は多岐に枝分かれしているが、どの分枝にも同じ信号が伝達され、すべての軸策末端に到達する。このパルス信号は活動電位、あるいはスパイクとよばれている。スパイクの伝達速度は秒速0・5メートルから100メートル程度であり、軸策がミエリンとよばれる物質で覆われて絶縁されている場合は大きな速度、覆われていない場合は小さな速度で伝達する。離れた脳部位を結ぶ長い軸策はミエリンで覆われており、軸策が10センチメートルほどの長さであっても、1ミリ秒程度の短時間でスパイクは軸策の付け根から軸索末端まで到達できる。

イオンポンプの他に細胞膜には多数のイオンチャンネルとよばれる蛋白質が埋め込まれている。これらのイオンチャンネルは開閉を繰り返しており、開いているときは細胞膜を通ってイオンを透過させる役を果たしている。イオンの透過する方向は、膜電位の値に依存するイオンに働く電気力の強さと、膜内外のイオンの濃度差による浸透圧の強さにより決まり、イオンは膜内または膜外へ透過する。多種類のイオンチャンネルがあり、種類により透過できるイオンが決まっており、Naイオンチャンネル、Kイオンチャンネルなどなどに分けられる。静止膜電位の値はイオンポンプによるイオンの排出と、開いている各種のイオンチャンネルを通してのイオンの移動による結果で決まる値である。

ニューロンの軸策末端は別のニューロンの樹状突起あるいは細胞本体の細胞膜にほとんど接しており、このニューロン間の接触部位をシナプスとよぶ。シナプス部位で二つのニューロンが接着しているわけではなく、わずかな間隙があり、シナプス間隙とよぶ。軸策末端にはシナプス小胞とよばれる多数の小胞が存在し、神経伝達物質とよばれる化学物質が多数詰まっている。スパイクが軸策末端に到達すると、小胞の一部が移動してシナプス部位の細胞膜に付着・融合し、小胞が破れて神経伝達物質がシナプス間隙に放出される。

一方、相手側のニューロンの細胞膜には神経伝達物質を受け取る蛋白質が多数埋め込まれており、神経伝達物質の受容体とよばれている。受容体が神経伝達物質を受け取ると、受容体自身の形態変化による受容体を通してのイオンの流出入、あるいは受容体が神経伝達物質を受け取ることにより生ずる細胞内の複雑な化学過程を経過して受容体近傍のイオンチャンネルが開くことによるイオンの流出入により、神経伝達物質を受け取ったニューロンの膜電位が変化する。このようにシナプス部位でのニューロン間の情報伝達は神経伝達物質を介して行われる。

多種類の神経伝達物質が知られているが、個々のニューロンは特定の神経伝達物質を用いている。主たる神経伝達物質はグルタミン酸とＧＡＢＡ（ガンマアミノ酪酸）であり、前者が受容体に受け取られるとニューロンの膜電位が増加し、後者が受け取られると膜電位は減少する。それぞれの神経伝達物質を受け取る受容体も多種類あり、膜電位の変化の詳細は受容体により異なる。大脳皮質の主たるニューロンである錐体ニューロン（全体の70～80パーセント）はグルタミン酸を神経伝達物質としており、インターニューロン（全体の10～20パーセント）とよばれるニューロンの多くはＧＡＢＡを神経伝達物質としている。多種類のインターニューロンが存在する。

シナプス部位を通してイオンが流出入すると、ニューロンの膜電位は静止膜電位から変化するが、ニューロン内の正電荷が増加すれば膜電位は静止膜電位に比べ上昇し、負電荷が増大すれば下降する。前者を脱分極、後者を過分極とよぶ。錐体細胞等からのスパイク入力による脱分極効果がインターニューロン等からのスパイク入力による過分極効果を上回り、ニューロンの膜電位が脱分極して静止膜電位より10ミリボルトほど上昇し−60ミリボルト程度になると、ニューロンはスパイクを生成する。スパイクは細胞本体と軸策の付け根の部分で生まれ、軸索を通って軸策末端まで運ばれる。スパイク放出することをニューロンの発火、発火の起こる膜電位を発火の閾値《しきい》とよぶ。静止膜電位、発火の閾値の概略の値は上述した通りであるが、これらの値はニューロンの種類により、また個々のニューロンにより異なっている。

図４・９にスパイク発火の際のニューロンの膜電位変化の概略の様子を示した。膜電位が発火の閾値に達すると、$Na^+$イオンを選択的に通過させる多数のNaイオンチャンネルが突然に開き、膜外濃度が膜内濃度より大きい$Na^+$イオンが急激にニューロン内に流入して膜内の正電荷が増大し、膜電位は１００ミリボルトほど増加する。一方、膜電位が発火の閾値を越えて上昇し負から正の値に変化

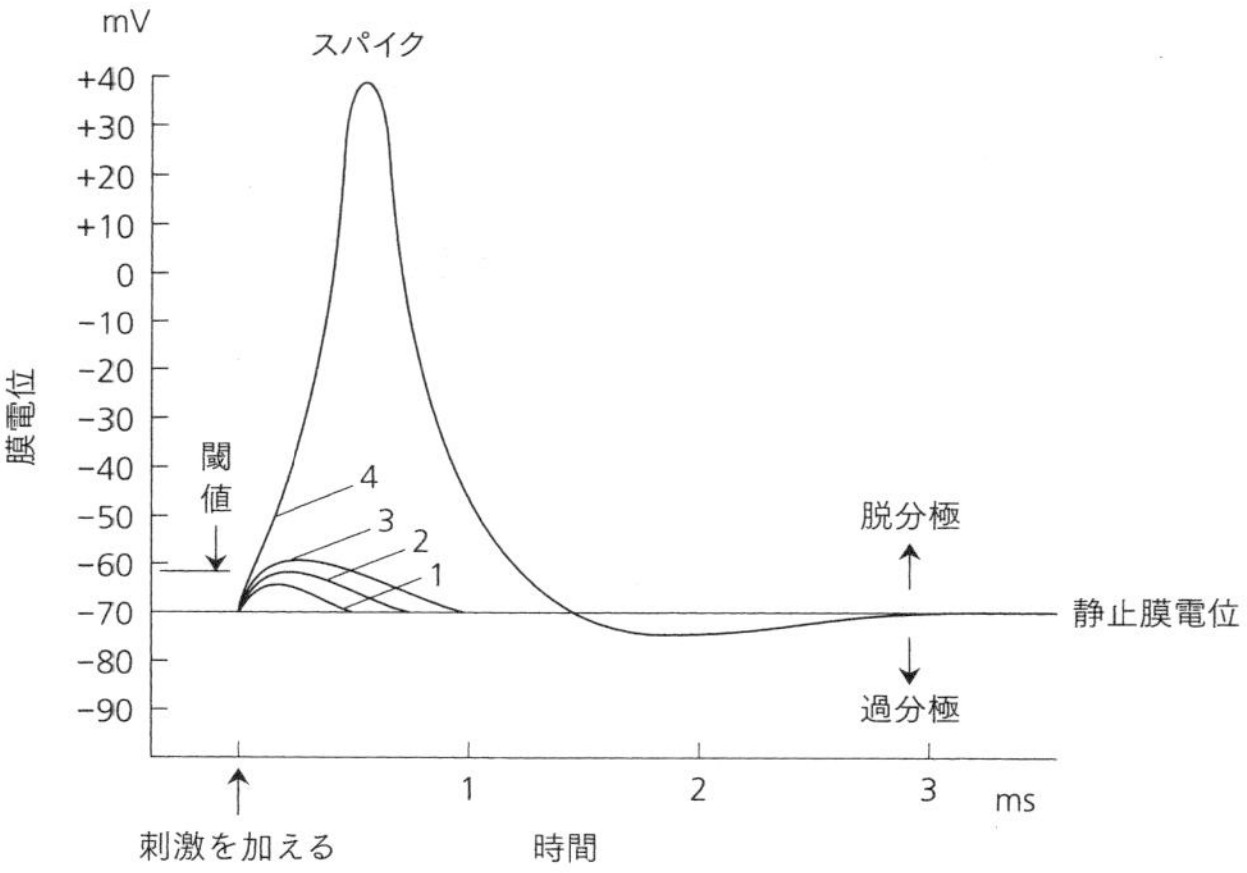


**図 4・9** スパイク発火とニューロンの膜電位変化。曲線 1、2、3 は膜電位が発火の閾値に到達しないときの膜電位変化、曲線 4 は膜電位が発火の閾値を超えたときの膜電位変化を表す。

すると、$K^+$イオンを選択的に通すKイオンチャンネルが開き、膜内濃度が膜外濃度より大きい$K^+$イオンが膜外に流出して膜内の正電荷が減少して膜電位は下降し静止膜電位へ戻る。このような膜電位の時間変化は1ミリ秒程度の短時間内で起こるので、スパイクは電気的パルス信号である。スパイクの典型的な波形を図4・9に示した。

ニューロンに多数のシナプスを通して正電流が継続的に流入すると繰り返しスパイクを放出するが、図4・10に継続的に正電流が流入したときのニューロンのいくつかの典型的な発火パターンを示した[7]。

## シナプスの強度とシナプス可塑性

シナプスへの1個のスパイク入力により

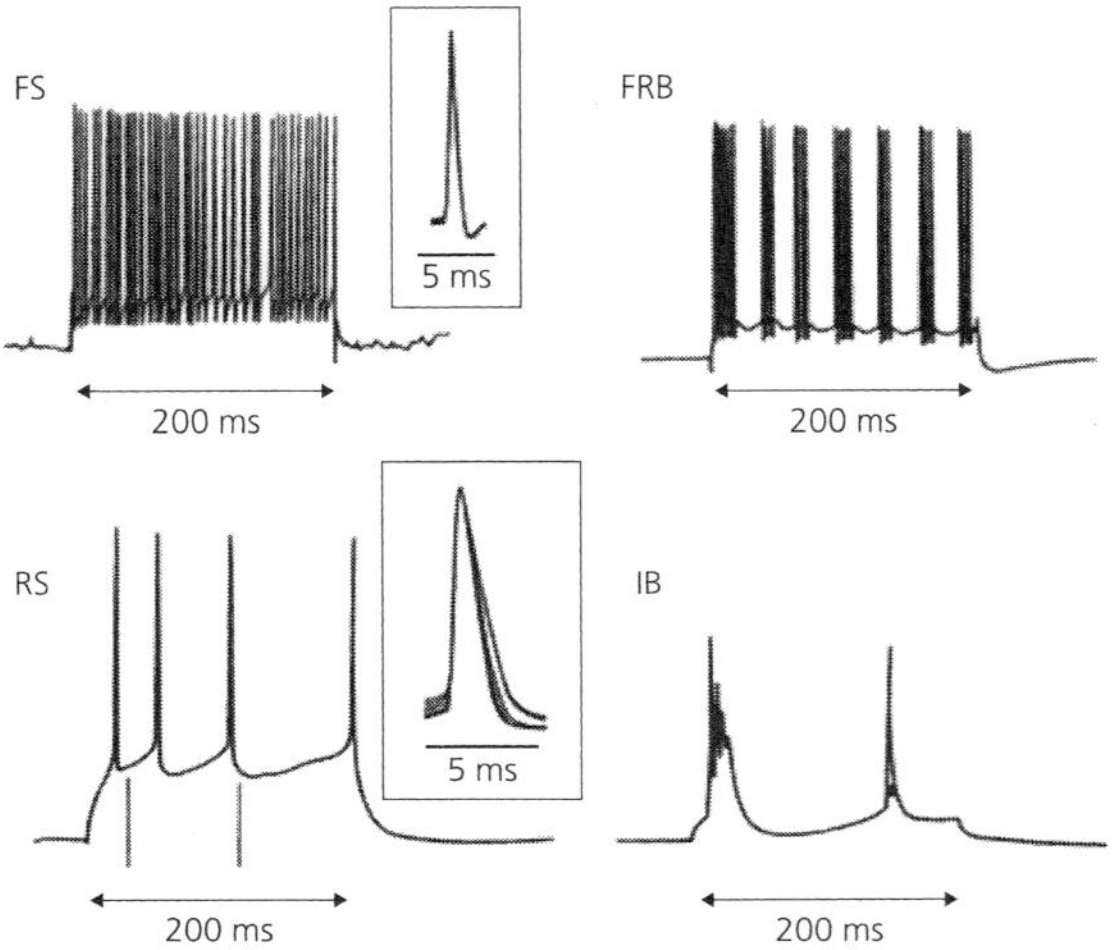


**図 4･10**　ニューロンの 4 種の発火パターン（参考文献 7 の図を引用）。FS 発火はインターニューロンによる早い繰り返し発火、RS 発火は錐体ニューロンによる規則的な繰り返し発火であり、個々のスパイクの拡大図を中央に示した。FRB、IB 発火は複数のスパイクが短時間にまとまって放出されるバースト発火であり、FRB 発火では繰り返し高頻度でバースト発火が起こり、IB 発火ではバースト発火が間欠的に起こっている

生ずるニューロンの膜電位の変化量は、スパイク入力時からしだいに増大して最大値に到達し、それから減衰して膜電位は元の値に戻る。膜電位変化の生じている時間はニューロンの種類、神経伝達物質や受容体の種類により異なるが、数ミリ秒の短時間の場合から、数十ミリ秒から数百ミリ秒も継続する場合がある。図 4・11 に膜電位変化が数ミリ秒の短時間だけ起こる場合を例に取り、1 個のスパイク入力による膜電位変化の時間経過を示し

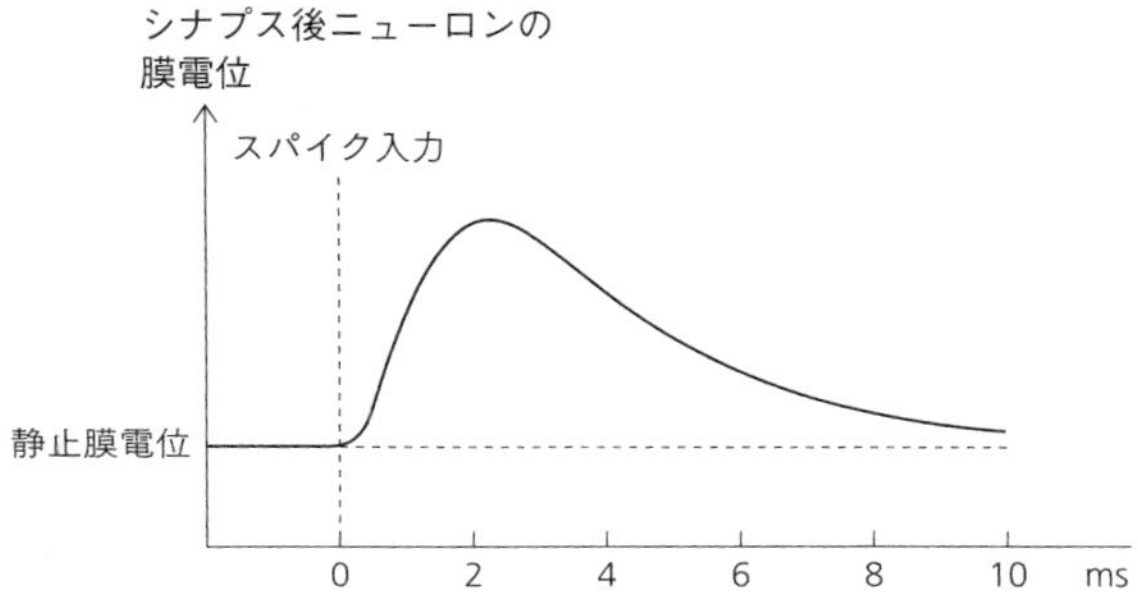


**図4・11**　1個のスパイク入力による膜電位変化の一例

た。錐体ニューロンからのスパイク入力では図のように膜電位変化量は正の値であるが、インターニューロンからのスパイク入力では膜電位変化量は負の値になる。

膜電位変化量の最大値、すなわち図4・11の山の高さをシナプス結合の強さと定義すると、錐体ニューロンの場合には平均して0・1ミリボルト程度の大きさであり、発火の閾値と静止膜電位の差である10ミリボルト程度と比べて非常に小さい。ニューロンが発火するためには、相当多数のシナプスを通してスパイクがほぼ同時に入力し、それらスパイク入力による膜電位変化が加算され、膜電位が発火の閾値に到達する必要がある。多くの場合に多数の錐体ニューロンからのスパイク入力と多数のインターニューロンからのスパイク入力がほぼ同時に到達し、それによる膜電位の正の変化と負の変化がある程度相殺されるので、膜電位が発火の閾値に達するためには、非常に多数の錐体ニューロンからのスパイクがほぼ同時に入力する必要がある。

## ニューロン間の情報伝達

ニューロンは電気的パルス信号であるスパイク放出と、シナプス部位での神経伝達物質の交換による化学過程で情報伝達を行っており、個々のニューロンは非常に多数のニューロンとシナプスを介して情報連絡している。ニューロン1個あたりのシナプス数はニューロンごとに異なるが、大脳皮質錐体細胞の場合には数百から数万、平均すると1万個程度の多数のニューロンとシナプス結合しており、インターニューロンの場合では数百から数千の近傍のニューロンとシナプス結合している。このように多数のニューロンがシナプス結合を通して情報連絡しており、脳内には情報処理を行う回路網が形成されている。

厚さ2、3ミリメートル程度の大脳皮質には皮質表面に水平な6層の層状構造を形成する形でニューロンが分布しており、各層に存在するニューロンの種類や異なる層のニューロン間の結合の様子は皮質部位によらずに類似している。ニューロンは非常に密に多数存在し、皮質部位により異なるが、1平方ミリメートルあたり10万個程度のニューロンが存在する。また多くの皮質部位では皮質面に垂直方向に並ぶニューロン群は柱状のコラム構造を形成し、コラムを構成するニューロン集団は特定の機能を集団で営んでいる。コラムは大脳皮質の機能単位と考えられ、皮質部位により異なるが1万個程度のニューロンから構成されている。大脳皮質全体では100万個程度の多数のコラムが存在し得る。

コラム内のニューロン間や隣接コラムのニューロン間にはシナプス結合を通して情報連絡が行われるが、5、6層の錐体ニューロン群には軸策が束になって相当離れた脳部位まで軸策を伸ばしているニューロン群もあり、感覚野に入力した外部情報は近傍の脳部位に数十ミリ秒の短時間で伝達されるだけでなく、相当離れた脳部位にも数十ミリ秒程度の時間に情報が伝達される仕組になっている。

## シナプス可塑性と神経調節物質によるシナプス伝達効率の制御

シナプス結合の強さは学習により変化し、シナプス可塑性とよばれている。ここでいう学習とは意図的な学習ではなく、ニューロン間でシナプスを介して情報連絡が行われた経験により、自動的にシナプス結合の強さが変化することを意味している。結合の強さが強くなる場合もあれば弱くなる場合もある。また変化したシナプス結合の強さが長期に維持される場合もあれば（長期シナプス可塑性）、短期に元の値に戻る場合もある（短期シナプス可塑性）。

シナプス可塑性の考えはヘッブにより1949年に提唱され、今日までにシナプス可塑性を示す多くの実験結果が報告されている。シナプス可塑性の詳細は複雑であるが、概略するとシナプス前ニューロン（入力側ニューロン）とシナプス後ニューロン（出力側ニューロン）がほぼ同時に繰り返し発火すると、シナプス結合の強さが変化する。シナプス前ニューロンからのスパイク入力後の

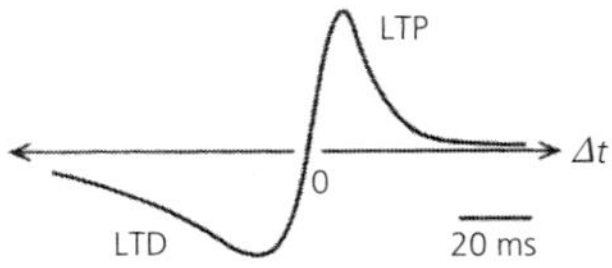


**図4・12**　繰り返し入力によるシナプス可塑性。横軸はシナプス前ニューロンとシナプス後ニューロンのスパイク放出時刻差$\Delta t$、縦軸はシナプス強度の変化量（任意スケール）。LTPはシナプス強度の長期増強、LTDは長期減衰を意味する。

20ミリ秒以内の時間にシナプス後ニューロンがスパイク発火するとシナプス結合が強化され、逆にスパイク入力前の20ミリ秒以内の時間にスパイク発火すると結合の強さは減衰する。その様子を図4・12に示した。

## 神経修飾物質

シナプスか結合の強さは神経修飾物質とよばれる化学物質により制御されている。代表的な神経調節物質はアセチルコリン、ドーパミン、セロトニン、ノルアドレナリンなどである。脳の中脳等には網様体とよばれる組織があり、その内部には網様体核とよばれる小核（数千から数万個の細胞の小集団）が多数存在する。これらは神経修飾物質を放出するニューロンの集まりで、放出する修飾物質の種類は小核ごとに決まっている。小核を構成する個々のニューロンの軸策は多岐に分岐し、その末端は大脳皮質・視床・大脳基底核等の広範囲の脳領域に届いており、小核の活性化による神経修飾物質の放出を介して広範囲の脳領域の働きを制御している。分岐した軸策の末端は10万個にもなる。

ニューロン間の情報伝達はシナプス部位で行われるが、そのシナプス部位に上記の小核のニューロンからの軸策末端が伸びている脳部位では、放出された神経修飾物質がシナプス部位に存在する受容体に受け取られて、シナプス結合の強さが変化する。強さが増大する場合も減衰する場合もあり、その詳細は修飾物質の種類、修飾物質の受容体の週類等により決まっている。グルタミン酸やGABAによるシナプス部位での情報伝達は1ミリ秒程度の短時間で行われる情報伝達であるが、神経修飾物質によるシナプス結合の強さの制御の時間スケールは数十ミリ秒から数秒にもなる。神経修飾物質は特定の脳部位の特定の機能を選択的に制御するのではなく、広範囲の脳部位の機能を大局的に、かつ比較的長時間にわたり制御する役割を果たしている。

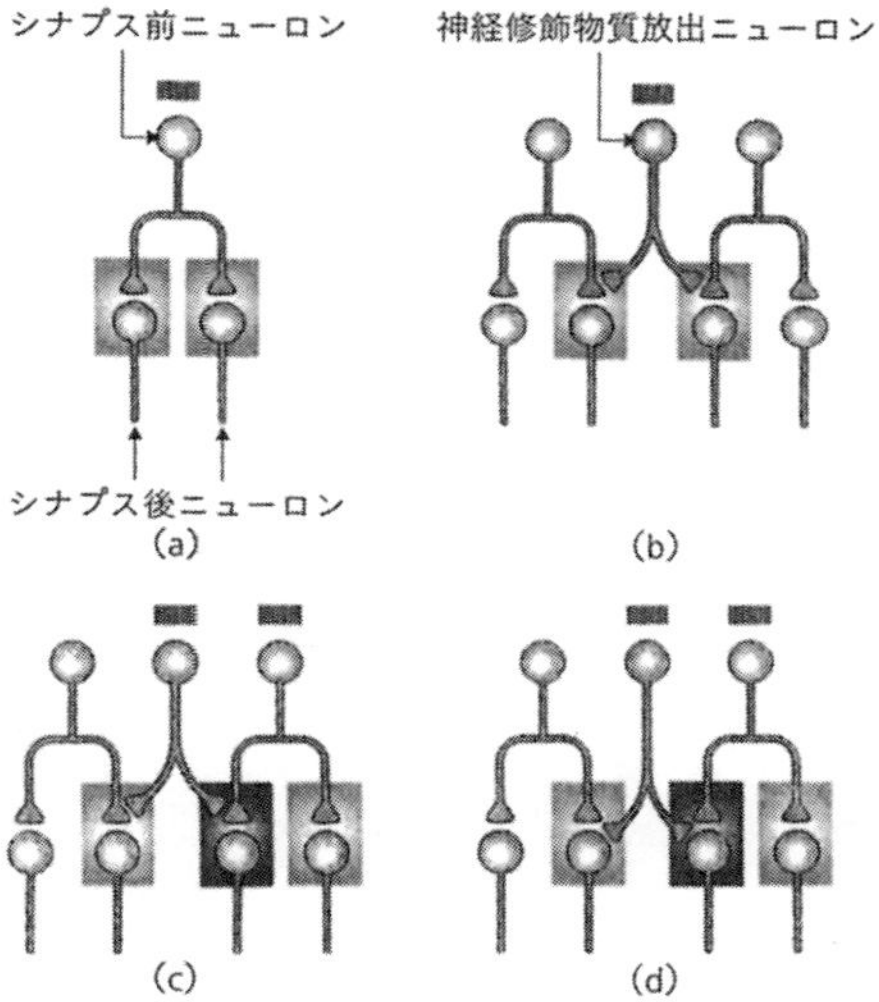


**図 4・13** ホモシナプス結合、ヘテロシナプス結合の場合のシナプス可塑性（参考文献8の図を引用）

シナプス前ニューロンと後ニューロン間の通常の結合をホモシナプス結合、これに神経修飾物質放出核からの結合が加わった結合をヘテロシナプス結合とよぶ。図4・13にホモシナプス結合、ヘテロシナプス結合の場合のシナプス可塑性の様子の概略を示した。(8) 図4・13の(a)はホモシナプス結合の場合で、シナプス前ニューロンの高頻度スパイク発火によりシナプス後ニューロンが発火するとシナプス結合が強化される。強化された結合は少し濃い黒枠で囲んである。(b)はヘテロシナプス前ニューロンからの入力がない場合でもシナプス結合が強化されることを示している。(c)、(d)もヘテロシナプス結合の場合で、シナプス前ニューロンからの高頻度スパイク入力と神経修飾物質放出核からの入力が同時に加わると、濃い黒枠で示したようにシナプス結合の強さが大きく増大する。(c)は放出核の軸策末端がシナプス前ニューロンの機能を制御する場合、(d)はシナプス後ニューロンの機能を制御する場合である。長期シナプス可塑性の生成には、(c)、(d)に示したような神経就職物質の関与が必要のように見える。

## 数を認知する脳部位、IPS領域

図4・1~4・4からも推測されるようにいろいろな脳部位が数の認知や操作に関わっている。数の大きさを認知するのに欠かせない領域として、頭頂連合野のIPS領域(intra parietal sulcus; 頭頂間溝、あるいは頭頂内溝ともいう)とよばれる脳領域が存在する。この部位は図4・6に示した頭頂葉の上頭頂小葉と下頭頂小葉とよばれる部位にはさまれた脳部位であり、筆者が素数を暗誦している際の活性化脳部位を示した図4・3にもIPS領域の活性化が認められる。

IPS領域は数の大きさを概算する、数の大小を比較する、足算や引算などの作業を行う際に活性化するだけでなく、つぎつぎに異なる文字、数字等を被験者に見せると、文字が提示されたときに比べて数字が提示されたときにより強く活性化する脳部位であり、数を感じる脳部位である[9,10]。IPS領域はアラビア数字などの数字を見るときも、いくつかのドットから構成されるドットパターンを見るときにも同じように活性化する。またアラビア数字が言葉で話されるときも、アラビア数字を見るときと同様に活性化する。IPSは視覚情報と聴覚情報が統合される脳領域であり、数字が視覚情報として提示されるか、聴覚情報として提示されるかにかかわらず活性化する。図4・14に人の脳のIPS領域の概略の位置を示した。黒く塗った部位がIPS領域である。

IPSが数の大きさを感知する領域であることを示す実験として、被験者にドットパターンを提示し、その際にfMRIを用いてIPS領域の活性化の様子を測定した実験がある。ドット数が同じドットパターンを繰り返し提示すると、その刺激に対する慣れによりIPS領域の活性化の低下が生ずるが、異なるドット数のパターンを提示するとIPS領域の活性化が増大する。慣れたドットパターンのドット数と新たに提示したドットパターンのドット数の差が大きいほど活性化増大の程度は大きく、増大の割合は二つのパターンのドット数の差と慣れたドットパターンのドット数との比で定まる。このことはIPS領域が数の違いにも応答することを示している。

図4・15には最初にドット数が16（または32）のドットパターンを繰り返し提示し、次にドット数が16（または32）に近いドットパターンを提示したときのIPS領域の活性化の慣れによる低下の割合、および16（または32）から大きくドット数が異なるドットパターンを提示したときの活性

化の増大の割合を示してある。[9] 縦軸は活性化の強さの変化率である。

ＩＰＳ領域が数の認知に主要な役割を果たしていることは次のような実験からも推測できる。ＩＰＳ部位に一時的に外から経頭蓋磁気刺激（ＴＭＳ、transcranial magnetic stimulation）を加えると、刺激直後の数十ミリ秒程度の間はＩＰＳ領域の機能を阻害できる。ＴＭＳ刺激を加えた直後

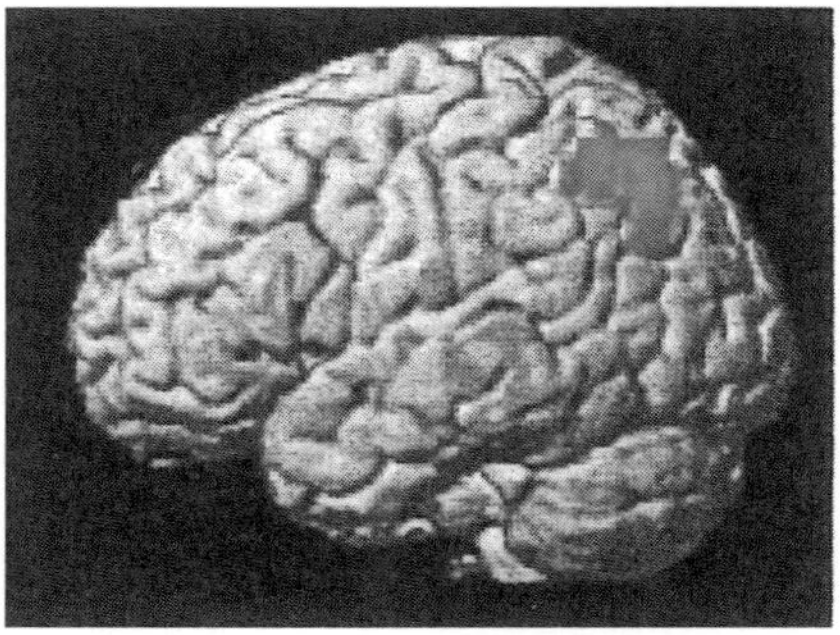

**図 4・14**　人の脳の IPS 領域（参考文献 9 の図を引用）

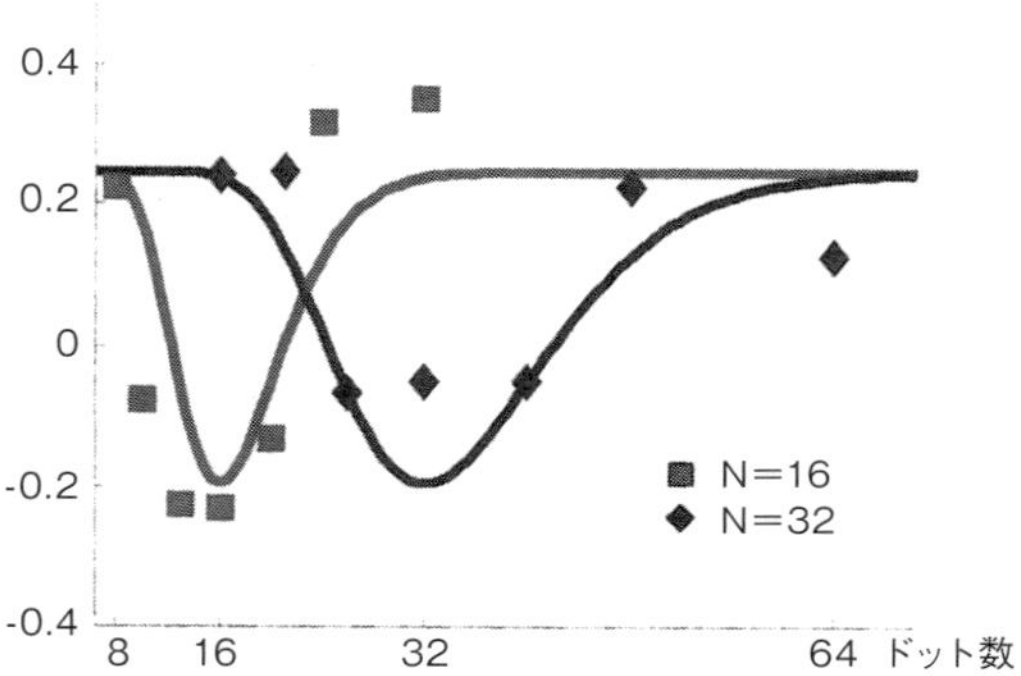


**図 4・15**　ドット数 $N=16$ または $N=32$ のドットパターン刺激を繰り返し与えた後に、ドット数の異なるドットパターン刺激を与えたときの人の IPS 領域の活性化の強さ（参考文献 9 の図を引用）

の被験者は数の大きさの判断ができなくなるが、その他の多くの脳機能には影響がないので、IPS領域は数の大きさの認知に主要な役割を果たしていると結論される。一方、IPSは数の認知のみだけではなく、物体の大きさ・位置・向き・明るさなどの連続的に変化する量の大きさの認知にも関わっていることが知られている[10]。

## サルに学ぶ ― 数ニューロン

脳の数機能部位の特定には個々のニューロンの数機能を知ることが重要である。倫理的理由により人の脳に微小電極を挿入して個々のニューロンの働きを調べることは通常できないので、サルなどの実験動物を用いて調べることになる。前章で述べたように、サルも数の感覚や簡単な数計算の能力をもっている。人のIPS領域に対応するサルの脳部位に微小電極を挿入し、その部位のニューロン群の活性化を調べると、特定の数に選択的に強く応答するニューロン、すなわち数の大きさを認知するニューロンや、数の大きさを変えると活性化の程度が連続的に増強、あるいは減衰するニューロンが見いだされている。これらのニューロンは数ニューロンとよばれている。

数を感じる、数を認知するニューロンは人の脳のIPS領域に対応するサルの脳領域に見いだされるだけでなく、サルの前頭前野（PFC、prefrontal cortex）領域にも見いだされている。この部位は数を処理する際に一時的に必要な記憶を作業記憶として保持する脳部位であり、人のIPS

領域に対応する脳部位からの入力を受けている部位である。サルが数に関する作業を行っているとき、最初にＩＰＳ領域が活性化しＰＦＣ領域の活性化は少し遅れて起こることも知られている。したがってＩＰＳ領域の活性化に伴う入力を受け、ＰＦＣ領域が活性化するものと思われる。

前述の特定の数に選択的に強く応答する数ニューロンの活性化の様子を調べると、最も強く応答する選択数から数がずれると活性化は低下するが、活性化の強さはウェーバーの法則に従って変化する。数ニューロンの存在するサルの脳のＩＰＳ対応領域はＶＩＰ、ＬＩＰ、ＡＩＰ領域に分けられるが、頭頂葉のこれら3領域と、数に選択的に応答するニューロンの存在するＰＦＣ領域（ＢＡ45、46野）の位置を図４・16に示した。[9] 図示したサルのＶＩＰ、ＬＩＰ、ＡＩＰ領域は人の脳のＩＰＳ領域に対応する部位と思われる。数ニューロンの詳細については後に述べることにする。

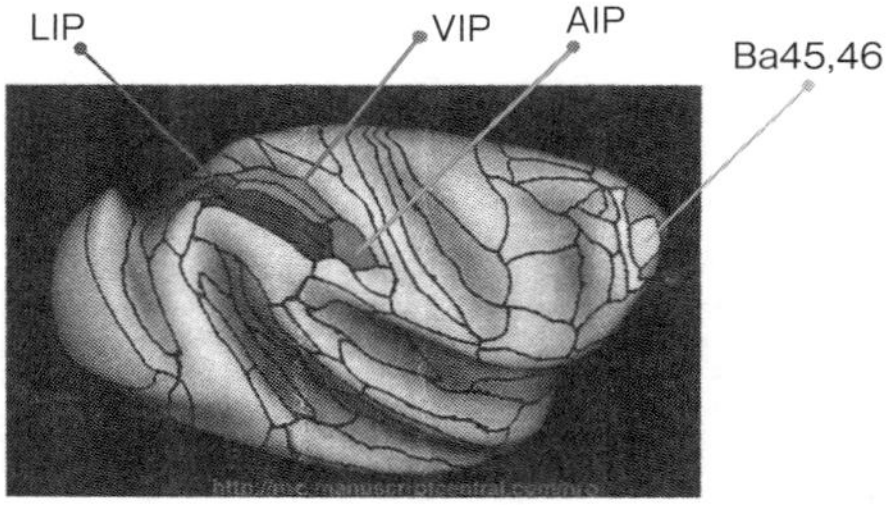


**図 4・16**　サルの脳の LIP、VIP、AIP 領域、および PFC 領域のブロードマン 45、46 野（参考文献 9 の図を引用）

## 順序数

数字は数の大きさを表すだけでなく、集合中の物体の順序を表す順序数にもなる。数字だけでなく人が文を構成するときの単語の並べ方にも順序があり、また1月、2月、……という具合に月を表す際にも配列の順番を表す順序数が必要である。数字だけでなく、配列順序を伴う刺激を人に与えたときにもIPS領域の一部、特にIPS前部領域の活性化が見られることが報告されている。[10,11]またIPS領域から入力を受ける角回も活性化するが、角回は多様な感覚情報が統合される脳部位であり、後述するように抽象的な数、抽象的な順序数の概念を表象する脳部位であると推測されている。

IPS領域、角回に加えて前頭葉にも順序数を表すニューロン群の存在がサルを対象にした実験から見いだされている。サルが一つの時系列運動を行うとき、前頭葉の前補足運動野や補足運動野には運動を構成する運動要素の順序をコードするニューロン群が存在する。一例として丹治らによる実験を取りあげよう。[12]サルに手でレバーを押す（A）、レバーを引く（B）、レバーを回す（C）という三つの操作から構成される時系列運動を繰り返し学習させる。すなわちABC、ACB、BCA、……などの三つの運動要素A、B、Cから構成される時系列運動を学習させる。繰り返し学習すると、サルは記憶に基づいて正しい順序でそれぞれの時系列運動を行えるようになる。その際に補足運動野、前補足運動野の多数のニューロンの活性化の様子を調べると、特定の時系列運動を行う際に選択的に活性化するニューロンが見いだされている。

その中には上述の3個の運動要素から構成される時系列運動を行う際、1番目、2番目、あるいは3番目の運動を行うときにのみ活性化するニューロン群が存在するが、これらのニューロン群は時系列運動を構成する個々の運動要素の順番、すなわち順序数をコードしているように見える。補足運動野・前補足運動野はIPS領域から離れた脳部位であるが、複数の運動要素を順序づけて行う複雑な運動のプログラムの実施を制御する部位であり、これらの脳部位に時系列運動を構成する運動要素の順序を記憶し、時系列運動を制御するニューロン群が存在するのは理にかなっている。

## 記号を用いた数と記号を用いない数の認知

言葉をもたないサルに対し、一つのアラビア数字を提示した後にいろいろなドット数のドットパターンを提示し、パターン中のドット数がアラビア数字の示す数と同じときにレバーを押すと報酬が与えられる課題を繰り返し行う。その結果としてサルはアラビア数字とパターン中のドット数を結びつけることを学習する。学習中にサルの脳に微小電極を挿入し、アラビア数字を提示したときのニューロンの活性化の様子を調べると前頭前野（ＰＦＣ）領域が強く活性化するので、ＰＦＣ領域が主として数字とドット数の結びつけ学習に関与しているように見える。

学習後は特定のアラビア数字の提示に対し選択的に強く活性化するニューロン群がサルの脳のＰ

FC領域に見いだされている。これらのニューロンはアラビア数字のような記号で表示される数刺激だけでなく、ドットパターン中のドット数のような非記号的な数刺激に対しても選択的に応答する。一方、非記号数刺激、記号数刺激のいずれにも選択的に応答するニューロンはIPS領域には見いだされず、PFC部位のみに存在するように見える[13]。

## 角回、縁上回の役割

人が数計算を行うとき、IPS領域に隣接する下頭頂小葉の角回（BA39）、縁上回（BA40）とよばれる部位が活性化する。たがいに隣接するこれらの脳部位の位置は図4・6に示してある。下頭頂小葉は他の哺乳動物に比べて人の脳で特に発達している脳部位の一つであり、言語機能にも関与し、人が文書を読むときにも強く活性化する。数計算をするときにも角回、縁上回が強く活性化することは、人が数計算をする際に言葉を用いている証拠とも考えられている。

左脳の角回に障害があると計算ができなくなるなどの障害が起こること、計算中にTMS刺激を角回に加えると数の大きさの認知に障害が起こることも知られている。また縁上回に障害のある人は数字や文字等の記号で表された数の大きさの認知に障害を示すが、ドットパターン中のドット数のように非記号で表される数の大きさの認知には障害が見られない。アラビア数字を読むときに角回・縁上回が活性化することも示されており、角回と縁上回は記号で表された数の認知・数の操作に関わっている。また、これらの部位は数の意味や数の概念の形成、より一般に抽象化された概念の形成と操作に関わっているように見える[14]。

角回は下頭頂小葉に位置し、IPS領域、縁上回、後頭葉に接している部位であり、頭頂葉・側頭葉・後頭葉をつなぐ中心的な領域である。またいろいろな線維束を介して離れた脳部位である外側前頭前野の尾部、BA44、45などの前頭前野領域、さらには記憶の処理部位である海馬、海馬傍回等の脳領域とも結合している[15,16]。角回は多くの脳部位との結合を通して多様な脳機能に関与しており、聴覚・視覚、触覚情報を統合する部位でもあり、情報の意味を理解する際に角回、特に左角回が強く活性化することが知られている。したがって、角回は特定の感覚情報に依存しない抽象的な概念、すなわち数の概念を含む抽象的な概念の記憶部位である可能性が強いと考えられている。

角回、特に左角回は数の音声言語の記憶想起にも関与しており、足算や掛算などを行う際には多くの場合に数字の音声の脳内想起を伴うが、これら数計算の際に角回は強く活性化する。角回は脳が休息している状態（default 状態）でも活性化しており、休息中、あるいは睡眠中に行われるいろいろな概念的知識の記憶想起と、想起された知識の無意識の操作などにも関与しているように見える。数の概念が脳のどの部位に表象されるかを具体的に明らかにするのは難しいが、角回は数を感じるIPS領域、数字の視覚形態を認知する高次視覚野である紡錘状回からの入力を受けている脳部位であり、また多様な感覚情報が集積・統合される部位でもあり、角回、特に左角回は抽象的な数の概念の表象部位と推測されている。また抽象的な順序数の概念も、角回、あるいはその周辺

部位に表象されると考えられている。[15,16]

下頭頂小葉の発達により人は数などの抽象的な概念を形成し、足算や掛算などの操作に見られるように抽象的対象を脳内で操作する機能をも手に入れたと考えられる。抽象的な概念にはいろいろな概念が存在するが、数の概念を含む少なくとも多様な感覚情報を統合して得られる抽象的な概念は、下頭頂小葉で形成され表象されると考えたい。

## 共感覚

数に関する脳機能を調べる際に興味ある知見は、いわゆる共感覚を示す人の数に関する共感覚現象から得られる。世の中には数字を見ると色が見えるという人々がおり、例えば数字「5」が緑色、数字「2」が赤色に見える。200人に1人くらいの割合で、このような数字と色の共感覚者がいるといわれている。側頭葉にはV4野とよばれる視覚野があり、視覚対象の色情報を処理する役割を果たしているが、数字の視覚的な外形を表象する部位である紡錘状回はV4野に隣接しているので、数字「5」や「2」を見て紡錘状回のそれら数字の形状の表象部位が活性化すると、共感覚をもつ人の場合には隣接部位のV4野も活性化し、それぞれの数字に色が付随して見える可能性が指摘されている。[17] このような現象は「クロス活性化」とよばれている。

順序数を内在している曜日（月、火、水、……）や月（1月、2月、……）の名称に対しても色を感じる共感覚者が存在することも知られており、例えば特定の曜日が緑、別の曜日が赤で色づけされて感じられる。異なる感覚情報の統合される角回、あるいはその周辺部位に抽象的な順序数の表象部位が存在すると考えると、それらの部位はV４よりもさらに高次の色を処理する脳部位に近接しているので、角回と高次の色認知部位の「クロス活性化」により、曜日や月の認知の際に色が付随して感じられるとも考えられる[17]。

## 空間・時間・数の認知機能の相関

集合の中の物体の数を数えるには、異なる位置にある物体をたがいに異なる物体として認知する機能が必要である。また音声情報処理の場合には、音声の流れの中で異なる音源からの流れを区別して認知する機能、あるいは一つの音声の流れの中で時間的に音声を分離し、分離した個々の音声要素を異なる要素として認知する機能等が必要になる。前者は空間認知、後者は時間認知に関わる機能である。空間・時間・数の認知が相互に密接に関連していることは、３種の情報がいずれもIPS領域を含む頭頂葉後部領域で処理され、３種の情報を処理する脳領域が重複している、あるいは隣接していることからも推測される。

３種の情報の関連を示す実験として以下の実験を取りあげよう。人は絶えず視線方向を変える眼球サッケードを行っているが、サッケード中に人が感じる空間スケール・時間スケール・数のスケールは視線を固定しているときに比べて変化する。眼球サッケード中のこれら三つの量の時間変化を測定し、それらの間の相互相関を示した実験がある。[17] サッケード開始時刻の前後では物体間の空間距離と事象間の時間間隔が共に真の値より圧縮されて小さく感じられる。同時に数のスケールも小さく感じられ、例えば一つの視野内に提示されるドットパターン中のドット数も真の値より小さく感じられる。

このような空間距離・時間間隔・数のスケールの眼球サッケード中の時間変化を調べると、驚くほど類似の変化を示している。スケールの圧縮効果はサッケード開始の100ミリ秒ほど前から起こり、サッケード中は持続し、サッケード終了後は50ミリ秒程度の短時間で消滅する。このようなサッケード中に人の感じる空間・時間・数のスケール変化は、IPS領域のニューロン集団の機能によるものと思われる。

実験の概略は次のようなものである。被験者がサッケード前に固視していた方向と異なる四つの方向に、瞬間的に光る縦棒（フラッシュバー）を一瞬提示する。被験者の感じるバーの位置はサッケード中では実際の位置と異なるように感じられる。感じるバーの位置を、バーを提示する時刻の関数として示したのが図4・17(a)である。[18,19,20] 中央の折れ線は水平方向へのサッケードの際の視線方向の時間変化を示している。サッケード前の視線方向を−10度にとると、サッケード開始に伴い視線方向は−10度から+10度まで直線的に変化し、サッケード終了後は+10度になる。すなわち右水平方向へ20度だけ視線方向を移すサッケードを行う。サッケード開始時刻を0ととると、終了時刻は50ミリ秒である。

図4・17(a)の四つの丸印列は、それぞれ+30度、+20度、0度、-20度の水平方向に提示されたフラッシュバーに対して、サッケード中に被験者が感じるバーの水平方向の位置の時間変化を示している。感じるバーの位置は水平方向の視線角度で表している。サッケード開始時刻前後の100ミリ秒程度の時間帯で被験者が感じるバーの水平方向の位置を示してあるが、サッケード終了後の視線

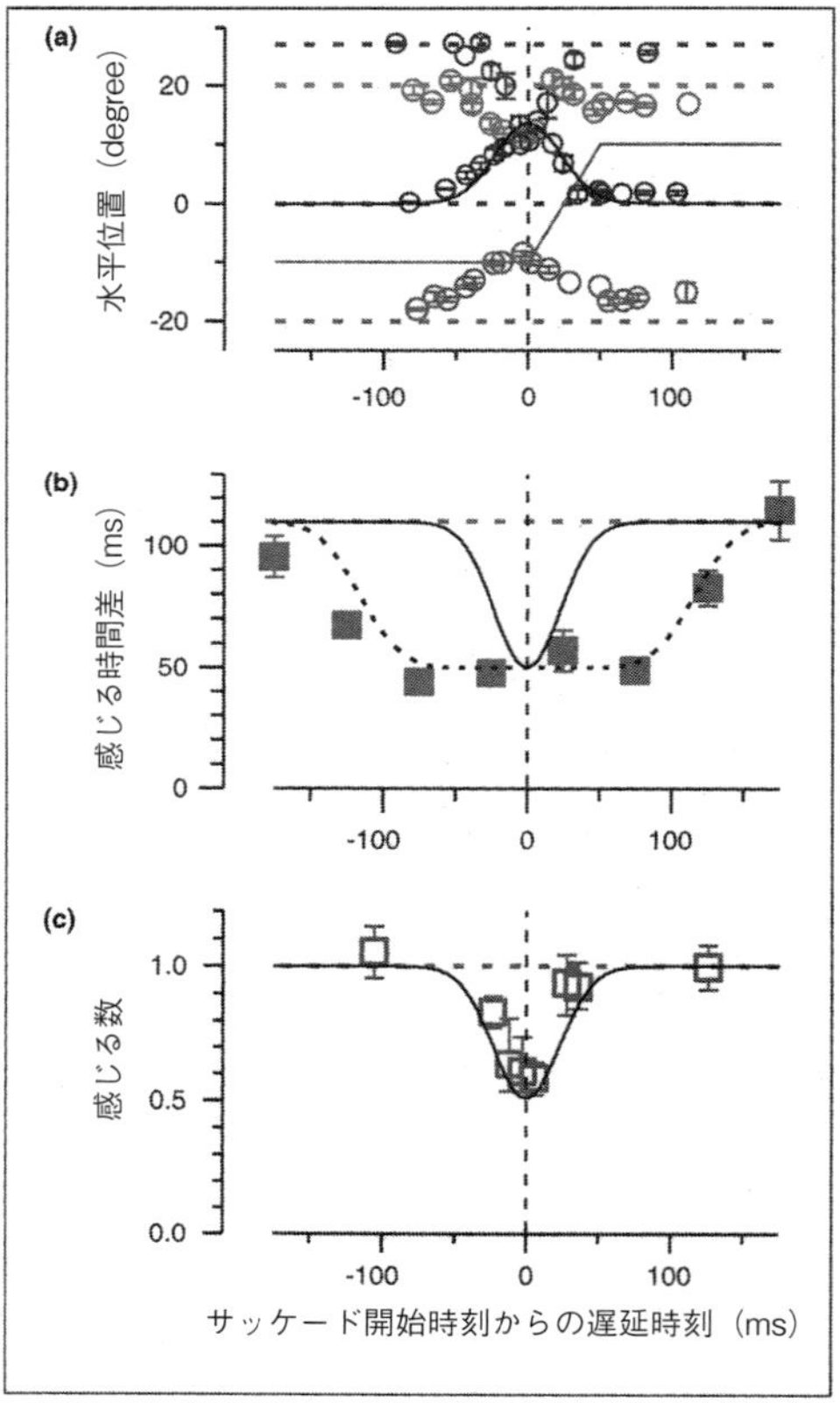


**図4・17**　サッケード中の人が感じる空間・時間・数のスケール変化。(a)はフラッシュ刺激の水平方向の位置変化（角度で表示）、図の中央の−10度から+10度に変化する折れ線はサッケード中の水平方向の視線変化を表す。(b)は二つのフラッシュ刺激の時間差、(c)は30個のドットから構成されるドットパターン中のドット数の変化。（参考文献18の図を引用）

方向である+10度よりも右にフラッシュバーが提示された場合（+30度、または+20度）にはバーは左方向へ移動して見え、+10度より左側に提示された場合（0度、または-20度）にはバーは右方向へ移動して見える。

異なる位置に提示されたフラッシュバーのいずれもがサッケード終了後の視線方向、すなわち+10度の方向へ近づくように移動して見えるので、異なる水平方向位置に提示されたバーの間隔は縮小して感じられる。図から読み取れるように縮小の割合はサッケード開始時刻0の近傍で最大になり、実際の間隔より相当大きく縮小する。

図4・17(b)は二つのフラッシュバーをある時間差（100ミリ秒）で順次提示したとき、被験者が感じる二つのフラッシュバーの時間差を示している。[18,20] 横軸は二つのフラッシュバーの光る時刻の中間値とサッケード開始時刻との時間差を表している。時間差が0に近いときには被験者は二つの縦棒のフラッシュ時刻の時間差を100ミリ秒より短く感じ、実際の時間差100ミリ秒の半分の50ミリ秒ほどになる。図の(a)と(b)を比べると、空間スケールと時間スケールの縮小の時間変化はきわめて類似している。

図4・17(c)はサッケードする前に30個のドットからなるドットパターンを被験者に提示し、次にサッケード開始時刻の近傍の時刻にいろいろなドット数のドットパターンをテストパターンとして提示する。被験者は最初のパターンとテストパターンのドット数とを比較し、両者が一致したと感じるときのテストパターン中の真のドット数を調べる。テストパターン提示時刻とサッケード開始

時刻との時間差をいろいろ変えて実験を行うと、時間差が１００ミリ秒以内のときには被験者がドット数30と判断したテストパターンのドット数の真の値は30より小さく、最大でその縮小率は50パーセントにもなる。縮小の割合をテストパターン提示時刻とサッケード開始時刻の差の関数として示すと、数の縮小効果の時間変化は(a)、(b)で示される空間距離・時間差の縮小効果の時間変化ときわめてよく似ている[18]。

このようにサッケード中の空間・時間・数のスケールの時間変化が類似の変化を示すことには驚かされるが、人は絶えず眼球サッケードを行っており、眼球サッケード中でも視覚情報の安定性を維持するためのなんらかの機構が働いているもの思われる。

## 数ニューロンに関する実験

ニューロンは脳の最小機能単位であり、脳の機能を理解するためには個々のニューロンの機能を知ることが重要になる。人が数に関する操作を行っているとき、頭頂連合野のＩＰＳとよばれる脳部位が活性化することを述べた。したがってＩＰＳ領域のニューロンには数に関する機能を担うニューロン、特に数を認知するニューロンが存在する可能性がある。倫理的理由から人の脳に微小電極を挿入して個々のニューロンの働きを調べることはできないので、サルが数に関する課題を行っているときに微小電極をサルの脳に挿入し、人のＩＰＳ領域に対応する脳部位であるサルのＶ

IP、LIP領域（図4・16参照）などのニューロンの活性化の様子を調べることにする。

ニイダーたちの実験[9,21,22]では、スクリーン中央の固定点をサルが注視した状態で、サンプル刺激としてドットパターンを0・5秒提示する。ドットパターンは1から6個、あるいは1から30個までのドットで構成されている。次に1秒何も提示しない時間をおいた後に、サンプル刺激と異なるテスト刺激を提示する。テスト刺激もドットパターンである。サンプル刺激とテスト刺激に含まれるドット数が同じか否かをサルは判断し、同じと判断すれば握っていたレバーを離す。1秒の遅延時間中、サルはテスト刺激のドット数を記憶しておかねばならないが、繰り返し学習後のサルは正しい判断ができるようになる。

図4・18Aにはサンプル刺激のドット数が2、3、4、5、6のいずれかの場合、サンプル刺激とテスト刺激のドット数を同じと判断してレバーを離す確率を、テスト刺激のドット数の関数として示してある。横軸にはテスト刺激のドット数を対数目盛で表示し、縦軸にはサルがレバーを離す確率をパーセントで示した。レバーを離す確率はテスト刺激のドット数がサンプル刺激のドット数と同じときに最大になるが、二つの刺激のドット数の差が増大するにつれてサルがレバーを離す確率は減少する。このグラフのようにテスト刺激のドット数を対数目盛で表示すると、レバーを離す確率分布がほぼ左右対称の形をしており、脳の感じる刺激の強さが外部刺激の強さの対数（ドット数の対数）に比例すること、ウェーバーの法則が成り立つことを裏づけている。

図4・18BはサルのVIP領域のニューロンの中で、特定のドット数のパターンに最も敏感に応

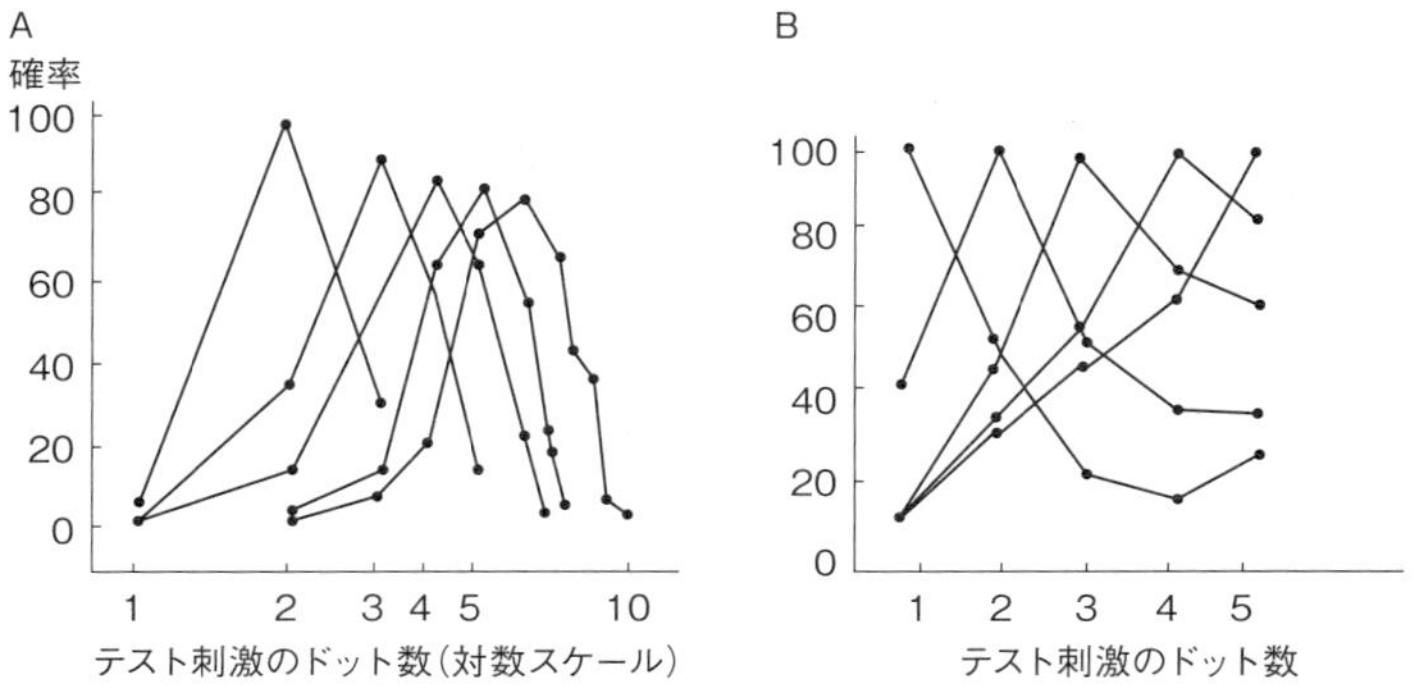


**図4・18**　サンプル刺激が2、3、4、5、6個のドットからなるドットパターンの場合に、テスト刺激に含まれるドット数がサンプル刺激中のドット数と同じと判断する確率（図A)、および数1、2、3、4、5に選択的に強く応答するVIP数ニューロンのテスト刺激に対する応答確率。数ニューロンの選択数に対する応答の強さを100パーセントとして規格化した（図B)。(参考文献9の図を引用)

答するニューロンの活性化の様子を示している。ＶＩＰ領域のニューロンの約20パーセントは特定のドット数のパターンに選択的に強く反応するニューロンである。これらのニューロンは選択ドット数をもつドットパターンの提示に対して最大発火頻度で活性化するが、提示するパターン中のドット数が選択ドット数からずれると発火頻度は減少する。このグラフは選択ドット数が１から５までのニューロンに対して、選択ドット数に対するニューロンの発火頻度を１００パーセントと規格化したとき、１から５までのドット数のテストパターン提示の際の相対発火頻度を示している。

　このような特定のドット数に選択的に強く応答するニューロンを数ニューロン

とよんでいる。数ニューロンは個々のドットの大きさや形、ドットのスクリーン上の配置の仕方等を変えてもドット数が同じならば同様な発火頻度で応答するので、ドット数の大きさに応答して活性化しているように見える。

図4・18Bに示した結果は1、2、3、4、5までの小さな数に選択的に応答する数ニューロンの発火特性であるが、より大きな数に選択的に応答する数ニューロンが存在するか否かも問題である。数の大きさには限りがないので、非常に大きな数に選択的に応答するニューロンが存在するとは思われないが、どこまで大きな数に応答するニューロンが存在するかは興味がある。後述するようにサルのPFC領域にも数ニューロンが存在し、選択数が30までの大きな数に選択的に応答する数ニューロンが見いだされている[22]。また選択数が大きくなるほど、その選択数を示す数ニューロンの数は少なくなっている。VIP領域には30のような大きな数に選択的に活性化する数ニューロンの存在はいまだ確認されていないが、PFC数ニューロンと同様に選択数が大きくなるにつれて数ニューロンの数は急激に減少すると考えられる。

数ニューロンは正確に特定の数をコードしているのではなく、図4・18Bに示したように活性化の強さは特定数のドットを含むパターンの提示に対して最大になるが、特定数から少しずれたドット数のパターンに対してもある程度活性化する。したがって個々の数ニューロンは概略の数をコードしていることになる。サルはVIP領域の数ニューロンの全体の発火パターンを通して、パターン中のドット数を集団でコードしているものと思われる。人の場合には脳に微小電極を挿入して

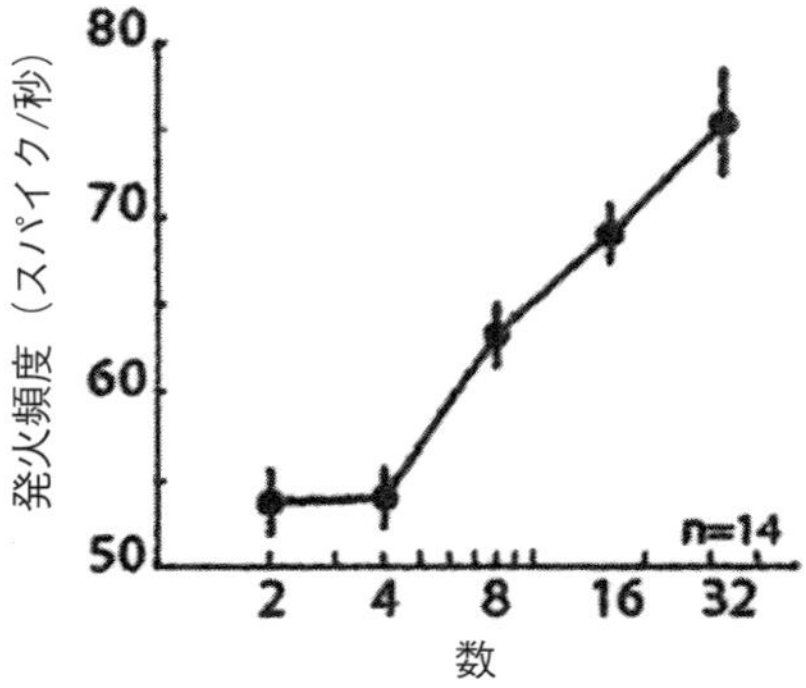


**図 4・19**　LIP 数ニューロンの数刺激に対する応答（参考文献 9 の図を引用）

個々のニューロンの機能を調べることはできないが、fMRI等を用いた脳の活性化の様子から推測するとIPS領域が数の大きさの認知に関わっており、サルと同様に数ニューロンが人のIPS領域にも存在するものと思われる。

サルのIPS対応領域の機能は一様ではなく機能の異なる領域に分けられる。後部から前部へと移るにつれて図4・16[9,23]に示したようにLIP（lateral intra parietal cortex）、VIP（ventral intraparietal cortex）、AIP（anterior parietal cortex）領域に分けられるが、VIP領域だけでなくLIP領域にも数をコードするニューロン群が存在する。すなわち数をコードする別のタイプのニューロンがLIP領域に見いだされている[24]。LIP数ニューロンは視野内の物体の総数ではなく、そのニューロンの受容野内に存在する物体の総数に応答して活性化する。またVIP数ニューロンと異なり、特定の数に最も強く応答するのではなく、受容野内の物体の総数の増加とともに発火頻度が単調に増大、あるいは単調に減少するニューロンである。発火頻度が物体数の増加に伴い単調増加するLIPニューロンの発火の様子の一例を図4・19に示した。このようにIPS領域で2種類の異なる方法で数がコードされているように見える。数をコードするニューロン集団の形成機構や、VIP数ニューロンとLIP数ニューロンの関係などに関してはいろいろな数理モデルが提案されている(9, 25, 26, 27)。

## 数0をコードするニューロン

自然数1、2、3、……をコードするVIPニューロン群の存在について述べたが、数0をコードするニューロン群が存在するか否かが問題であり、最近になり虫明元氏のグループによる巧妙な実験により数0をコードするニューロン群が見いだされた(28)。実験ではサルの脳のVIP領域に電極を挿入し、サルが次のような課題を行っているときのVIPニューロン群の活性化の様子を測定する。

サルにスクリーン中央の赤い固定点を注視させ、次に赤い正方形の枠で囲まれた領域内に数個の白い円を700ミリ秒提示する。円の数は0から4までのいずれかであり、その数を「標的数」とよぶ。次に1秒間の円の提示されない遅延時間（遅延時間1）をおき、青い正方形の枠で囲まれた数個の白い円を700ミリ秒提示する。白い円の数は0から6までの数のいずれかであり、その数を「操作前数」とよぶ。次に1秒間の円の提示されない遅延時間（遅延時間2）をおいて中央の赤い固定点が消え、同時に「操作前数」に対応する個数の白い円が提示される。これがGOサインであり、サルは左右に置かれ装置を操作して提示された白い円の数を変化させ、その数が「標的数」

になるまで操作を続ける。サルはこの操作の間、最初に提示された標的数を記憶していなければならない。

一方の装置を1回操作するとスクリーン上の白円は1個増え、他方の装置を1回操作すると白円は減るようになっている。サルに課せられた課題は装置を操作し、スクリーン上に提示された操作前数の白円の数を1個ずつ増減し、最終的に操作後の白円の数を標的数に一致させることである。操作は何回でも自由に行うことができる。サルが操作を終えて1・5秒間以上も操作をしないと、サルが課題を終了したと推定し、スクリーン上の白丸の数が標的数と一致しているときに報酬が与えられる。標的数と操作前数のいろいろな組み合せの提示に対してこの課題が行われたが、課題を学習した後のサルは、いずれの組み合せに対しても課題を正しく行う場合が多い。図4・20Aに標的数、操作前数が3、1および0、2の組み合せのときの課題進行の様子を示した。

標的数が増加するにつれサルが課題に成功する割合は減少する。標的数が0のときには100パーセントに近い割合で成功するが、標的数が4の場合でもサルがでたらめに標的数を推定するときの成功確率（20パーセント）より有意に大きな確率で成功する。いずれにしてもサルは数0を認知し、標的数、操作前数が0のときでも課題をほとんど正しく遂行できる。

VIP領域には数をコードするニューロン群が存在するが、実験ではVIP領域の614個のニューロンに対して課題遂行中の活性化の様子を測定した。標的数提示の時間帯では614個のなかの185個のニューロンが標的数に選択的に活性化すること、そのうち101個のニューロンは

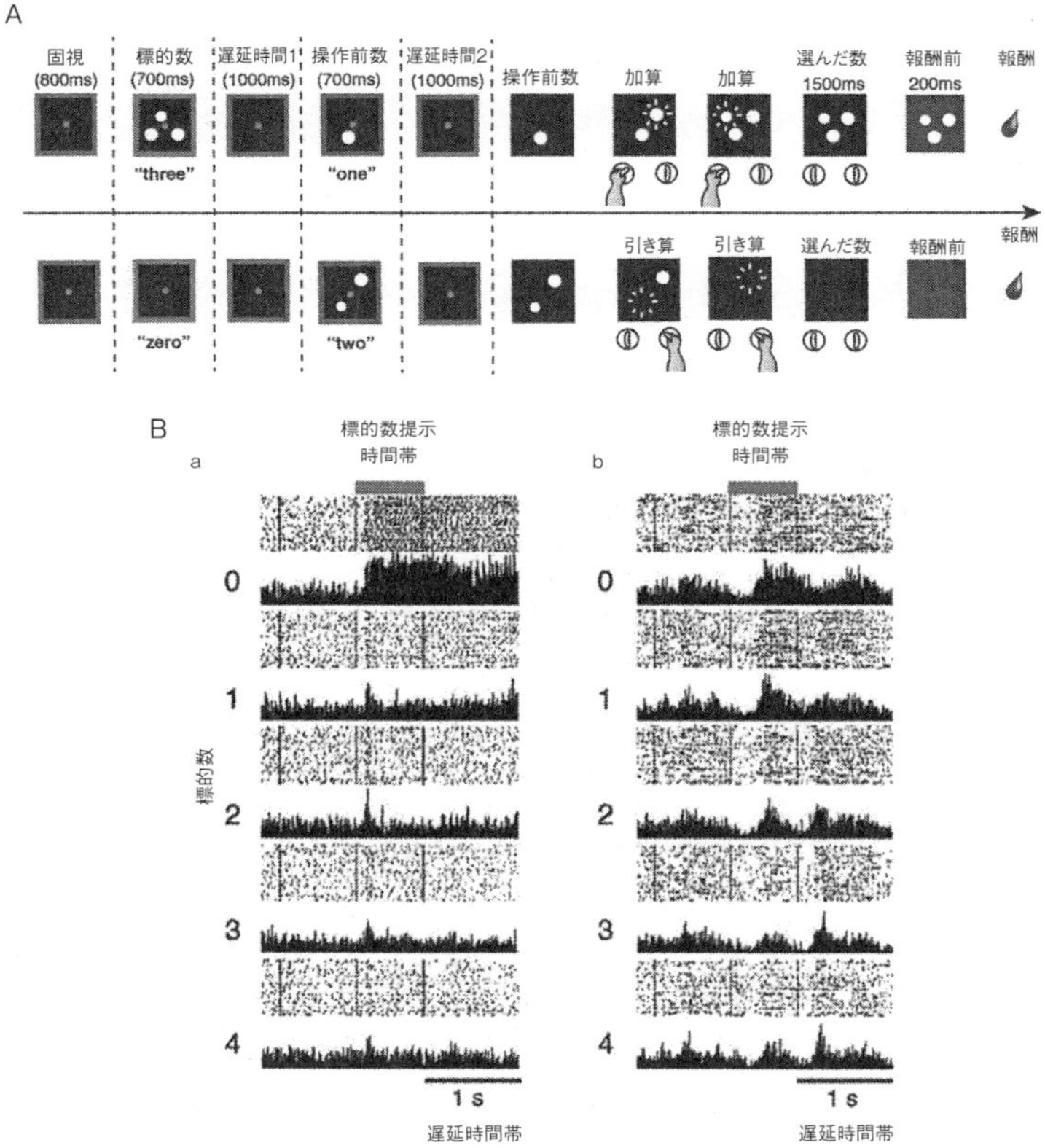


**図 4・20**　図 A には実験手続きの経過を、標的数 3、操作前数 1 の場合と、標的数 0、操作前数 2 の場合に示した。図 B は白円 0、1、2、3、4 個の提示に対して排他的 0 ニューロン（a）、連続的 0 ニューロン（b）の発火頻度の時間変化を標的数提示時間帯、およびそれに続く遅延時間帯 1 に対して示した。（参考文献 28 の図を引用）

遅延時間帯1でも継続して活性化することが確かめられた。これら数ニューロンの中で数0に選択的に応答するニューロンが最も多く、標的数が0から4まで増えるにつれ標的数に選択的に応答するニューロン数は減少する。数0に選択的に応答するニューロンを0ニューロンとよぶと、185個の数ニューロンの中の99個が0ニューロンである。

0ニューロンには二つのタイプがあり、排他的タイプと連続的タイプに分けられる。排他的0ニューロンは標的数0の提示に伴い活性化し、遅延期間中も活性化を維持するニューロンであり、標的数1から4までの刺激の提示に対してはほとんど活性化しない排他的な0ニューロンである。一方、連続的0ニューロンは標的数0の提示に対して最も強く活性化するが、他の標的数の提示に対してもある程度活性化し、活性化の程度が標的数の増大とともに緩やかに減衰するニューロンである。図4・20Bに二つのタイプの0ニューロンの数0から4までの刺激提示に対する活性化の時間変化を、標的数提示の時間帯、それに続く遅延時間帯1に対して示した。図4・20Bのaは排他的ニューロン、bは連続的ニューロンに対する実験結果である。

VIP領域の1から4までの数のいずれかに選択的に応答する数ニューロンはVIPニューロンの14パーセント、連続的0ニューロンは4パーセントであり、これらの数ニューロンは特定の数に選択的に最も強く活性化するが、選択数から少し離れた数に対してもある程度活性化する。一方、排他的0ニューロンはVIPニューロンの11パーセント程度を占めているが、このニューロンは白円の数ではなく、白円が一つでも存在するか否かに応じて二者択一的に応答するニューロンであり、白円が存在しないことを認知するニューロンともいえる。いずれにしても、数0をコードするニューロンが相当数VIP領域に存在することが確かめられた。VIP領域に隣接するLIP領域、あるいは前頭前野（Ba 45、46）にも数ニューロンが存在することを先に述べたが、これらの領域にも0ニューロンが存在すか否かは、今後の研究により明らかにされることと思われる。

## 空間の認知

これまで主として数の認知機能について論じてきたが、空間認知機能についても簡単に触れることにする。偉大な哲学者であり数学者でもあるデカルト（1596～1650年）は、数値の組（$x, y$）を用いて平面上の位置を示す方法を提案し、その単純な発想が数学に革命をもたらした。彼の著書『方法序説』の付録の「幾何学」には、今日の直交座標系に相当するデカルト座標系について詳細に述べられている。デカルト座標系の発見を境に代数学と幾何学は別個の学問分野ではなくなり、二つの学問は一つの事柄を異なる2通りの方法で表現したものにすぎないことになった。脳には物体の位置をデカルト座標系を用いて表現する空間認知機能が備わっており、人が代数学と幾何学とを関連づける作業を行う際には、このような空間認知機能を用いているように思われる。

網膜から一次視覚野に至る脳部位では、物体の位置を表すのに視線方向に固定した座標系が使われているが、視線方向は眼球サッケードのような運動により絶えず変化しているので、視線方向によらない頭や体軸などに固定した座標系を用いて空間情報を表現することも必要になる。さらには頭や体軸も動くので、それらの動きによっても変化しない外部環境の中の特定の物体に固定した座標系で物の位置を表現することも必要になる。実際に一次視覚野から高次視覚野、高次視覚野から皮質連合野へと移るにつれて、用いられる座標系の変換が脳内で行われている。

前述のサルの頭頂葉のIPS対応領域を構成する3領域では空間情報が異なる座標系を用いて表現されており、LIPでは視線方向に固定した座標系、VIPでは視線方向に固定した座標系と頭や体軸に固定した座標系の両者、より前方のAIPでは頭や体軸に固定した座標系が用いられているように見える。頭頂葉は外部の物体の位置情報を受け、その情報を用いて適切な方向に手や眼球等を動かす運動に変換する脳部位であり、空間情報を運動情報に変換する脳部位である。LIPは空間情報に基づいて視線を特定方向に動かす眼球運動に変換する部位であり、AIPは手や腕を特定の方向に動かす運動に変換する部位である。したがってLIPが視線方向に固定の座標系、AIPが手や腕に固定の座標系を用いているのは理にかなっている。またVIPが視線方向に固定した座標系と手や腕に固定した座標系の両者を用いていることは、VIP領域ではLIPでの視線方向に固定した座標系からAIPでの手や腕に固定した座標系への変換が行われ、そのためにVIP領域には二つの座標系が共存しているものと考えられる。

サルがスクリーン中央に視線を固定した状態でスクリーン上のいろいろな点に視覚刺激を提示し、その際のVIPニューロンの活性化の様子を調べた実験がある。視覚刺激がニューロンの受容野内に提示されたときのみニューロンは強く発火し、受容野外に刺激が提示されたときにはノイズレベルの発火しか示さない。次にサルが視線を右方向にある角度移した状態で前と同じ視覚刺激を提示すると、2種類のニューロン群が見いだされる。一つは、サルが視線方向をある角度変えたとき、視覚刺激の提示位置を同じ角度だけ同方向にずらしたときにのみ強く発火するニューロン群である。もう一つは、視線方向を変えた後も前と同じ位置に刺激を提示したときにのみ強く発火するニューロン群である。

前者は視線方向の変化に応じて変換した座標系を用いると同一位置で強く発火するニューロン群であり、これらニューロン群は視線方向に固定した座標系を用いていることになる。後者は視線方向の変化にかかわらずスクリーン上の特定位置に刺激が与えられたときのみ強く発火するニューロンであり、これらニューロン群は手や腕に固定した座標系を用いていることになる。

空間位置を表現する座標系が決まっても、その座標系を用いて脳内で物体の位置がどのようにコードされているかを調べる必要がある。サルがいろいろな位置にある物体に手を伸ばしてその物体を取るとき、頭頂葉のニューロン群の発火の様子を調べた実験がある[29]。目標物の位置をいろいろと変え、その際の目標物の三次元的位置をサルから見て水平・鉛直・奥行きの距離で表すと、水平方向の距離がある範囲内にあるときのみ強く発火するニューロン群、鉛直方向の距離がある範囲内にあるときのみ強く発火するニューロン群、奥行き方向の距離がある範囲内にあるときのみ強く発火するニューロン群がそれぞれ見いだされている。例えば目標物の水平方向の距離が特定範囲内にあるときのみ強く発火するニューロン群を調べると、それらの発火頻度は目標物の鉛直・奥行方向の位置が変わってもあまり変化しないので、これらニューロン群は水平方向の距離のみを選択的にコードしているように見える。

さらに別の頭頂葉部位には、物体の三次元位置の特定方向の成分の大きさに選択的に応答するのではなく、3方向の位置情報を統合して、特定位置にある目標物に手を伸ばすときのみ強く発火するニューロン群が見いだされており、これらのニューロン群は目標物体の三次元的位置を直接コードしているように見える。

一般に座標系の変換には並進・回転・スケール変換などの変換がある。これらの変換操作は脳内の物体の心的像の位置を変えることと同等であり、並進は物体の位置を特定方向にずらすこと、回転は特定の点を通る軸のまわりに心的像を回転することに相当する。またスケール変換は物体を遠くから眺める、あるいは近くから眺めることにより物体からの距離を変え、物体の見掛けの大きさを変えることに相当する。脳内にはこれらの座標変換の際に選択的に強く活性化するニューロン群が見いだされている。

並進変換は物体の位置を特定方向に移動する変換であるが、一次視覚野には単純型細胞と複雑型細胞とよばれる2種類のニューロンが存在する。単純型細胞は方位選択性をもち、その細胞の受容野内に見える線分の向きが特定の方向で、線分の位置が受容野の中心を通るときのみ強く発火する。一方、複雑型細胞は線分の位置が受容野の中心からずれても発火し、選択方向の向きをもつ線分が選択方向に垂直に移動するときに強く発火する。したがって複雑型細胞は特定方向への並進運動を識別している。

視覚野には回転している物体の回転方向を識別するニューロン群、物体が近づいたり遠ざかったりするときに物体像が拡大するか縮小するかを識別するニューロン群が存在する[30]。図4・21はドットパターンを回転させる、あるいは近づけたり遠ざけたりしたときに、回転方向、あるいは近づけるか遠ざけるかのいずれかに選択的に応答するニューロンの発火の様子を示した。このように座標系の変換をコードするニューロン群が脳内に形成されている。さらにＭＴ野、ＭＳＴ野とよばれるサルの高次の視覚野には、物体とその物体を取りまく背景の相対運動に選択的に応答して発火し、物体の運動そのものではなく、物体の背景に対する相対運動を認知するニューロン群も存在する。ＭＴ野、ＭＳＴ野からはＩＰＳ領域への投射がある。

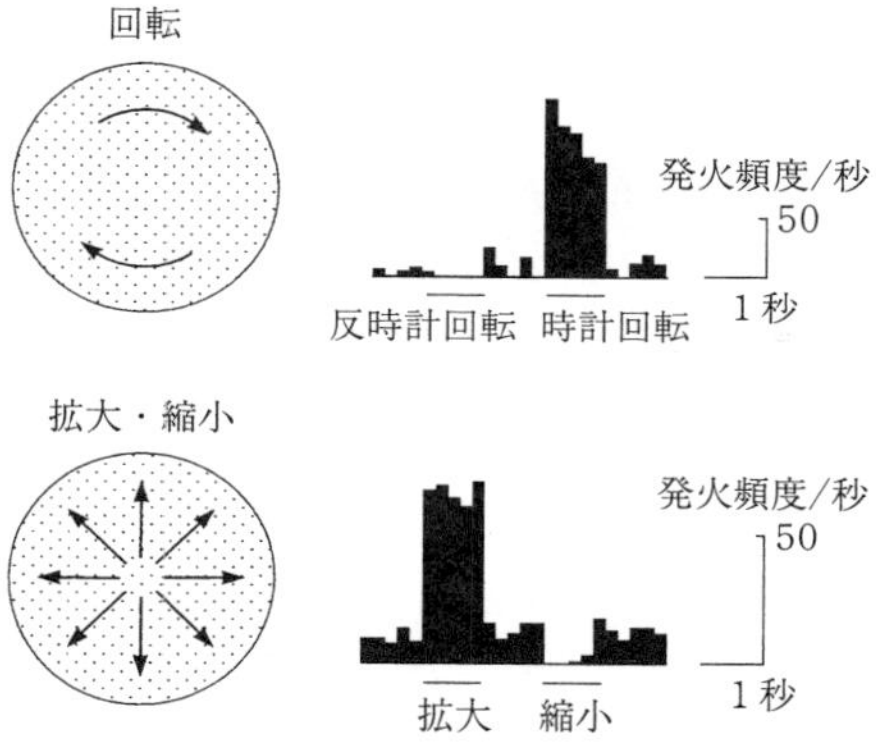


**図4・21**　回転、スケール変換に応答するMST野ニューロン（参考文献30の図を引用）

## 前頭葉領域の数ニューロン

数ニューロンは頭頂葉のＶＩＰ、ＬＩＰ領域以外にも存在し、背側外側前頭前野（ＤＬＰＦＣ、dorso lateral prefrontal cortex）のブロードマン45、46領域には、特定の数に選択的に応答するニューロンが見いだされている。[9,22] これらニューロンはＶＩＰ数ニューロンの発火に少し遅れて発火するので、ＶＩＰ数ニューロンからの情報を受け発火しているように見える。一方、ＬＩＰ部位に見いだされた数の大きさに応じて一様に発火頻度を増大、あるいは減少するニューロン、すなわちアナログ的に数に応答するニューロンはＤＬＰＦＣ領域にはいまだ見いだされていない。計算などの作業中は作業記憶として数の情報を一時的に保持して数の操作を行う必要があるが、ＤＬＰＦＣ部位（Ba 45、46野）の数ニューロンは作業記憶として数の情報を維持する役割を果たしていると思われる。

図4・22に1から5までの数にそれぞれ選択的に強く応答するＤＬＰＦＣ数ニューロンの発火の様子を示した。それぞれのニューロンは特定の数の視覚刺激提示に対して選択的に強く発火し、選択数からずれた数刺激に対しては急激に発火頻度が減少する。どれほど大きな数まで数を認知する数ニューロンがＤＬＰＦＣ領域に存在するかを調べるため、ニイダーたちはドット数が1、2、4、6、……、28、30のドットパターンに対するＤＬＰＦＣニューロンの発火の様子を調べた。ＤＬＰＦＣ部位の約30パーセントのニューロンの発火頻度はドット数に依存して変化し、30位までの

大きな数に選択的に応答する数ニューロンが存在することが確かめられている[19]。これら数ニューロンの発火の様子もウェーバーの法則に従っている。また数ニューロンの存在頻度を調べると、選択数が1のニューロンが最も多く、選択数が大きくなるにつれて存在頻度は急激に減少している。

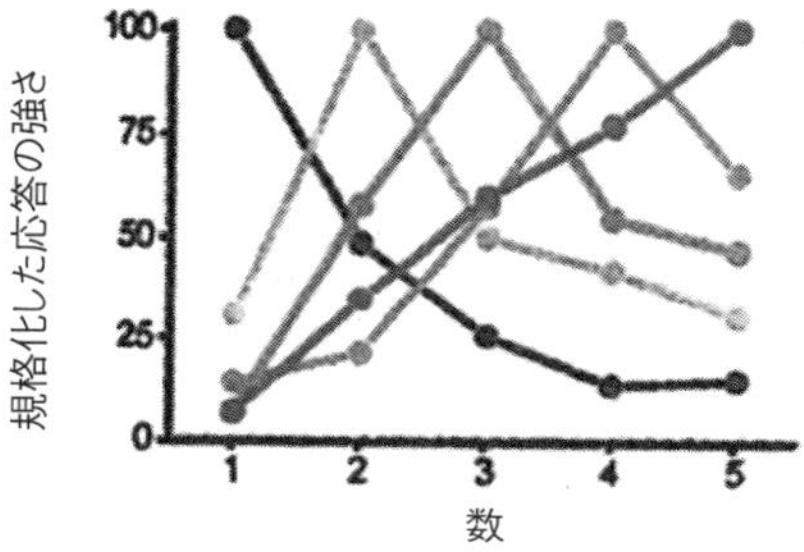


**図4・22** DLPFC（Ba45、46）数ニューロンの数刺激に対する応答（参考文献9の図を引用）

## 人の脳に数ニューロンは存在するのか

サルの脳に数をコードするニューロン群が存在することは、人の脳にも数をコードするニューロンが存在することを強く推測させる。人が数の大小を比較するとき、あるいはアラビア数字や言葉を用いて数計算をするとき、サルのＶＩＰ、ＬＩＰ部位に対応するＩＰＳ領域が常に活性化することが知られている。この部位は数を脳内表現するのに中心的な役割を果たしている脳部位であり、また数を操作する際にも重要な役割を果たす脳部位と考えられ、この部位に外から頚頭蓋磁気刺激（ＴＭ

S）を加えると数の認知ができなくなることも知られている。[9] したがってサルの脳と同様に、人の脳のIPS領域には数をコードするニューロン群が存在するものと思われる。また数計算などの数の操作を行うとき、作業記憶として計算途中に得られた数字や計算規則等の必要な情報を一時的に記憶しておかねばならないが、サルの脳と同様に外側前頭前野の45、46野領域には作業記憶として数をコードするニューロン群が存在するものと思われる。

## 数の正確な認知

頭頂葉のIPS領域には数の概略の大きさをコードする、あるいは3または4以下の小さな数をコードする機能（subtizing）をもつ領域が存在すること、また外側前頭前野にも数をコードする機能が存在することを述べた。しかし数の概略の大きさを認知する、小さな数を認知するなどの他の動物にも見られる数機能だけでなく、人が数計算や高度な数学的論理を展開するためには、どのような大きさの数に対しても数の大きさを正確に認知する機能が必要である。このような機能は人に特有の機能であり、他の動物には見られない機能である。

人が数の大きさを近似的に認知する能力は年齢とともに向上し、また教育により向上することが知られており、[33] 前章の図3・2には年齢の増加とともにドットパターン中のドット数の概略の値を認知する精度がしだいに向上する様子を、学校教育を受けた人と受けない人に対してべつべつに示した。文明社会に住んでいる子供は、3、4歳になるといかなる物体の集合にも特定の数が対応することを認識するようになり、集合中の物体の総数を概算できるだけでなく、物体の集合の性質の一つとして、集合を構成する物体の総数に対応する離散的な数が存在することを認識し、抽象的な数の概念を獲得するようになる。

数の正確な値の認知、数を数える機能、数の概念の獲得などがいかにして行われるかを明らかにするのはなかなかの難問であるが、人はいつの間にかこれらの機能を獲得する。これらの機能は人の言語機能の発達とともに獲得されるので、その背景には言語機能、あるいはより一般に記号を用いて数を表現する機能の獲得が欠かせないように思われる。人は数を表す言葉やアラビア数字を学習すると、どんな大きな数でも言葉やアラビア数字を用いて容易に表すことができる。アラビア数字の場合には0から9までの数字と、位取りを表す各数字の位置が必要であり、言葉で表現する場合には0から9までの数字を表す言葉と、数字の桁を表す兆、億、万、千、百、十等の言葉が必要になる。これらの表現は学習を通して誰でも獲得できるので、あまり個人差のない形で脳内にこれらの表現を支える脳部位が存在するものと思われる。数を正確に表現する脳機能については、次章で情報の抽象化・範疇《はんちゅう》化機能に関連して改めて取りあげることにする。

数の脳内表現についてはいろいろな理論的考察がされているが[25,26,27,33,34]、数を表現する一次元的な地図が脳内に形成されることを仮定したモデルが多い。一次元的地図の存在は、前章図3・3に示した共感覚をもつ人の脳内数地図と整合している。一方、数を操作しているときに数字が秩序だった配列をしている心像を見る人に関するセロンたちの調査結果では、[33] 被験者の10パーセント程度の人がなんらかの形の数の脳内空間配置を感じており、１００までの数が一次元的に配置されていると感じる被験者から、三次元的に配置されていると感じる被験者までいる。

非常に大きな数までも簡潔に脳内表現するためには、一次元地図よりも少なくとも二次元的地図の方が望ましい。いろいろな数理モデルが出されているが、一例として数の配列の二次元地図の形成を論じたグロスバーグとレピンによるモデルがある。[34] 数を表現する二次元脳内地図の存在は、ある意味で脳内にソロバンを用いて数が表現されていることに相当する。モデルの詳細にはここでは触れないが、二次元地図上の一方向は数字0、1、2、……、9を表し、それに垂直な方向は数字の桁を表している。人の脳に微小電極を挿入して、数を操作しているときの個々のニューロンの働きを調べることはできないので、モデルの正当性を確かめることはできないが、大きな数まで正確に脳内表現できるためには、アラビア数字を学習した人々の脳内になんらかの形で数を表現する二次元地図が形成されていると考えたくなる。

## 参考文献


1. 川島隆太、「脳を育て夢をかなえる」くもん出版、２００３。
2. 坂井克之、「脳科学の真実 脳研究者は何を考えているか」河出ブックス、河出書房新社、２００９。
3. G. Rees, K. Friston and C. Koch: A direct quantitative relationship between the functional properties of hu-

man and macaque V5, Nature Neuroscience Vol. 3, p. 716 (2000); D. J. Heeger, A. C. Huk, W. S. Geisler and D. G. Albrecht: Spikes versus BOLD: what does neuroimaging tell us about neural activity, Nature Neuroscience Vol. 3, p. 631 (2000) N. K. Logothetis, J. Pauls, M. Augath, T. Trinath and A. Oeltermann: Neurophysiological investigation of the basis of the fMRI signal, Nature Vol. 412, p. 150 (2001); O. J. Arthurs and S. Boniface: How well do we understand the neural origins of the fMRI BOLD signal?, Trends in Neuroscience Vol. 25, p. 37 (2002).

4. R. Parri and V. Crunelli: An astrocyte bridge from synapse to blood flow, Nature Neuroscience Vol. 6, p. 5 (2003).

5. M. Zonta, M. C. Angulo, S. Gobbo, B. Rosengarten, K. A. Hossmann, T. Pozzan and G. Carmignoto: Neuron to astrocyte signaling is central to the dynamic control of brain microcirculation, Nature Neuroscience Vol. 6, p. 43 (2003); D. J. Rossi: Another BOLD role for astrocytes: coupling blood flow to neural activity, Nature Neuroscience Vol. 9, p. 159 (2006); T. Takano, G. F. Tian, W. Peng, N. Lou, W. Libionka, X. Han and M. Nedergaard, Astrocite-mediated control of cerebral blood flow, Nature Neuroscience Vol. 9, p. 260 (2006).

6. Neuroscience, 3rd edition, ed. D. Purves, G. J. Augustine, D. Fitzpatrick, W. C. Hall, A. S. LaMantia, J. O. MeNamara and S. M. Williams (Sinnauer Associates, 2004); 武田暁、「脳は物理学をいかに創るのか」岩波書店、２００４。

7. M. Sterade: The intact and sliced brain (MIT Press, 1997).

8. H. Bailey, M. Giusetto, Y. Y. Huang, R. D. Hawkins and E. R. Kandel: Is heterosynaptic modulation essential for stabilizing Hebbian plasticity and memory?, Neuroscience Vol. 1, p. 111 (2000).

9. M. Piazza and V. Izard: How humans count: Numerosity and the parietal cortex, The Neuroscientist Vol. 15, p. 261 (2009).

10. D. Ansari: Effects of development and enculturation on number representation in the brain, Nature Reviews Neuroscience Vol. 9, p. 278 (2008).

11. E. Turconi, J. I. Campbell and X. Seron: Numerical order and quantity processing in number comparison, Cognition Vol. 98, p. 273 (2006); W. Fias, J. Lammertyn, B. Caessens and C. A. Orban: Processing of abstract ordinal knowledge in the horizontal segment of the intraparietal sulcus, J. Neuroscience Vol. 27, p. 8952 (2007); E. Turconi, B. Jemel, B. Rossion and X. Seron: Electrophysiological evidence for differential processing of numerical quantity and order in humams, Brain Res. Cogn. Brain Res. Vol. 21, p. 222 (2004).

12. K. Shima and J. Tanji: Neuronal activity in the supplementary and presupplementary motor area for temporal organization of multiple movements, Journal of Neurophysiology Vol. 84, p. 2148 (2000); K. Shima and J. Tanji: Both supplementary and presupplementary motor areas are crucial for the temporal organization of multiple movements, Journal of Neurophysiology Vol. 80, p. 3427 (1998).

13. A. Nieder, D. J. Freedman and E. K. Miller: Representation of the quantity of visual items in the primate prefrontal cortex, Science Vol. 297, p. 1708 (2002).

14. T. A. Polk, C. L. Reed, J. M. Keenan, P. Hogarth and C. A. Anderson: A dissociation between symbolic number knowledge and analogue magnitude information, Brain Cogn. Vol. 47, p. 545 (2001); F. E. Roux, V. Lubrano, V. Lauvers-Cances, C. Gussani and J. F. Demonet: Cortical areas involved in Arabic number reading, Neurology Vol. 70, p. 210 (2008).

15. M. L. Seghier: The angular gyrus: multiple functions and multiple subdivisions, The Neuroscientist Vol. 19, p. 43 (2013); M. L. Seghier: The angular gyrus: multiple functions and multiple subdivisions, The Neuroscientist Vol. 19, p. 41 (2013).

16. V. S. Ramachandran: The tell-tale brain, a neuroscientist's quest for what makes us human (Brockman Inc., 2011).（ラマチャンドラン、山下篤子訳、「脳のなかの天使」角川書店、２０１３）; V. S. Ramachandran: The emerging mind, 2003.（ラマチャンドラン、山下篤子訳、「脳のなかの幽霊、ふたたび」角川文庫、角川書店、２００５）

17. D. C. Burr, J. Ross, P. Binda and M. C. Morrone: Saccades compress space, time and number, Trends in Cognitive Sciences Vol. 14, p. 528 (2010157).

18. M. C. Morrone *et al.*: Appearent position of visual targets during real and simulated saccadic eye movements, J. Neuroscience Vol. 17, p. 7941 (1997).

19. M. C. Morrone *et al.*: Saccadic eye movements cause compression of time as well as space, Nature Neuroscience Vol. 8, p. 950 (2005).

20. P. Binda, M. C. Morrone , J. Ross, and D. C. Burr: Underestimation of perceived number at the time of saccades, Vis. Res,Vol. 51, p. 34 (2011).

21. A. Nieder and E. K. Miller: A Parieto-frontal network for visual numerical information in the monkey, Proc. Natl. Acad. Sci. USA Vol. 101, p. 7457 (2004).

22. A. Nieder and K. Merten: A labeled-line code for small and large numerosities in the monkey prefrontal cortex, J. Neuroscience Vol. 27, p. 5986 (2007).

23. S. Dahaene: The number sense (Oxford university press, revised and updated edition, 2011).

24. J. D. Roitman, E. M. Brannon and M. I. Platt: Monotonic coding of numerosity in macaque lateral intraparietal area, PLoS Biol. Vol. 5, p. 208 (2007).

25. T. Verguts and W. Fias: Representation of number in animals and humans: A neural model, Journal of Cognitive Neuroscience Vol. 16, p. 1493 (2004).

26. V. Izard and S. Dehaene: Calibrating the mental number line, Cognition Vol. 106, p. 1221 (2008).

27. S. Dehaene and J. P. Changeux: Development of elementary numerical abilities: a neuronal model, Journal of Cognitive Neuroscience, Vol. 5, p. 390 (1993). 参考文献17、20ページも参照。

28. S. Okuyama, T. Kuki and H. Mushiake: Representation of the numerosity 'zero' in the parietal cortex of the monkey, Scientific Reports, 5:10059, May (2015).

29. F. Lacquaniti, E. Guigon, L. Bianchi, S. Ferraina and R. Caminiti: Cerebral Cortex Vol. 5, p. 391 (1995).

30. K. Tanaka: Brain medical Vol. 2, No. 1, p. 17 (1990).

31. A. Nieder, D. J. Freedman and E. K. Miller: Representation of the quantity of visual items in the primate prefrontal cortex, Science Vol. 297, p. 1708 (2002).

32. M. Piazza, A. Facoetti, A. N. Trussardi, I. Berteletti, S. Conte, D. Lucangeli, S. Dehaene and M. Zorzi: Developemental trajectory of number acuity reveals a severe impairment in devalopmental dyscalculia, Cognition Vol. 116, p. 33 (2010).

33. X. Seron, M. Pesenti, M. P. Noel and G. Deloche: Images of numbers, or when 98 is upper left and 6 is sky blue, Cognition Vol. 44, p. 159 (1992).

34. S. Grossberg and V. Repin: A neural model of how the brain represents and compares multi-digit numbers: spatial and categorical processes, Neural Network Vol. 16, p. 1107 (2003).

# 5章 脳の論理機能 ― 論理学と数学

3、4章では主として数論と幾何学を取りあげ、それらの数学を支える脳機能について論じた。この章では数論・幾何学だけでなく数学一般を生みだす脳機能、特に数学を生みだすのに欠かせない論理過程について論じるが、数学は人間の脳が生みだした最高の発明の一つといわれている。数学は合理的思考の極致であり、またニュートンの運動法則、マクスウェルの電磁気理論、アインシュタインの一般相対性理論等の物理学の基礎法則はすべて数式で表現され、これらの法則に基づく科学的な推論は経験を通して得られる知見に匹敵するほど、あるいは経験で得られる知見を超えて、物質世界の諸現象を驚くほど厳密に記述する役目を果たしている。

著名な理論物理学者であるウィグナーは「数学の言語が物理法則の定式化にふさわしいという奇跡は、われわれの理解を超えた身に余る天恵である[1]」といっている。一方、現代計算機の生みの親の一人であるフォン・ノイマンは死の床で著した未完の書『計算機と頭脳[2]』の中で、「ギリシャ語やサンスクリット語は歴史の産物にすぎず、完璧な論理的必然性のもとにできたものではない。論理学も数学も同じく歴史的偶然の表現とみるのが正しい。したがって、われわれのいまだ知らない変種も存在するはずである。中枢神経系と神経伝達システムの性格がそれを物語っている」といっている。また「数学を語るときは、人は中枢神経系にある一次言語の上に構築された二次言語について語っているのかもしれない」、「中枢神経系がどんな言語を用いているにせよ、私たちが通常親しんでいるものよりも小さい論理深度と算術的深度を特徴としているのがわかる」とも述べている。

ウィグナーとノイマンはともにブタペストのルーテル校の同窓生で、若い頃からの友人であり、ウィグナーはノイマンより一学年上の学生であった。また著名な物理学者テラーやジラードも同校の同窓生である。当時のハンガリーの有名高校の教育水準の高さを示しており、多くの天才的科学者が生み出された。

## 著者の独白 1

著者がウィグナーに最初に会ったのは1952年の夏である。当時、著者はアメリカ中西部のマジソン市にあるウイスコンシン大学で素粒子物理の研究生活を送っていたが、シカゴ大学に世界初の実験用原子炉が建設されたこともあり、ウィグナー先生は原子炉内のウランの核分裂による中性子の増殖過程についての夏期特別講義に来られていた。先生はひと夏をマジソンで過ごされたが、毎日、朝10時に素粒子研究室のスタッフ数人とともにウィグナー先生を囲んで近くのカフェにコーヒーを飲みに行き、30分ほど素粒子物理のいろいろな話題につき議論をした。各人が最近の研究内容を手短に話し、それに対するウィグナー先生のコメントを聞くのが楽しみであった。「interesting」とコメントされる場合は先生がたいして感心されたわけではないとか、礼儀正しい先生を店のドアを開けて最初に店内に入っていただくにはどうしたらよいかなどのこともわれわれの関心事であった。マジソンには四つの湖水があり、大学の食堂前に広がるメンドータ湖でウィグナー先生からハンガリー流の犬かき泳法を習ったことも記憶に残っている。

## 抽象化と範疇《はんちゅう》化 — 概念の形成

数学で扱う対象は現実に存在する対象というよりは、主として抽象化された概念に対応する対象であり、また数学的推論の厳密性を特徴づけるのは証明という論理的な手続きである。数学では自然数、有理数、無理数、実数、複素数、素数等の数に関する概念、円、三角形、正三角形、正多角形、楕円等の図形に関する概念、集合、群等の物の集まりに関する概念、加減乗除等の数演算に関する概念、並進、回転、射影等の図形の変換操作に関する概念、あるいは空間次元、曲率等の空間に関する概念などが用いられるが、これらはすべて現実に存在する対象というよりは、それらを抽象化して得られた概念である。抽象化とは何か、抽象化された概念がいかにして脳内に形成・記憶されるのか、それらの概念を脳内でいかにして操作するのかなどを明らかにすることが重要である。脳の抽象化・範疇化の機能については本章で取りあげて論ずることにする。

また証明とは一つの命題、あるいは複数の命題から一連の論理手続きを経て新たな命題を導くことであり、その論理手続きには少しの間違いも許されない。命題とは何か、どのように脳内に記憶されるのか、異なる命題を関連づける論理操作がどのように脳内で行われるのか、命題間の関連がどのように脳内に形成されるかが問題である。数学では新たな命題は最初に設定された公理系と、公理系を用いてすでに証明された命題から論理手続きを経て導かれる。公理とは証明はされていないが自明と思われる命題で、いくつかの公理から構成される公理系から導かれる数学は、公理系によりその内容が一義的に決められる。このような論理演算がどのように脳内で行われるかも明らかにする必要があるが、次章以下で取りあげて論ずることにする。

多くの数学者の自己体験に基づく考えでは、新たな数学を構築する際には初めから論理的な思考に訴えるのではなく、最初に直感的にその数学に隠されたいくつかの重要な性質を予測し、それらの性質の重要性と本質をなんらかの形で意識下で理解し、その後に証明という演繹的論理の連鎖を用いて数学体系を完成するという道筋を取っている。しかし数学を特徴づける証明という論理的手続きが脳内でどのように行われるかを明らかにするのはなかなかの難問であり、ニューロンという生きた細胞の多数の集まりである脳が、１００パーセント正確で誤りのない推論をいかにして実行できるかを理解するのは難しい。

## 抽象化とは何か

量子力学の創設者の一人であり、不確定性原理の発見者であるハイゼンベルクの言葉を借りれば[3]、抽象化は次のように表される。「抽象化の過程では、ある対象、または対象のたくさんの集まりを考えるときに、ただ一つの考え方だけからそれらの対象を考察し、そして他の性質については考えないことにする。抽象化とは、そういう可能性をいっている。一つの性質だけを取りあげ、それが他のすべての性質に比べて、ある特殊な関係のために特別に重要であると考えることが抽象化の本質を形づくっている。」

例えば $n$ 個のリンゴ、$n$ 個のナシ、より一般に $n$ 個の物体から構成されるいろいろな集合を比べることにより、「$n$」という数字で表される共通の性質が認められる。「$n$」は現実に存在する対象ではないが、複数の異なる集合のもつ共通の性質である「$n$」を抽出することにより、抽象化された数の概念が形成される。抽象化は新たな概念の形成に欠かせない手続きである。

## 著者の独白 2

著者がハイゼンベルクに最初で最後に会ったのは、1967年に仁科財団の招きでハイゼンベルクが2度目の日本訪問をされたときである。当時東京にいた私は財団の依頼で先生を東京から仙台にお連れし、2泊3日の二人旅をした。仙台までの汽車の旅は5時間ほどの長旅であったが、車中では先生から当時研究されていた素粒子の統一理論についての内容を休みなく聞かされた。また1等車での汽車旅は私にとって最初の経験であった。翌日、東北大学で先生は素粒子の統一理論についての講演をされたが、2千人ほど入る大講堂は満席で、難解な内容の通訳なしの講演にもかかわらず大盛況であった。講演の中身を理解した人はほとんど皆無に近かったと推測されるが、ハイゼンベルクの見いだした「不確定性原理」の示す魔法の魅力は、多くの学生・教員の関心を引きつけていたように見えた。

ハイゼンベルクを含め、偉大な理論物理学者の中には心の科学、脳科学に関心を寄せる人が多い。例えばパウリの著書『物理と認識』[4]、シュレーディンガーの著書『精神と物質』[5]などを読むと、彼らの心の科学への並々ならぬ関心が見て取れる。ハイゼンベルクを含めて、これらの人々はいずれも量子力学の創設者であるが、量子力学で用いられる波動関数が物理的な実在なのか、あるいは心の働き、人の脳の生みだした産物なのかという問に答えるのは難しく、量子力学の創設者の心を常に悩まし続けていたのではないかと思われる。脳の高度の働きを理解するのに量子力学が必

要と考えるペンローズやエックルスのような著名な学者も存在する。(6)

## 脳の抽象化・範疇化機能

脳には抽象化の機能があり、一つのことを学習したときにその知識を一般化・抽象化し、一般化・抽象化して得られた知識を他の類似の現象に適用する能力は動物が生きるために不可欠の能力である。外界の状況は絶えず複雑に変化しており、まったく同じ状況が再現することはほとんどあり得ない。以前に見た事物とよく似ている事物を見たとき、特定の特徴のみを取りあげて事物を認知し、事物を抽象化することによりそれらを同一の事物と判断する。また以前に経験した事象とよく似た事象に出会うと、事象の抽象化により前の事象と同一事象であると判断したりする。このような認知の仕方は動物が日常的に行っていることであり、過去の経験を通して獲得した知識を抽象化し、抽象化された知識を用いて自らを取り巻く状況を把握することは、動物が絶えず変化する環境の中で適応的行動を取るために不可欠な能力である。

新奇の事物や事象を抽象化する際に、どのような特徴を重視し、その他の特徴を無視するかにより、抽象化された事物や事象は異なるものになる。このような抽象化機能を用いて事物・事象を異なるものに分類するのが範疇化の機能である。新たな事物や事象の多くは抽象化することにより、すでに範疇化されている既知の事物・事象のいずれかに分類できる。また抽象化・範疇化に伴い、範疇化した事物や事象に対する一つの新たな概念が形成される。このような新たな概念の形成が抽象化・範疇化に伴う重要な結果であり、数学におけるいろいろな数の概念や、円・三角形・正方形等のいろいろな幾何学図形の概念も抽象化・範疇化の過程を経て得られたものである。

ハイゼンベルクの言葉にも現れているように、抽象化にはただ一つの性質を取りあげ、他の性質を無視するという過程が必要である。3匹の犬、3匹の猫、3人の人の集まりはそれぞれいろいろな点で異なるが、その中から集合中の動物の数のみを取りあげて認知対象とすれば3という数が抽象化により得られる。物体の数が $n$ 個のいろいろな集合に対して同様な抽象化を行うと、任意の自然数 $n$ に対する数の概念が形成される。幾何学図形の場合も同様であり、例えば大きさや色などの異なる多様な円形物体を見る際に、形の特徴のみを取りあげ、大きさや色などの他の性質を無視して認知すれば、範疇化により円という図形が認知され円の概念が形成される。

より複雑な例では、相当数の犬や猫を見ることにより個々の犬や猫の特徴によらない犬と猫の区分が抽象化・範疇化によりなされ、同時に「イヌ」や「ネコ」という概念が形成される。また抽象化・範疇化は数・図形・動物等の対象物のみでなく、行動のパターンの区分にも適用される。例えば、物をたたく、人の背中をたたくなどの行為を見たり行ったりすると、それらに共通の行為としてたたくという行為が抽象化・範疇化され、「たたく」という行為の概念が形成される。

人が用いるほとんどの単語は抽象化・範疇化された事物・事象を表すシンボルであり、多くの名詞は抽象化・範疇化した事物、多くの動詞は抽象化・範疇化した行為を表している。幼児は生後1

年くらいになると単語を覚え、生後1年半くらいから覚えた単語数は爆発的に増加する。幼児はいつの間にか多くの単語を覚え、その意味、その使い方をも理解する。マルカン[7]によれば、幼児は単語の認知の際に「事物全体制約ルール」、「事物カテゴリー制約ルール」、「相互排他性ルール」を適用して多数の語彙の獲得を行っている。事物全体制約ルールとは対象全体をひとまとめにして認知することであり、事物カテゴリー制約ルールとはわずかな違いを無視して全体像から事物を範疇化して認知すること、そして相互排他ルールとは異なる範疇に属する対象は相互に排他的であり、例えば犬と猫を例に取れば相互に排他的で、両者の中間に位置づけられる概念は存在しないことである。脳はこれらのルールに対応する機能を備えているように見える。

## 抽象化の階層性

単語には階層性があり、それぞれの階層は異なる抽象化の段階に対応している。例えば犬に関係する単語を取り上げると、……動物 ∨ 哺乳動物 ∨ 犬 ∨ 秋田犬 ∨ わが家の秋田犬……のような階層構造があり、上位の階層の単語はより統合的、より抽象化の程度の高い概念に対応する単語である。また下位の階層の単語はより個別的、より具体化された概念に対応する単語であり、抽象化の程度の低い単語である[8]。下位の階層の単語はそれより上位の階層の単語の意味を継承し、上位の階層の単語の意味に、より詳細で具体的な意味を付け加えたものである。幼児が最初に覚える多くの単語は犬や猫のようにある程度抽象化された単語であり、生物のように極度に抽象化された単語、あるいは秋田犬やシャム猫のように極度に具体化された単語ではない。

事物や事象の抽象化は感覚情報処理が進むにつれて段階を経て行われるが、高度な抽象化は特定の感覚情報に基づいて行われるのではなく、多くの感覚情報を統合した対象の全体像の情報に基づいて行われる。このような高度な抽象化機能は多様な感覚情報が入力し統合される側頭葉連合野、頭頂葉連合野、前頭前野等で主として行われるものと思われる。

## サルに学ぶ

範疇化・抽象化に関する実験の一例として、サルを対象にした次の実験を取りあげよう。(9) イヌ科の動物とネコ科の動物には形態の異なる多くの品種が存在するが、それぞれの科から1品種を選び、選ばれたイヌの品種とネコの品種の形態をいろいろな割合で混ぜ合せた混合画像を作る。サルにそれぞれの混合画像を提示し、混合画像の動物をイヌと判断するか、ネコと判断するかを調べる。どちらに判断するかを決断するのは微妙な決断と思われるが、サルは画像提示後の短時間のうちに混合画像がイヌかネコかを判断する。

実験は次のように行われる。サルに600ミリ秒継続的に動物の混合画像をサンプル刺激として提示し、次に何も提示しない1秒間の遅延時間を置き、最後にイヌ100パーセント、またはネコ

１００パーセントの画像をテスト刺激として提示する。最初にサンプル刺激として提示した混合画像と最後にテスト刺激として提示するイヌまたはネコ１００パーセントの画像とが同一範疇に属する動物と判断したとき、サルがそれまで押し続けていたレバーを放すように訓練する。一方、課題遂行中はサルの外側前頭前野に微小電極を挿入し、その脳部位の個々のニューロンの活性化の様子を測定する。

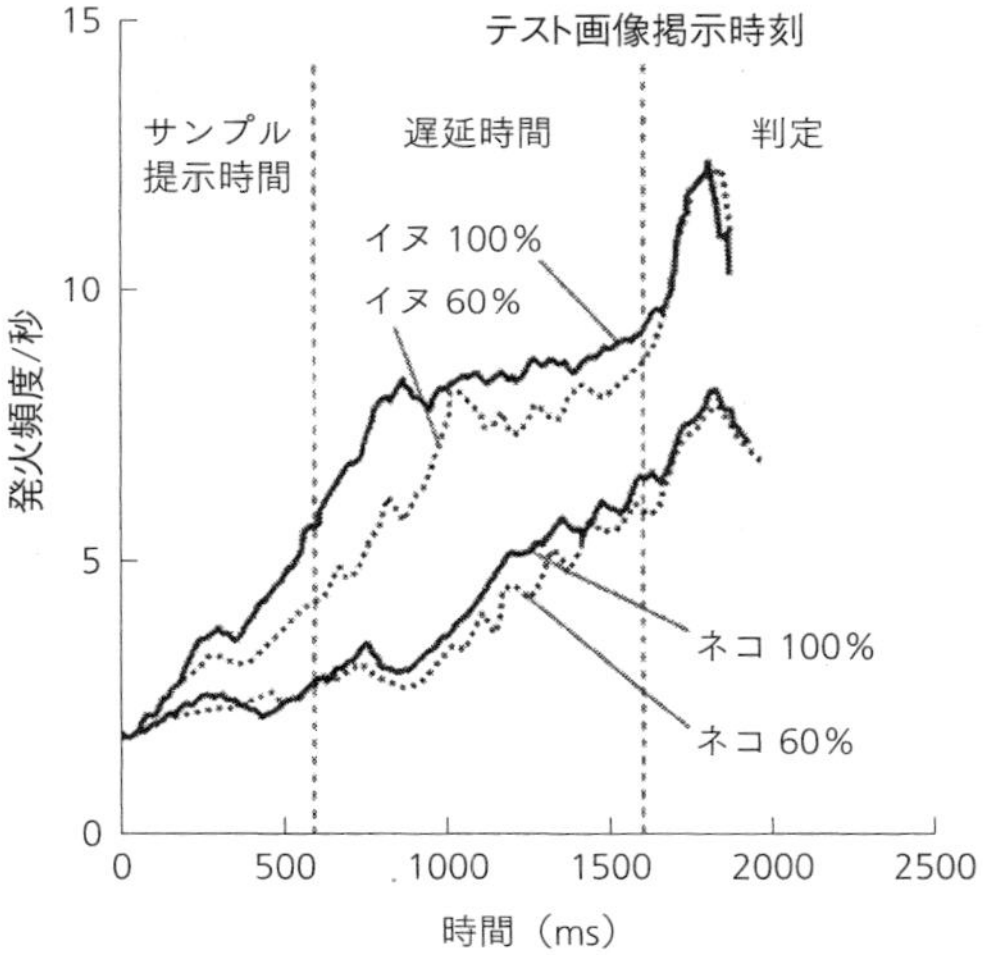


**図５・１**　サルの外側前頭前野ニューロンの範疇化機能（参考文献９の図を引用）

図５・１はイヌに対して強く応答するニューロンの発火の一例を示している。イヌ１００〜60パーセントの混合画像をサンプル刺激として提示すると、提示に伴いニューロンの発火頻度がしだいに増大し、遅延時間中も高い発火頻度を維持し、さらにイヌ１００パーセントの画像提示により発火頻度は急激に増大し、イヌと判断してレバーを離すと発火頻度が減少する。ネコ１００〜60パーセントの混合画像の提示の場合にも遅延時間中に発火頻度は増大するが、発火頻度はイヌ

100〜60パーセントの場合に比べて有意に小さい。重要な点は発火頻度とその時間変化はイヌ100〜60パーセントの画像に対してはほとんど同じであるが、ネコ100〜60パーセントの画像の場合とは有意に異なることであり、個々のニューロンがイヌかネコのいずれかを判別をする範疇化能力をもつことを示している。

図5・1に示したニューロンはネコよりイヌに対して強く応答するニューロンであるが、逆にイヌよりネコに対して強く応答するニューロンも別に存在する。測定した外側前頭前野のニューロンのおよそ3分の1はこのような強い範疇化能力を示しており、多数のこれらニューロンの発火の様子を総合して、サルは混合画像がイヌかネコかの識別を相当正確に行っているように見える。このような鋭い範疇化能力は学習により獲得されたものと思われる。

イヌとネコの範疇化に関与する外側前頭前野ニューロン群が他の範疇化機能にも関与するのか、あるいはイヌとネコの範疇化のみに選択的に関与しているのかが問題である。クロマーたちは外側前頭前野のニューロン群がイヌとネコを範疇化して区別する機能のほかに、自動車をスポーツカーとセダンに分類して範疇化する機能をもつかを調べた[10]。測定した外側前頭前野ニューロンの3分の1以上のニューロンがイヌかネコかの範疇化、スポーツカーかセダンかの範疇化に関与していることが示されたが、そのうちの半数近くのニューロンは両方の範疇化に関与しているとの結果が得られている。特定の一つの範疇化機能に関与するニューロンが外側前頭前野領域に多数存在することと、範疇化には非常に多様な事物や事象の範疇化があることを考え合せると、特定の範疇化機能のみに特化したニューロン集団の存在を考えることには無理があるが、実験結果は外側前頭前野の個々のニューロンは多様な範疇化機能のそれぞれに対して柔軟に新たな群（セル・アセンブリー）を形成し、必要な範疇化機能を果たしているように見える。

## 情報の統合と範疇化の脳内過程(11)

情報の統合と範疇化はニューロン間の結合を通して行われる。一般に多数のニューロンから構成される局所ニューロン集団は、集団を構成するニューロン群の異なる活性化状態として異なる情報を区別して表現できる。たがいに区別できる異なる活性化状態がどの程度多数存在するかは、数理モデルに基づくいろいろな計算がなされている。モデルの構成の仕方に依存するが、局所ニューロン集団を構成するニューロン数を $n$ としたとき、異なる活性化状態数 $N$ がニューロン数 $n$ に比例する数理モデルもあれば、$n$ の対数 $\log n$ に比例する数理モデルもある。いずれにしても局所ニューロン集団の取り得る異なる活性化状態数は相当多数存在し、極端に少なくはないものと推定される。以下では局所ニューロン集団を構成するニューロン間の情報処理回路をミクロ回路網とよぶことにする。

視覚情報や聴覚情報のような感覚情報を処理する脳の感覚野では、情報処理が段階的に行われる。例えばサルの視覚対象の形態情報処理を例に取ると、一次視覚野（V1）、二次視覚野（V

2)、四次視覚野(V4)、TEO野、TE野という径路で段階的に形態情報処理が行われる。サルのこれら脳部位のニューロンの平均的な受容野の大きさは、視覚角度にして1・3度、3・2度、8・0度、20度、50度という具合に変化し、V1野からTE野へと処理段階が進むにつれて増大する[12]。

サルが視線方向を固定している場合、視覚野の個々のニューロンは視野内の特定領域に提示される対象にのみ応答し、それ以外の領域に提示される対象には応答しない。ニューロンが応答する視野領域をそのニューロンの受容野とよぶ。受容野の中心位置はニューロンごとに異なるが、それぞれの視覚野では、ニューロン群全体でいろいろと異なる場所に提示されるすべての視覚対象をコードできる。高次視覚野へゆくほど個々のニューロンの受容野が広くなることは、それぞれのニューロンがより低次の視覚野の多数のニューロンからの入力を受けていることを示しており、高次視覚野の一つのニューロンに入力を送る低次視覚野ニューロン群の受容野の和が、情報を受け取る高次視覚野ニューロンの受容野になっている。また多数のニューロンからの入力を受けることにより、情報の統合が自動的に行われる。

一般に感覚野では、一つのミクロ回路網Xに前段階の感覚野の複数のミクロ回路網A、B、C、……からの情報が入力する。回路網Xに複数のミクロ回路網A、B、C、……などから入力情報a、b、c、……がそれぞれ入力すると、回路網Xはそれらの情報を統合処理し、統合した情報をいくつかの異なる情報に分類して表現する。図5・2にミクロ回路網間の結合の様子を示した。ミクロ回路網の取り得る異なる活性化状態の数を$N$としよう。$N$はミクロ回路網ごとに異なるが、ここでは単純化して$N$の値はミクロ回路網によらないと仮定しよう。

A、B、C、……からXへの入力 a、b、c、……はミクロ回路網A、B、C、……がどの活性化状態にあったかで決まるので、Xへの入力として$N^m$個の異なる入力があり得る。$m$は回路網Xに入力を送るミクロ回路網A、B、C、……の総数である。一方、情報を受け取る側の回路網Xの状態も$N$個の活性化状態のいずれかに分類されるので、回路網Xでは$N^m$個の異なる入力情報を$N$個の異なる情報に分類し、情報を範疇化して認知することになる。例えば$N = 100$、$m = 3$とすると、$100^3 = 1000000$個の異なる入力情報を脳は100個の異なる情報のいずれかに分類し範疇化して認知する。

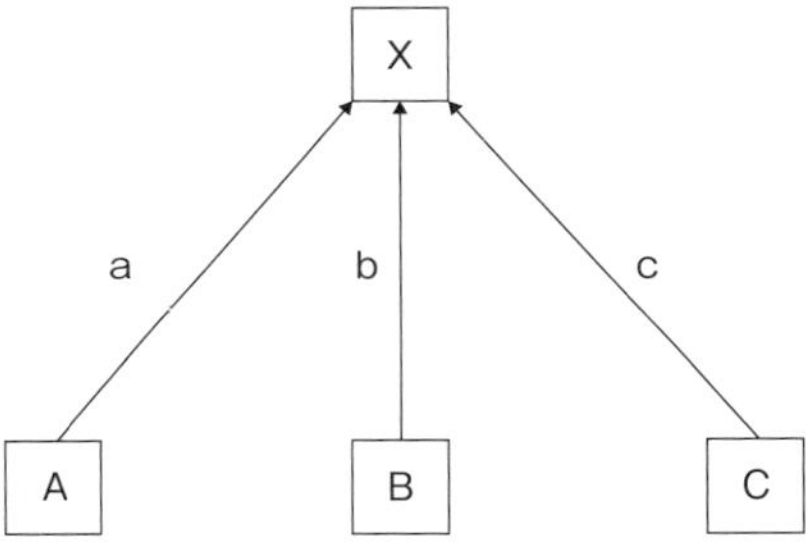


**図5・2**　情報の統合と範疇化

上述のように一つのミクロ回路網が複数のミクロ回路網から入力を受ける収れん性の結合では、情報の統合と同時に情報の抽象化・範疇化が必然的に起こることになる。すなわち$N^m$個の情報間の違いの相当部分は無視され、共通のなんらかの性質のみを取りあげて抽象化され、抽象化された情報は$N$個の異なる情報に範疇化されることになる。低次感覚野から高次感覚野への情報の流れ、あるいは複数の感覚野から連合野への情報の流れは収れん性の流れであり、多数の局所脳部位からの情報が出力先の局所脳部位に収束する。したがって情報の統合はもちろんのこと、情報の抽象化・範疇化も多くの場合に必然的に起ると考えられる。

収れん性の情報の流れが段階を経て進むごとに情報の抽象化と範疇化が行われるので、抽象化・範疇化は何段階も起こり得る。同時に抽象化・範疇化に伴う新たな概念が各段階で形成され、形成された新たな概念は当該局所脳部位の抽象化・範疇化された情報を表現する活性化状態として表現される。このような抽象化に伴い得られたシンボル化された概念間の相互関係は、さらに高次の認知機能を処理する脳部位で処理されることになる。

## 情報のデジタル化と数の概念の形成

情報の抽象化・範疇化にはアナログ的な情報をデジタル的な情報に変換する機能がある。サルがイヌとネコの混合画像を見たときに、ネコとイヌとの間の中間の範疇に属する動物は存在しないとしてネコかイヌのいずれかに分類する機能は、連続的に変化するアナログ量である混合画像をデジタル化し、二つの範疇のいずれかに属する画像として認知することに相当する。連続的に変化するアナログ量である物質の色を、脳が赤、だいだい、黄、緑等の離散的な色のいずれかであるとして範疇化するのも情報のデジタル化である。

４章で数の概略の大きさをコードする数ニューロンの存在について述べた。これらの数ニューロンは特定の数に対して最も強く応答するが、その数から少しずれた数に対しても応答するので、完全にデジタル化して数をコードしているわけではない。個々の数ニューロンは数の値を正確にコードするわけではないが、それでも集合中の物体数が特定の値の視覚刺激に対して強く応答する多数の数ニューロンの応答の様子を統合すれば、相当に精度よくその数の大きさを推定できる可能性がある。人の脳にも存在すると思われる数ニューロンの中に、どれほど大きな数にまで選択的に強く応答するニューロンが存在するのかはわからないが、ある程度の大きさまでの数に対しては相当に精度よく数の値を集団コードしているようにも思われる。

３章の図３・２に示したように幼児が数を概算する精度は年齢とともに向上するが、それでも精度の向上は一定の範囲に留まっている。したがって数の大きさを概算する機能から集合中の物体の数を正確に認知する機能を導くには、情報を抽象化・範疇化し、最終的に個別の数を異なる記号・言葉で表現する機能が欠かせない役割を果たしているように思われる。単語は事物や事象を抽象化・範疇化して表現したものであるが、アラビア数字や数字を表す記号は集合を構成する物体の数を範疇化し、同時にデジタル化して表したものであり、正確に特定の数を表現できる。どのような物体の集まりに対しても、集合中の物体の数を指定できるという数の概念の形成と、数はその値を正確に指定できる離散的なデジタル量であるとの認識は、言語機能の獲得に伴って獲得されたものと思われる。

3章で述べた幼児に対するドーマン式教育方法では、ドット数が1から100までのドットパターンを「これは1です」、「これは100です」といいながら提示し、それぞれの数には対応する数字を表す言葉が存在することを覚えさせる。いずれにしても幼児は数字を表す言葉を覚えることにより、数の概念と数を正確に表現する方法を習得する。幼児は非常に多くの単語を含む言葉を聞くことにより自然に言語を習得するが、アラビア数字で用いられる数記号は0から9までのわずか10個の記号であり、それらを位取りの方法を用いて順序づけて並べることによりいかなる整数をも表現できるので、それほど苦労しなくても幼児は自然に数を覚え、数の概念を獲得できるように思われる。

一方、周囲で数が用いられていない環境、学校教育も行われていない社会では、数を表す単語が1、2、3のような小さな数に限られ、その他の数はsomeやmanyという具合に表されるような文化圏もあり、そこに育った人々には抽象的な数の概念は存在しないように思われる。いずれにしても数の概念の形成と数を正確に認知する能力の背景には、言語機能の習得が欠かせないものと考えられる。先に述べたようにフォン・ノイマンは中枢神経系の一次言語は小さい論理深度と算術的深度をもっているといっているが、二次言語である言語機能の獲得により、脳機能の論理深度や算術的深度が深まったと考えるのが正しい理解の仕方かもしれない。

## オフライン思考

数学の世界は抽象化された数学的シンボルの織り成す事象の世界である。人は五感を通して入ってくる感覚情報を分析・統合処理し、その情報を抽象化・範疇化して認知するが、数学の世界で扱う情報はこのように抽象化・範疇化された概念に対応する情報であり、五感を通して入る外界からの情報とは多くの場合に直接的な関連がない情報である。数学的思考の素材となる概念は高度に抽象的なものであり、主として脳の前頭前野や側頭葉・頭頂葉連合野で形成され、局所脳部位の特定の活性化状態としてシンボル化して記憶される。このようにシンボル化して記憶された複数の概念を自発的に想起し、概念間の調和と論理的な関係性を探る手続きが数学の形成に主として関与している。事物・事象の抽象化にはいろいろな段階があり、より高度の抽象化を通してより広く適応できる概念が形成されるが、抽象化の程度のより高い段階へ移行により新たな数学を生みだすこともできる。

デブリンたちは言語や数学の形成に欠かせないのは脳のオフライン思考であるといっている。[13]動物は外からの刺激に対して適切な反応をすることを学ぶが、多様な刺激 - 反応学習をすると、それらを一般化し、抽象化された刺激、すなわちシンボル化された入力刺激に対しても適切に反応するようになる。外部刺激に応じてただちに適応的な反応をするのがオンライン思考による反応であり、外部刺激がなくとも自発的に脳を活性化し、記憶想起に伴い形成される内部刺激に対し適切に反応するように自ら思考するのがオフライン思考である。オフライン思考は脳が自発的に思考を開始する場合だけでなく、外部からの直接の入力に誘引されて開始する場合もある。オフライン思考が可能になるためには、刺激－反応学習を通して得られた抽象化されたいろいろな概念を表現する多様な脳の活性化パターンを形成する能力、それら活性化パターンを記憶する能力、そしてそれらの記憶パターンを自発的に想起し操作できる能力が必要である。

## 意識を伴う脳機能

脳の活動には意識を伴う活動もあるが、ほとんどの脳活動は意識にのぼらずに無意識のうちに行われる。「意識とは何か」と改めて問われると答えるのは難しいが、通常、意識は覚醒・気づき・注意・自己意識などの諸段階に分けられる。ここでは意識状態を自分が対象物の存在や自己・他者の行動に気づいている気づきの状態と考えると、ほとんどの脳機能は意識にのぼらず、気づきを伴わずに行われている。最近のｆＭＲＩを用いた研究結果では、脳の消費するエネルギーの95パーセントはこのような無意識に進行する脳機能に使われている。[14] また人の一次体性感覚野の局所部位に電極を用いて電気的パルス刺激を直接加え、人が刺激されたことに気づくか否かを調べたリベットたちの実験結果では、[15] 被験者が刺激されたことに気づくためには５００ミリ秒以上の時間、継続してその局所部位を刺激することが必要であった。

このような実験結果から推測すると、意識を伴う脳機能には特定脳部位のある程度の時間にわたる継続活性化が必要と思われる。感覚情報処理を行う局所脳部位では、入力情報が数十ミリ秒程度の短時間のうちに処理されて次の脳部位に送られるので、無意識のうちに情報が処理される。より高次の情報処理部位である側頭葉連合野、頭頂葉連合野、前頭前野等の脳部位にその情報が送られ、それら脳部位がある程度以上の時間にわたり継続活性化すれば、初めて意識にのぼる形での情報認知が行われるものと思われる。

論理的推論を行う、数学定理を証明する等の高度の認知機能は意識にのぼる形で行われる脳機能であり、主として前頭前野などの高次の脳部位で当該機能が行われ、それら脳部位が継続活性化することにより意識を伴った形で論理課程が進行するものと思われる。しかし意識にはのぼらないが、意識される事柄に関連したいろいろな情報も無意識のうちに同時に想起されており、意識を伴う脳機能に影響を及ぼしているものと思われる。多くの数学者が自己の研究経過を振り返り、重要な研究成果が無意識の思考の中で生まれたと考えているのは、無意識の思考も数学の形成に欠かせない要素であることを示唆している。

## 論理演算 ― 数学と論理学

数学と論理学とは歴史的に見れば異なる学問であり、数学は天文学等と関連して古代文明の中から生まれ、数学に遅れて論理学はアリストテレス（紀元前384〜322年）に代表されるギリシャの自然哲学者により始められた。しかし20世紀の著名な論理学者・哲学者であるラッセル（1872〜1970年）の言葉を借りれば、「近年二つは非常に進歩し、論理学はだんだん数学的に、数学はだんだん論理学的になり、その結果、今日では二つの間に画然とした境界を引くことはできず、二つは事実上一つの学問となってきた。しかも、この二つの違いはあたかも子供と大人のようなもので、論理学は数学の青年時代であり、数学は論理学の壮年時代である[16]」ということになる。ラッセルの言葉は、数学は論理学であり、数のような数学の基本概念や数の操作も論理学の対象と考えられることを宣言したものである。

数理学者であり脳の神経回路網機能の研究者でもあるマカロクとピッツは、脳は多数の論理回路から構成される一つの論理的な機械であると考えた（マカロク－ピッツ・モデル）。1943年の論文では、現実のニューロンを単純化したモデルニューロンから構成される神経回路網を取り上げ、ニューロン間の結合を適当に選べば、脳はいかなる複雑な論理演算も原理的に行うことができることを示唆した[17]。しかし現実に脳がどのようにして論理演算を行っているかを明らかにするのはなかなかの難問であり、多数のニューロンから構成されるニューロン回路網がどのようにして論理演算を行うかに関しては次章以下で論ずることにしよう。

## ブール代数

論理演算はブール（Boole）代数により記述できる。ブール（1815〜1864年）は著書『論理の数学的分析』（1847）、『思考の法則』（1854）などを通して論理演算と算術的演算との類似性を示し、論理学を代数学へ変えた人物である。[18]「リンゴは動物である」、「ニューロンは細胞である」のような宣言に対する答は前者ではノー、後者ではイエスであるが、このように正しいか正しくないかが一義的に決まる命題を論理命題とよぶ。命題Aが正しいときに$A=1$、正しくないときに$A=0$とすると、命題Aはただ二つの離散値1、0のいずれかをとる変数、論理変数と考えることができる。

複数の命題、すなわち$n$個の論理変数$A_1$、$A_2$、……、$A_n$が存在し、これらの論理変数の値の組で決まる論理変数$F$があったとき、$F$は$n$個の命題$A_i$から構成される一つの命題と考えられる。$F(A_1, A_2, \ldots\ldots, A_n)$は$n$個の命題$A_1$、$A_2$、……、$A_n$が正しいか正しくないかにより1または0の値をとる論理変数であり、同時に$n$個の論理変数の論理関数である。

一つの命題$A$に対して命題$A$の否定にあたる命題$\overline{A}$、二つの命題$A$、$B$に対して論理積$A \cdot B$および論理和$A+B$とよばれる命題を設定で

表5・1

否定

| $A$ | $\overline{A}$ |
|---|---|
| 0 | 1 |
| 1 | 0 |

論理積と論理和

| $A$ | $B$ | $A \cdot B$ | $A+B$ |
|---|---|---|---|
| 0 | 0 | 0 | 0 |
| 1 | 0 | 0 | 1 |
| 0 | 1 | 0 | 1 |
| 1 | 1 | 1 | 1 |

**表 5・2**

1 変数の論理関数

| $A$ | 0 | 1 | 論理関数 |
|---|---|---|---|
| $F_1$ | 0 | 0 | 0 |
| $F_2$ | 0 | 1 | $A$ |
| $F_3$ | 1 | 0 | $\overline{A}$ |
| $F_4$ | 1 | 1 | 1 |

2 変数の論理関数

| $A$<br>$B$ | 0<br>0 | 0<br>1 | 1<br>0 | 1<br>1 | 論理関数 |
|---|---|---|---|---|---|
| $F_1$ | 0 | 0 | 0 | 0 | 0 |
| $F_2$ | 0 | 0 | 0 | 1 | $A\cdot B$ |
| $F_3$ | 0 | 0 | 1 | 0 | $A\cdot\overline{B}$ |
| $F_4$ | 0 | 0 | 1 | 1 | $A$ |
| $F_5$ | 0 | 1 | 0 | 0 | $\overline{A}\cdot B$ |
| $F_6$ | 0 | 1 | 0 | 1 | $B$ |
| $F_7$ | 0 | 1 | 1 | 1 | $\overline{A}\cdot B+A\cdot\overline{B}$ |
| $F_8$ | 0 | 1 | 1 | 1 | $A+B$ |
| $F_9$ | 1 | 0 | 0 | 0 | $\overline{A}\cdot\overline{B}(=\overline{A+B})$ |
| $F_{10}$ | 1 | 0 | 0 | 1 | $\overline{A}\cdot\overline{B}+A\cdot B$ |
| $F_{11}$ | 1 | 0 | 1 | 0 | $\overline{B}$ |
| $F_{12}$ | 1 | 0 | 1 | 1 | $A+\overline{B}$ |
| $F_{13}$ | 1 | 1 | 0 | 0 | $\overline{A}$ |
| $F_{14}$ | 1 | 1 | 0 | 1 | $\overline{A}+B$ |
| $F_{15}$ | 1 | 1 | 1 | 0 | $\overline{A}+\overline{B}$ $(=\overline{A\cdot B})$ |
| $F_{16}$ | 1 | 1 | 1 | 1 | 1 |

きる。$\overline{A}$は$A$でないという命題であり、$A\cdot B$は$A$かつ$B$、$A+B$は$A$または$B$という命題である。否定$\overline{A}$は命題$A$の関数であり、論理積$A\cdot B$、論理和$A+B$は命題$A$と命題$B$の関数である。これら論理関数と論理変数の関係は以下の表5・1の通りで、このような表を真理値表とよぶ。

1変数の論理関数でたがいに独立なものは4個、2変数の論理関数でたがいに独立な論理関数は16個存在する。一般に$n$個の論理変数$A_1$、$A_2$、……、$A_n$の論理関数は、$n$個の論理変数の異なる値の組のそれぞれに対して、論理関数の値が0、1のいずれの値をとるかを指定することにより決まる。論理変数は1か0のいずれかの値をとるので、$n$個の論理変数値の異なる組み合せは$2^n$個存在し、これらの値の組のおのおのに対して0か1のいずれかの値を指定することにより論理関数が決まるので、2の$2^n$乗個の異なる論理関数が存在する。表5・2に1変数の論理関数、2変数の論理関数を示した。

ここで論理和についてひとこと付け加える。命題$A$と$B$の論理和とは「$A$または$B$である」ことを意味するが、通常の会話で用いられる「$A$または$B$」という言葉は、$A$、$B$の一方のみが正しい場合のみを意味し、両方が正しい場合は除外している。論理学で用いる論理和「$A$または$B$」は、$A$、$B$のいずれか一方のみが正しい場合だけでなく、$A$、$B$の両方が正しい場合も含めて論理和と定義する。このように定義すると、表5・1からもわかるように、論理積と論理和の真理値表は、すべての1を0、すべての0を1に入れ替えることにより入れ替わるので、論理積と論理和は正反対の論理演算になる。

論理変数、論理関数を用いた演算をブール代数、論理関数をブーリアン関数とよぶ。表5・2から推測できるように、すべての論理関数は論理変数に作用する否定、論理和、論理積の演算のみを用いて表すことができる。さらに以下の式で示されるように、論理積は論理和と否定、論理和は論理積と否定を組み合せて表すことができるので、ブール代数に現れるすべての論理演算は、否定と論理積という二つの論理素子、または否定と論理和という二つの論理素子の組み合せにより実現できる。

$$A+B=\overline{\overline{A}\cdot\overline{B}},\quad A\cdot B=\overline{\overline{A}+\overline{B}} \qquad (1)$$

否定と論理積、あるいは否定と論理和を繰り返し用いることによりいかなる論理演算も行うことができるとしても、現実の脳の論理機能を考えるときには、使用する論理素子を適切に選び、また論理素子を使用する回数をある程度制限して、効率的に素早く論理を進めることが必要と思われる。

ブールは著書『思考の法則』のねらいとして、「推論を行う際の頭脳の働きの基本法則について研究し、基本法則を計算の記号言語で表現し、それに基づいて論理学や論理学の手法を確立し、その手法を確率の数学的原理を適用するための一般的手法の土台とすることである。そして最終的に、こういった研究の過程で明らかになったさまざまな真理から、自然の性質や人間の頭脳の構造を解明する手がかりを得ることである[19]」といっている。脳の論理演算機能については、次章で改めて取りあげて論じることにする。

## 数学の論理と推論過程

ブール代数に示されているように、論理演算には「かつ（and）」、「または（or）」、「でない（not）」、「ならば（if）」の四つの基本的演算があり、これらは古典論理結合子とよばれている。「ならば」という論理演算は$A$ならば$B$という論理演算であるが、例えば表5・1の論理積の真理値表を例にとると、$A$、$B$がともに1「ならば」$A \cdot B$は1、$A$が1、$B$が0「ならば」$A \cdot B$は0という具合に、いたるところで用いられている。数学で用いる論理（数理論理）には「かつ」、「または」、「でない」、「ならば」という論理に加えて「〜は存在する」、「すべての〜は〜である」という論理も用いられており、これらは古典論理とよばれている。

また古典論理に加えて、「〜は可能である」、「必然的に〜である」などの多様な論理が存在し、これらの論理を適当に組み合せると、いかなる数理論理も実現できる。[20] 前提から結論を導く推論を演繹というが、人が行う自然な推論に近い演繹システムとして20世紀にドイツの数理論理学者のゲンツェンにより「かつ」、「または」、「でない」、「ならば」、「矛盾する」などを含む16個の論理演算からなる演繹システムが提案されており、「自然演繹」とよばれている。

数学的推論とは、これらの論理演算を用いてある命題群から別の命題を導く論理的思考手続きである。命題とは、何かを主張する、何かを宣言することであるが、それらの命題は真であるか偽であるかを明確にできるものでなければならない。また命題に用いられる言葉は曖昧さのない、よく定義されたものでなくてはならない。数学で扱う命題とは例えば次のようなものである。

「2、3、5、7は素数である」、「素数は無限個存在する」、「三角形の2辺の長さの和は残りの1辺の長さより長い」。これらは真である命題の例である。

「4、6、8、9は素数である」、「素数の数は有限個である」、「三角形の2辺の長さの和は残りの辺の長さよりも短い」。これらは偽である命題の例である。

状況により真偽の異なる命題もあり、例えば平面幾何学における平行線の公理「平面上の任意の一点を通り、任意の直線に平行直線をただ一つ引くことができる」は、面が平面の場合には正しいが、面が平面ではなく曲面の場合には偽であり、考える空間の性質により命題の真偽が決まってくる。命題は真偽を決められる宣言でなければならないが、真偽のいずれであるかは状況により異なることがある。

**表5・3**

| 論理式 | 意味 |
|---|---|
| p ∧ q | p かつ q（論理積） |
| p ∨ q | p または q（論理和） |
| ¬ p | p でない（否定） |
| p ⇒ q | p ならば q |
| p ⇔ q | p と q は同値である |
| ∃x | 〜を満たす x が存在する |
| ∀x | すべての x は〜である |

数学では命題や論理過程は記号を用いて表される。命題を表すには記号p、q、r、……等を用いるが、これらは命題変数とよばれる。命題変数はなんらかの主張を表す記号であるが、命題間の論理過程を扱う際には、必ずしもp、q、r、……等の命題変数の内容には立ち入らないで推論を行うことができる。命題変数をつなぐ論理演算も記号を用いて表すことができ、前述の古典論理演算はそれぞれ表5・3に記した記号を用いて表される。記号で表された論理過程を論理演算子とよんでいる。

表5・3の存在することを表す記号∃は英語の exist の頭文字Eを反転した記号で、すべてを表す記号∀は英語 all の頭文字Aを反転した記号である。また表5・1、5・2では論理積・論理和・否定を表すのにそれぞれ記号・、＋、バーを用いたが、表5・3ではより広く用いられている記号である∧、∨、¬を用いた。

論理演算子は命題をつなぐ操作であるが、命題の内容によらずに成り立ついろいろな法則がある。例えば命題p、q、rに対して、p、q、rの内容にかかわらず$p \vee q$と$q \vee p$は同値、$p \wedge q$と$q \wedge p$は同値であり（交換法則）、また$p \vee (q \vee r)$と$(p \vee q) \vee r$、$p \wedge (q \wedge r)$と$(p \wedge q) \wedge r$は同値である（結合法則）。また$p \Rightarrow q$と$\neg q \Rightarrow \neg p$は同値、$\neg(p \wedge q)$と$\neg p \vee \neg q$は同値、$\neg(p \vee q)$と$\neg p \wedge \neg q$は同値である（ド・モルガンの法則）。ここで⇒は「ならば」を表す記号である。

すべての論理演算子を組み合せて用いると、いかなる論理演算も表すことができる。前述の論理演算子のほかに、よく用いられる論理演算子として二つの命題が同値である、二つの命題が相互に矛盾する、Xはある集合Xに属するなどなどの論理演算子が用いられるが、それぞれの演算子は記号≡、記号⊥、記号∈を用いて表される。

## 数学における証明

数学を特徴づけるのは証明という論理手続きであるが、証明とは自明と考えられる命題（公理）から出発し、論理演算を用いた演繹的な手続きで推論し証明すべき命題（定理）を導くことである。数千年にわたる数学の長い歴史の中で、演繹的証明に基づく数学を打ち立てたのは古代ギリシャの数学であり、近代数学でもその方法が数学における方法論としてもっぱら採用されている[21]。数学における証明の規範とされているのはユークリッドの『原論』に記載されている証明の形態であり、そのいくつかの例は第1章に述べた。しかし現実に新たな数学を創る際には公理から新たな定理を導くのではなく、逆に目的とする命題を導くのにどのような仮定や推論過程が必要かを考える場合が多く、数学定理を証明するのにどのような公理が必要かを調べることになる。このような数学は数学基礎論の分野で逆数学とよばれている。

数学者が新たな数学の問題に取り組むとき、最初から論理の連鎖で問題の答を見いだすことは例外的で、最初に直感的に答を見いだすことが多いといわれている。その後に苦労して証明という手続きをとることになる。「ひらめき」とか「直感」という言葉がよく使われるが、日常用語としては両者をあまり区別していないが、「ひらめき」は思いついた後にその理由が述べられるが、「直感」は自分でも理由がわからない考えを指しているという意見もある[22]。いずれにしても、ひらめきや直感で得られた結果は案外正しいことが多い。

数学定理の証明にはよく背理法や数学的帰納法という証明方法が用いられる。例えば2章で述べた「素数が無限に存在する」ことの証明では、素数が有限個で最大の素数が存在すると仮定すると、その最大素数より大きな素数が存在することを具体的に示せて矛盾が生じるので、「素数は無限に存在する」と結論する。背理法とは命題Aが正しいことを証明する際に、Aは偽であることを仮定すると矛盾が起こることを示すことにより、命題Aが正しいことを間接的に証明する方法である。

数学的帰納法とよばれる証明方法もよく用いられる。自然数 $n$ で区別される命題 $P(n)$ があったとき、(1) $P(1)$ が正しい、(2) 任意の自然数 $n$ について $P(n)$ が正しければ $P(n+1)$ は正しい、という二つのことを示せれば、任意の自然数について $P(n)$ は正しいことを結論できる。背理法や数学的帰納法に対応する手続きがどのように脳内で行われるかを明らかにするのはなかなかの難問であるが、最終章で論じることにする。

## 論理回路と電子回路

これまで数理論理過程について述べてきたが、現代計算機ではトランジスターを用いた集積回路を用いて論理過程に対応する計算を素早く正確に行っている。計算の手続きが与えられている、すなわちアルゴリズムの与えられている計算であれば、いかなる計算も集積回路を用いて計算を遂行で

**表５・４**

| 恒等ゲート | | NOT ゲート（インバーター） | |
|---|---|---|---|
| 入力 | 出力 | 入力 | 出力 |
| 1 | 1 | 1 | 0 |
| 0 | 0 | 0 | 1 |

きる。演算を実行するためには、基本的な数理論理過程に対応するわずかな種類の電子回路素子のみが必要であり、それらを多数組み合せて集積回路を作れば、いかなる演算も実行できる。[23] 脳の数理機能との比較のために、計算機のもつ論理演算回路について簡単に触れておくことにする。

基本になる電子回路はデジタル回路であり、電気的入力を出力に変える回路である。入力、出力はそれぞれ入力導線、出力導線の電圧で表され、電圧が正のときを１、電圧が０のときを０とすれば、デジタル回路は１、０のいずれかで表される入力情報を１、０のいずれかで表される出力情報へ変換する回路である。このような回路はゲートとよばれている。

入力が１個、出力が１個の単純なデジタル回路は恒等回路とＮＯＴ回路（インバーター）の二つであり、それらは表５・４のように入力を出力に変えるゲートである。恒等ゲートは何もしない論理演算に対応し、入力がそのまま出力される一つの導線に対応する回路である。しかし導線を電気が流れるには有限の伝播時間が経過するので、遅延素子とも考えられる。ＮＯＴゲートは入力が１なら出力０、入力が０なら出力が１になるゲートであり、インバーターとよばれている。

恒等ゲート、ＮＯＴゲートを含む七つの電子回路の入出力関係を表す真理

**表 5・5**

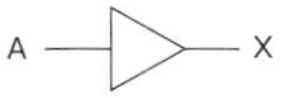


恒等ゲート

| 入力 | 出力 |
|---|---|
| A | X |
| 0 | 0 |
| 1 | 1 |

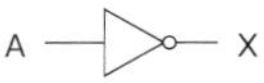


INV

| 入力 | 出力 |
|---|---|
| A | X |
| 0 | 1 |
| 1 | 0 |

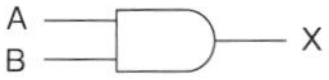


AND

| 入力 | | 出力 |
|---|---|---|
| A | B | X |
| 0 | 0 | 0 |
| 0 | 1 | 0 |
| 1 | 0 | 0 |
| 1 | 1 | 1 |

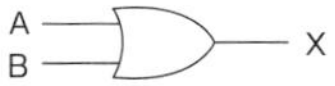


OR

| 入力 | | 出力 |
|---|---|---|
| A | B | X |
| 0 | 0 | 0 |
| 0 | 1 | 1 |
| 1 | 0 | 1 |
| 1 | 1 | 1 |

NOR

| 入力 | | 出力 |
|---|---|---|
| A | B | X |
| 0 | 0 | 1 |
| 0 | 1 | 0 |
| 1 | 0 | 0 |
| 1 | 1 | 0 |

NAND

| 入力 | | 出力 |
|---|---|---|
| A | B | X |
| 0 | 0 | 1 |
| 0 | 1 | 1 |
| 1 | 0 | 1 |
| 1 | 1 | 0 |

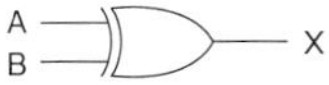


EX-OR
排他的論理和

| 入力 | | 出力 |
|---|---|---|
| A | B | X |
| 0 | 0 | 0 |
| 0 | 1 | 1 |
| 1 | 0 | 1 |
| 1 | 1 | 0 |

* NAND、NOR 等の論理回路の表示に現れる○記号は、論理反転を示す記号である。

値表と、それらの回路を表す表示記号を表５・５に示した。恒等ゲート、ＮＯＴゲートを除く五つの論理回路は二つの入力Ａ、Ｂと一つの出力Ｘをもつ回路である。ＮＯＴ回路、ＡＮＤ回路、ＯＲ回路、ＮＡＮＤ回路、ＮＯＲ回路、ＥＸＯＲ回路の六つの回路は、電子回路における基本的論理回路とよばれている。

以上はトランジスターを用いた電子デジタル論理回路であるが、人が論理的・数理的思考を進める際に脳内にどのような論理回路が構成され、どのように論理的推論を行うかが問題である。このことは次章で論じる。

## 参考文献


1. E. P. Wigner: Communications in Pure and Applied Mathematics Vol. 13, No. 1 (1960).
2. Von Neumann: The computer and the brain (Yale University Press, 1955).（フォン・ノイマン、柴田裕之訳、「計算機と脳」ちくま学芸文庫 Math & Science、筑摩書房、２０１１）
3. ハイゼンベルク、「現代科学における抽象化」（仁科記念講演会での講演）仁科記念講演録集、シュプリンガー・ジャパン、２００６。
4. W. Pauli: Aufsatze und Verrage uber Physic und Erkentnisthrie (Frieder, Verlag und Son, Braunschweiz, 1961).（パウリ、藤田純一訳、「物理と認識」講談社、１９７５）; C. J. jung and W. Pauli: The interpretation of nature and psyche (Bollingen Foundation Inc., 1955).（ユング、パウリ、河合隼雄、村上陽一郎訳、「自然現象と心の構造 非因果的連関の原理」海鳴社、１９７６）
5. E. Schrödinger: Mind and matter (Cambridge University Press, 1958).（シュレーディンガー、中村量空訳、

「精神と物質　意識と科学的世界像をめぐる考察」工作社、１９８７）
6. R. Penrose: The emperor's mind (Oxford University Press, 1989); J. C. Eccles : How the self controls its brain (Springer Verlag, 1994).（エックルス、大野忠雄、斎藤基一郎訳、「自己はどのように脳をコントロールするか」シュプリンガー・フェアラーク・東京、１９９４); H. R. Stapp: Mind, matter, and quantum mechanics (Springer Verlag, 1993).
7. マルカン、例えば「日系サイエンス」２００７年３月号、茂木健一郎と小林晴美の対談参照。
8. 武田暁、猪苗代盛、三宅章吾、「脳はいかにして言語を生みだすか」講談社、２０１２、３章。
9. D. J. Frredman, M. Riesenhuber, T. Poggio and E. K. Miller: Science Vol. 291, p. 312 (2001).
10. J. A. Cromer, J. E. Roy and E. K. Miller: Representation of multiple, independent categories in the primate prefrontal cortex, Neuron Vol. 66, p. 796 (2010).
11. 参考文献８、２章参照。
12. 参考文献８、４章参照。
13. D. Bickerton: Language and species (The University of Chicago Press, 1990).（ビッカートン、筧寿雄監訳、岸本秀樹、西村秀夫、吉村公宏訳、「ことばの進化論」勁草書房、１９９８); K. Devlin: The math genes（デブリン、山下篤子訳、「数学する遺伝子―あなたが数を使いこなし、論理的に考えられるわけ」早川書房、２００７）
14. A. D. Fox and M. E. Raichle: Spontaneous fluctuations in brain activity observed with functional magnatic resonance imaging, Nature Review Neuroscience Vol. 8, p. 700 (2007); M. E. Raichle: Two views of brain function, Trends in Cognitive Sciences Vol. 14, p. 180 (2010); D. Zhang and M. E. Raichle: Disease and the brain's dark energy, Nature Reviews Neurology Vol. 6, p. 15 (2000).（「浮かび上がる脳の陰の活動」日経サイエンス、２０１０年６月号）
15. B. Libet: Mind time, the temporal factor in consciousncss (Harvard University Press, 2004).（リベット、下條信輔訳、「マインド・タイム　脳と意識の時間」岩波書店、２００５）

16. B. Russell: Introduction to mathematical philosophy (G. Allen and Unwin, 1919).（ラッセル、平野智治訳、「数理哲学序説」岩波文庫、岩波書店、１９５４）
17. W. S. McCulloch and W. Pitts: Bulletin of Mathematical Biophysics Vol. 5, p. 115 (1943).
18. G. Boole: The mathematical analysis of logic, Being an essay towards a calculus of deductive reasoning (1847); ブール代数については、小野厚夫、川口正明、「情報科学概論」培風館、１９９３、武田暁、「脳と力学系」講談社サイエンティフィック、１９９７などを参照。
19. M. Livio: Is god a mathematian? (Simon and Schuster, Inc., 2009).（リヴィオ、千葉敏生訳、「神は数学者か？：万能な数学について」早川書房、２０１１、２３６ページ参照）
20. 小島寛之、「数学的推論が世界を変える　金融・ゲーム・コンピューター」ＮＨＫ出版新書、ＮＨＫ出版、２０１２、新井紀子、「数学は言葉」東京図書、２００９を参照。
21. 加藤文元、「数学の想像力　正しさの深層に何があるのか」筑摩選書、筑摩書房、２０１３。
22. 池谷裕二、「単純な脳、複雑な「私」　または、自分を使い回しながら進化した脳をめぐる４つの講義」ブルーバックス、講談社、２０１３。
23. 例えば、藤広哲也、「よくわかる最新電子デバイスの基本と仕組み　組み込みシステムにおけるＣＰＵと基本デバイス」図解入門、秀和システム、２０１２を参照。

# 6章 ニューロン回路網の数理機能Ⅰ
# 論理回路と論理機能の階層性

前章では論理演算、すなわち数理演算とは何かについて述べた。また電子計算機を構成するデジタル電子回路における数理演算の基本回路についても触れた。この章、および次章では多数のニューロンから構成される局所ミクロ回路網、あるいは相互に結ばれている多数の局所ミクロ回路網から構成される回路網を用いて、抽象化された命題が脳内でどのように表現され、それらの命題を結ぶ論理演算の基本回路がどのように形成されるかを論じ、また最終章の8章では論理演算を行う際の演算規則がどのように脳内表現されるかを論ずることにする。

## 論理演算の基本回路

最初に論理演算を行う脳内基本回路について論じよう。人が論理的、演繹的に推論することができることを考えると、脳内にはブール代数に用いられる「ならば」演算、NOT演算、AND演算、OR演算等の基本的な論理演算を行うニューロン回路網がなんらかの形で形成されているに違いない。しかし人の脳に微小電極を挿入して個々のニューロンの働きや局所ニューロン集団の働きを直接に調べることはできないので、脳の活性化部位の画像化を用いた機能部位の特定結果や、数理モデル計算に基づく局所ニューロン回路網のもち得る可能な機能を参照しながら、脳の数理演算の仕組を推測するほかはない。

基本的論理演算である「ならば」、NOT、AND、OR演算に相当する心の働きは誰にでも備わっており、人は「AだからBである」(ならば演算)、「これは読みたい本ではない(NOT、否定)」、「彼は若くて、かつ健康である(AND、論理積)」、「この人は画家か音楽家のいずれかである(OR、論理和)」などの判断を絶えず日常的に行っている。一方で人は論理的思考を積み重ねて演繹的に推論するのが不得手であり、例えばAだからB、BだからC、CだからD、……という論理の連鎖を間違わずにつなげてゆくのは難しく、数学定理の証明等の記述に出会うと、最後まで論理の流れについてゆくのは多くの場合に困難である。

特に数学で扱う抽象化された事物・事象を対象にした論理思考や、論理思考の連鎖は誰にでも楽にできるわけではない。論理思考、論理演算を行うためにはある程度の経験と学習が必要であり、特に抽象化した事物・事象を扱う論理回路は学習により初めて脳内に形成されると考えられるので、誰にでもあらかじめそなわっているものではない。ほとんどの数理機能は多くの異なる過程を含む複雑な機能であり、また多くの局所脳部位が連携して働く機能である。fMRIなどの非侵襲的測定方法を用いた脳の活性化部位の画像化により、どの脳部位がどのような数理機能に関与しているかをある程度は推測できるが、数理機能を支える脳の働きの全体像に迫るのはなかなかの難問である。したがって、多くの予測を交えてこの章の議論を進めることになる。

## 命題の表現

最初に脳内で命題がどのように表現されるかを考えよう。そのためにはいろいろな数学的命題がどの局所脳部位にコードされ、どのように表現されるかを探らねばならない。また、どのようにして命題が真であるか偽であるかを区別して表現し、どのようにして真偽を判定するかも問題である。さらには複数の命題から論理的、演繹的に他の命題を導く際に用いられる論理過程、すなわち「ならば」、否定、論理和、論理積などなどの論理過程が、脳内でどのように行われるかを明らかにする必要がある。

人の脳に微小電極を挿入することは倫理的理由によりできないが、サルの脳に単数、あるいは複数の微小電極を挿入して、サルが特定の行動を組み立て実行する際のニューロンやニューロン集団の活性化の様子を調べることができる。その際のニューロン集団の活性化の様子から、行動の組み立てに関係する一つの命題がどのように脳内で表現されるかを推測できる。サルが物をつかむ、物を支える、物をちぎる等の行動を取るとき、これらの行動は一つの命題を表しており、例えば「物をつかむ」という命題に対しては、「物をつかむ」か「物をつかまない」かに対応して、命題は成立するか成立しないか、すなわち命題が正しいか正しくないかの二者択一の選択肢がある。

サルが物をつかむとき、一次運動野の前方に位置する運動前野のニューロンの活性化の様子を調べると、その動作を行うときにのみ選択的に活性化するニューロン群が見いだされており、それらニューロン群の活性化状態は「物をつかむ」という命題を表現しているものと思われる。ニューロン群が活性化すれば「物をつかむ」行為が行われ、活性化しないと物をつかむ行為は行われない。物をつかむ行為だけでなく、物を支える、物をちぎる等の行為に対しても、それぞれ選択的に活性化するニューロン群が運動前野に見いだされている。これらのニューロンは「運動の語彙」を表すニューロンとよばれており[1]、これらニューロン群の活性化状態は物をつかむ、物を支える、物をちぎる等の動詞句に対応する行為を潜在的に表現している。

運動の語彙をコードするニューロン群は、サルがその行動をするときに活性化するだけでなく、他者がその行動をしているのをサルが見るときにも活性化し、またその局所脳部位を微小電極を用いて外部から継続的に刺激するとその行為が誘発される[2]。他者がその行動をしているのを見るだけでも活性化するニューロン群は、他者の行動を自分の脳内に映しだす役割を果たしておりミラーニューロンとよばれている[3]。これらのニューロン群が活性化しても、必ずしもサルはその行動を行うわけではない。すなわちサルの行動に自動的にはつながらないので、活性化状態はその行動を脳内で潜在的に表現している状態と考えられる。

サルを対象にした実験結果から推測できるように、人の特定脳部位の局所ニューロン集団の作るミクロ回路網の一つの活性化状態が一つの命題の表現に関わっていると考えられる。命題が複雑な場合には一つのミクロ回路網の活性化状態ではなく、複数のミクロ回路網の相互に連携した活性化状態として命題が表現されると考えられる。一般に一つのミクロ回路網の活性化状態にはいろいろな活性化状態が存在するが、その中の特定の活性化状態が一つの特定な命題の表現に関与している。特定の活性化状態が実現しているときはその命題が成立し、異なる命題を表現する異なるミクロ回路網間の結合を通して命題間の論理的関係が形成される。

抽象的な数学の個々の命題がどの局所脳部位の活性化状態として表現されるかが問題であるが、多くの命題は言葉、特に動詞句として表現できることを考えると、サルの運動の語彙の表象脳部位から推測して、運動前野を含む外側前頭前野の局所脳部位の特定の活性化状態として命題が表現されている可能性が強いと考えられる。

## 脳内の基本論理回路

脳内での基本論理回路を論じる際に、前章で述べた古典論理素子の中で、ブール代数で用いられる「ならば」、「かつ」、「または」に対応する論理過程を行う論理回路の存在は比較的考えやすい。

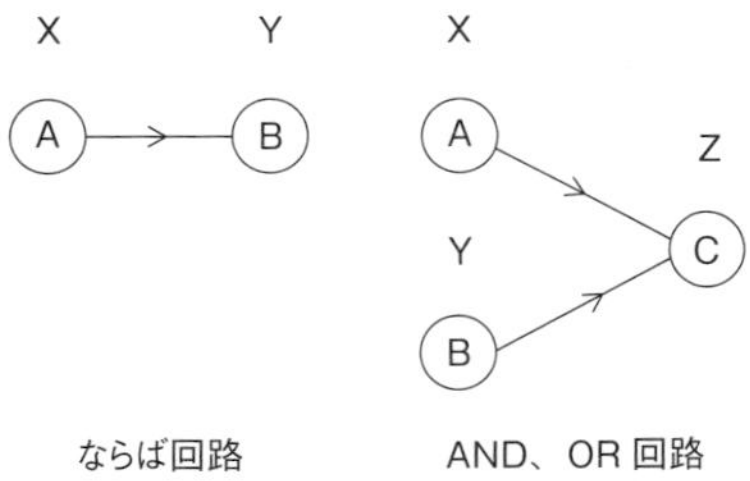


**図 6・1**　ならば、AND、OR 回路

一つのミクロ回路網Ｘの特定の活性化状態が命題Ａを表現し、ミクロ回路網Ｙが回路網Ｘから命題Ａの表現に伴う入力を受けたとき、回路網Ｙに命題Ｂを表現する活性化状態が必ず実現されれば、ＡならばＢという「ならば」過程が成立する。したがって二つの回路網Ｘ、Ｙから構成されるこのような回路は、「ならば」過程に対応する基本論理回路に相当する。

また二つのミクロ回路網Ｘ、Ｙから入力を受けるミクロ回路網Ｚが存在し、Ｘの特定の活性化状態が命題Ａ、Ｙの特定の活性化状態が命題Ｂ、Ｚの特定の活性化状態が命題Ｃを表現するとしよう。回路網ＸとＺ、回路網ＹとＺの結合の強さを適当に調整すると、ＡＮＤ、ＯＲ回路を構成することができる。Ｘの活性化状態Ａ、Ｙの活性化状態Ｂからの入力が同時にＺに入力すると活性化状態Ｃが実現し、活性化状態Ａ、Ｂの一方からの入力のみでは活性化状態Ｃが実現されないような結合の場合はＡＮＤ回路に相当する。また少なくとも活性化状態Ａ、Ｂの回路網Ｘ、Ｙのいずれか一方からＺへの入力があれば、回路網Ｚに活性化状態Ｃが実現すればＯＲ回路に相当する。ＯＲ回路はＸとＺ、ＹとＺを結ぶ二つの「ならば」回路と考えることもできる。、図６・１に「ならば」回路、ＡＮＤ回路、ＯＲ回路を構成するミクロ回路網間の結合の様子を示した。

一般に少し離れて位置する異なる局所脳部位間の結合は軸策の長い興奮性の錐体ニューロンにより行われるので、離れた局所脳部位間の結合は主として興奮性結合である。したがって局所脳部位Xと異なる局所脳部位Y、あるいは局所脳部位X、YからX、Yと異なる局所脳部位Zへの入力は主として興奮性入力であり、その結合の強さにより「ならば」、AND、あるいはOR回路が形成されることになる。このような「ならば」、AND、OR回路は脳内のいたるところに存在し、「ならば」、AND、OR過程を行っているものと思われる。

一方、否定の論理過程を局所脳部位間の直接の結合を通して行うのは案外に難しい。局所脳部位Xの一つの活性化状態が命題Aを表しているとき、その活性化状態を停止させる過程が否定の論理過程に相当する。しかし主たる抑制性ニューロンであるインターニューロンの軸策は短く、少し離れた二つの局所脳部位X、Yの間を結合できないので、局所脳部位Yの活性化が少し離れた局所脳部位Xの活性化を直接に抑制することは難しい。したがってXの特定の活性化状態で表現されている命題を、Yの活性化に伴うXへの直接入力により否定することは難しい。否定に対応する論理回路が脳内でどのように実現されているかを以下で推測することにするが、大脳皮質局所領域間の直接の結合ではなく、大脳基底核等の皮質下の脳部位を含むループ回路が関与する機能を考慮する必要があるように思われる。

否定の論理回路を論じる前に、ブール代数に現れる過程以外の論理過程について少し触れておこう。例えば「xは集合Xに属する」という論理過程を取りあげよう。脳の抽象化・範疇化機能についてはすでに述べたが、xを表現する局所脳部位の活性化状態、あるいはxを分散表現する複数の局所脳部位の活性化状態が存在するとき、それらの局所脳部位からの入力を受ける脳部位で入力が範疇化され、範疇化された命題Xを表現する状態が必ず実現されると、xは範疇Xに属すると認知できる。このような範疇化機能は収れん性入力を受けるいろいろな脳部位で行われるので、局所回路網の活性化状態xがある範疇Xに属するかの認知は常時行われているものと思われる。

論理過程の別の例として命題Aと命題Bは同値である、すなわちAとBは等しいという論理過程を取りあげよう。局所脳部位Xの特定の活性化状態が命題Aを表現し、Xと双方向の入出力関係にある局所脳部位Yの特定の活性化状態が命題Bを表現しているとき、命題Aを表現している脳部位Xからの入力を受けると脳部位Yに命題Bを表現する活性化状態が必ず実現し、逆に命題Bを表現する脳部位Yからの入力を受けると脳部位Xに命題Aを表現する活性化状態が必ず実現する場合には、命題Aと命題Bは同値であると認知することになる。ここで取りあげた「xは集合Xに属する」、「命題Aは命題Bと同値」という論理過程以外の論理過程に対しても、その論理を遂行する局所回路網、局所回路網間の結合を想定することができる。

## 否定の論理回路

大脳皮質部位により異なるが、抑制性のインターニューロンは皮質を構成するニューロンの約20

パーセントを占めている。皮質インターニューロンは、（1）自分が存在する局所脳部位の過度の活性化を抑える、（2）局所脳部位の一つの活性化状態が実現しているときに、当該脳部位に他の活性化状態が実現するのを抑制する、（3）インターニューロン集団の高頻度活性化により、主たるニューロンである錐体ニューロン群の活性化を周期的に抑制し、局所脳部位の周期的活性化状態を実現するなどの重要な役割を果たしている。

「ならば」、「かつ」、「または」に対応する脳内回路に比べて、論理素子「でない」に対応する否定回路（NOT回路）がどのように脳内で実現されているかを明らかにするのはなかなかの難問である。命題Aがミクロ回路網Xの特定の活性化状態により表現されると仮定したとき、命題Aの否定に相当する命題がどのように表現されるかを考えよう。「Aである」という命題と「Aでない」という命題はたがいに相反関係にあり、どちらか一方が正しければ他方は間違っている。しかし、いずれの命題も「Aは正しいかどうか」という同一課題に関する命題であり、同一局所脳部位Xが命題Aの正否のいずれの表現にも関与しているものと思われる。

一つの考え方として、命題Aがミクロ回路網Xの一つの活性化状態として表現されるとき、その活性化状態が実現していないミクロ回路網Xの状態を命題Aの否定を表現する状態と考えることができる。前章で触れたマカロク‐ピッツ・モデルは、このような考えに基づいている。しかし、この状態は単に命題Aを表現する活性化状態を実現するのに必要なXへの入力がないことを意味しているだけであり、必ずしも命題Aの否定を意味していない。また、いかなる活性化状態も永続的に実現されるわけではなく、命題Aを表現する活性化状態は限られた時間内だけ、すなわち命題Aが関与する思考過程が継続する間のみ実現し、いずれはその活性化状態が終わるので、活性化状態の終わりは必ずしも命題の否定を意味しない。

別の考えとして、命題Aを表現する活性化状態と、命題Aの否定を表現する活性化状態が同一局所脳部位Xの異なる活性化状態として表現される可能性も考えられる。例えばある自然数が奇数か偶数かはたがいに相反関係にある命題であり、一方は他方の否定に相当する。局所脳部位Xの一つの活性化状態がその自然数が奇数であることを表現し、別の一つの活性化状態が偶数であることを表現していることも考えられる。同一局所脳部位の異なるニューロン群の間にはインターニューロンを介した抑制性作用があり、一つの活性化状態が実現している間は他の異なる活性化状態の実現は抑制されるので、同時に命題の肯定と否定に対応する活性化状態は実現できない。しかし命題の肯定と否定が同一局所脳部位の異なる活性化状態として表現されると仮定すると、二つの活性化状態が相互に相反関係にあることをどのようにして認知するかが問題である。

さらに別の考えとして、命題Aが局所脳部位の特定の活性化状態で表現されると仮定したうえで、命題の正否を切り替える、すなわち命題の正否をスイッチオン、スイッチオフする制御機能がなんらかの形でその局所脳部位を含む脳内ネットワークに備わっており、スイッチオンの状態は命題が正しいこと、スイッチオフの状態は命題が偽であることを表している可能性も考えられる。前章で述べた計算機に用いられている電子回路の場合には、否定の回路として単純なNOTゲートのほかに制御NOT回路とよばれるゲートが存在し、[4] スイッチオン、オフの機能を果たしている。

　制御NOTゲートの配線図を図6・2に示した。この回路は2本の入力導線A、Bのある回路であり、導線Aへ入力があるとき（A＝1）は、導線BはNOT回路として働き、導線Aに入力がないときは（A＝0）導線BはNOTゲートではなく恒等ゲートとして機能し導線Bへの入力はそのまま出力される。したがって導線Aは導線Bの機能を制御し、導線Bの肯定と否定の機能を切り替える制御機能を果たしている。導線A、Bの出力をそれぞれA′、B′で表すと（図6・2参照）、制御NOTゲートの真理値表は表6・1の通りである。

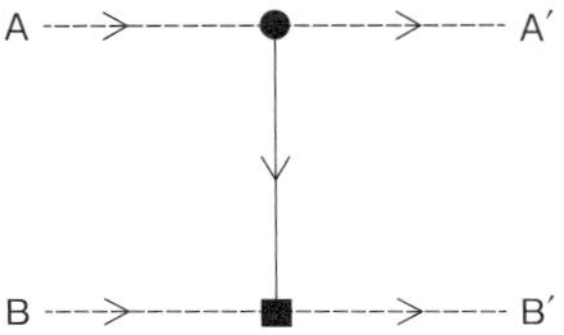


**図6・2**　制御つきNOT回路

**表6・1**　制御NOTゲートの真理値表

| | | | | |
|---|---|---|---|---|
| 1 | 1 | 0 | 0 | A |
| 1 | 0 | 1 | 0 | B |
| 1 | 1 | 0 | 0 | A′ |
| 0 | 1 | 1 | 0 | B′ |

　制御NOTゲートを含めていろいろな機能の電子回路を人間が作成できることは、人はそれらの回路機能に対応する論理過程を脳内イメージできることを意味しており、人間の脳内には制御NOT回路に相当する機能をもつ回路網もなんらかの形で存在することを暗示している。現実に制御NOTゲートに対応する切り替え制御機能は脳に備わっており、ある命題を表現する脳部位と、その脳部位の表現する命題の正否を制御する脳部位から構成される回路網により切り替え制御機能が行われる。以下では脳内で実現されている制御

NOT回路について少し詳しく検討する。

## 運動・思考プログラムの切り替え機能：制御つき否定回路

動物が多くの運動要素を順序づけて時系列運動を行うとき、充分に学習した時系列運動、あるいは習慣化した時系列運動は自動的に無意識のうちに行われる。しかし状況の変化により時系列運動を構成する運動要素の一部を他の運動要素に切り替える、あるいは時系列運動を停止し他の時系列運動に切り替える等のことが必要になる。時系列運動を切り替える際には、（1）これまでの時系列運動が不適切なことを運動の結果を通して認知し、運動の行われた事後に適切な別の時系列運動に切り替える場合と、（2）状況変化を事前に認知し、時系列運動の開始前に状況変化に適応した運動のプログラムに切り替える場合がある。前者は行動の事後切り替え、後者は行動の事前切り替えである。

多くの論理要素をつなげて論理的推論を行う場合も同様であり、（1）思考の結果が望ましい結果でないことを確かめた後に思考の仕方、パターンを切り替える、あるいは、（2）事前に状況の変化を考慮して、思考の仕方、パターンをそれまで用いてきた思考の仕方・パターンから切り替える等のことを人は常時行っている。前者は思考の事後切り替え、後者は事前切り替えである。サルが行動の切り替えを行う際に活性化する脳部位を特定した実験結果を参照すると、人の場合でも行動の事後切り替えの際には前部帯状回、事前切り替えの際には前補足運動野とよばれる脳部位が主として活性化し、切り替えに関与していると推測されている。図6・3に人の脳の運動制御に関与する脳部位を示したが、帯状回、前補足運動野の位置を示してある[5]。

サルを対象にした時系列運動の実験から、前部帯状回の多くのニューロンは、実行された行動が、報酬の低下などの負の結果をもたらしたとき、強く活性化することが知られており、負の結果が前部帯状回にフィードバックされ、サルが行動を切り替えるまでの時間帯に継続して強く活性化するニューロン群が前部帯状回に存在する。前部帯状回は行動が負の結果を生んだときに発生する特徴的な脳波の発生源であることも知られている。前部帯状回は種々の行動パターンを記憶している外側前頭前野と結ばれており、前部帯状回からの切り替え指令により、外側前頭前野に記憶されている運動のプログラムの中からより適切なプログラムを選択し、運動の切り替えが行われる（事後切り替え[6]）。

前部帯状回は人の脳で特に発達している部位の一つであり、この脳部位には巨大紡錘細胞とよばれる細胞体が大きく紡錘型をした錐体細胞が存在する。この細胞は人を含む類人猿の脳にのみ存在するが、特に人の前部帯状回には他の類人猿の脳に比べて多数存在する。この細胞の役割はあまりよくわかっていないが、多数の細胞と連絡することにより人の脳に固有の調整機能を果たしている可能性も考えられる。

一方、前補足運動野は、相互に競合する二つの行動の選択肢があるとき、今まで実行してきた行

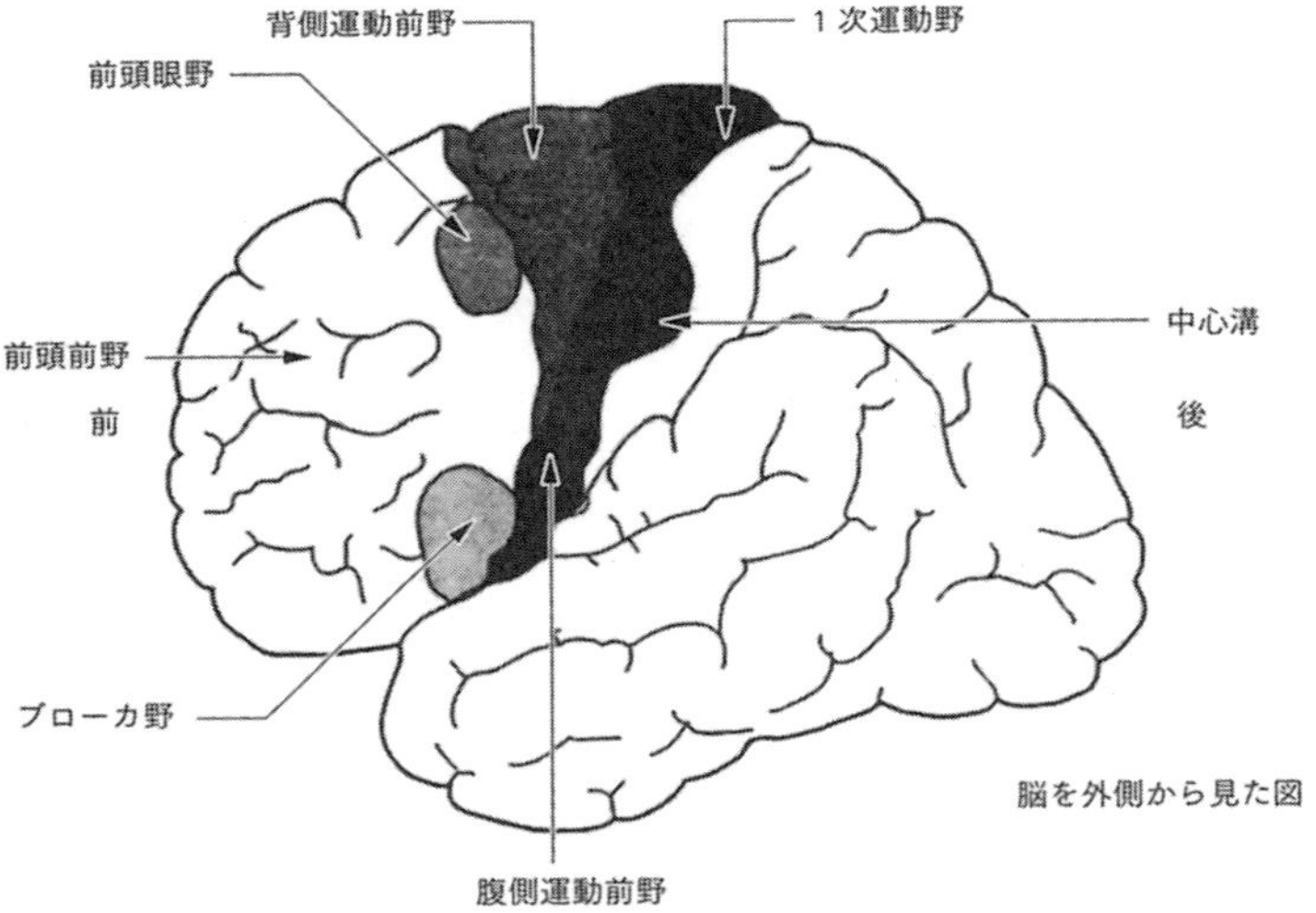


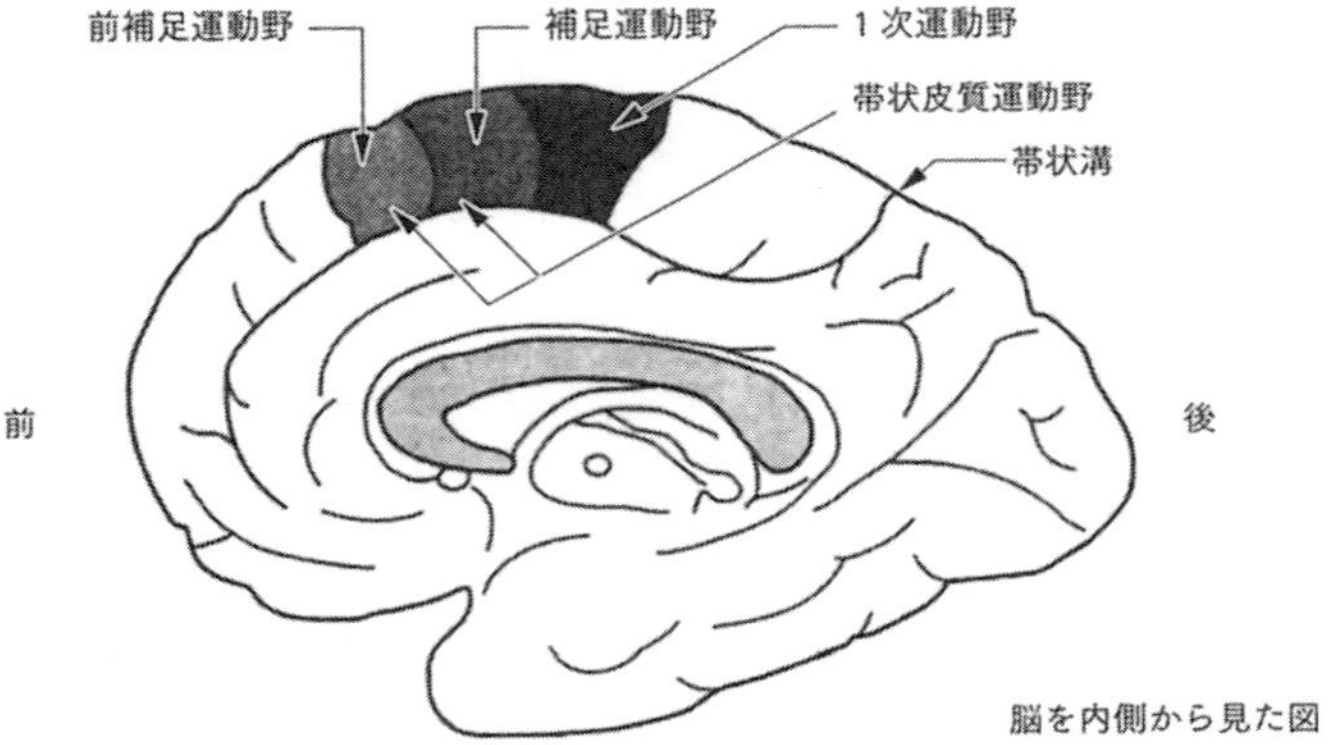


**図 6・3**　大脳皮質の運動関連領野。上図は脳を外側から見た図、下図は脳を内側から見た図。運動前野、補足運動野、前補足運動野、帯状皮質運動野をまとめて高次運動野とよぶ。(参考文献 5 の図を引用)

動を抑制し、自主的に行動パターンを切り替えて新しい行動を行うときに一時的に強く活性化する。サルが行動パターンを切り替えるとき、前補足運動野ニューロン群の活性化の様子を調べると、行動開始以前に活性化が起これば行動の切り替えが成功し、行動開始後に活性化すると切り替えが成功しないことが示されており、前補足運動野が行動の事前切り替えに関与していることを示している（事前切り替え）。

サルの脳で調べた上述の実験結果から推測すると、人が思考の仕方を変える際にも、事後切り替えの場合には前部帯状回、事前切り替えの場合には前補足運動野が関与するものと思われる。このような行動・思考の仕方の切り替えは、それまで取ってきた行動・思考の仕方をある意味で否定することに相当するので、制御つき否定回路が脳内に存在することになる。制御つき否定機能は大脳皮質のみで行われるのではなく、大脳基底核、視床とよばれる皮質下の脳部位も関与している。後述するように皮質下組織である大脳基底核は大脳皮質、視床とループ回路を形成しており、ループ回路を構成する各部位が運動の切り替え制御に関与しているように見える。

大脳皮質を構成する主たるニューロンである錐体ニューロンが興奮性ニューロンであるのに対して、大脳基底核の主たるニューロンは抑制性ニューロンである。行動や思考の切り替えには、これまで取ってきた行動や思考を抑制して停止することが必要であり、そのためには抑制性ニューロン群の存在が必要である。前述したように大脳皮質のみでは否定の機能を果たすのは難しく、抑制性ニューロンが主である大脳基底核が重要な役割を果たしているように思われる。

## 大脳皮質‐視床‐大脳基底核ループ回路の役割

大脳皮質は視床・大脳基底核と大脳皮質‐視床‐大脳基底核ループ回路を構成している。大脳基底核は線条体（人では尾状核と被核に分かれる）、淡蒼球（外節と内節に分かれる）、黒質（網様部と緻密部に分かれる）等の複数の部位から構成されている。図6・4に大脳皮質、視床、大脳基底核の位置を脳の水平断面図を用いて示した。[7]

図6・5には大脳皮質・視床・大脳基底核で作るループ回路の概略の構成図を示した。[7] 図6・5の実線は興奮性結合、点線は抑制性結合である。黒質緻密部には神経修飾物質の一つであるドーパミンを放出するニューロン群が存在し、そこから線状体に放出されるドーパミンにより大脳皮質から線条体への入力の強さが制御される。図に実線と点線が共存して書かれているドーパミンを介した結合には、ドーパミン受容体の種類により興奮性と抑制性の結合とがある。

大脳皮質‐視床‐大脳基底核ループ回路は機能の異なるいくつかのサブループ回路に分かれており、サブループ回路を構成する皮質・視床・基底核部位はサブループ回路ごとに異なっている。ループ回路は企画中枢ループ回路、運動ループ回路、動機づけループ回路、視覚ループ回路等のサブループ回路に分けられるが、企画中枢・運動・視覚・動機づけサブループ回路を構成する脳部位の概略を図6・6に示した。[8] それぞれのサブループ回路はさらに機能の詳細の異なる多くのモジュール・ループ回路に分けられる。先に述べた切り替え作業では、補足運動野・前補足運動野を

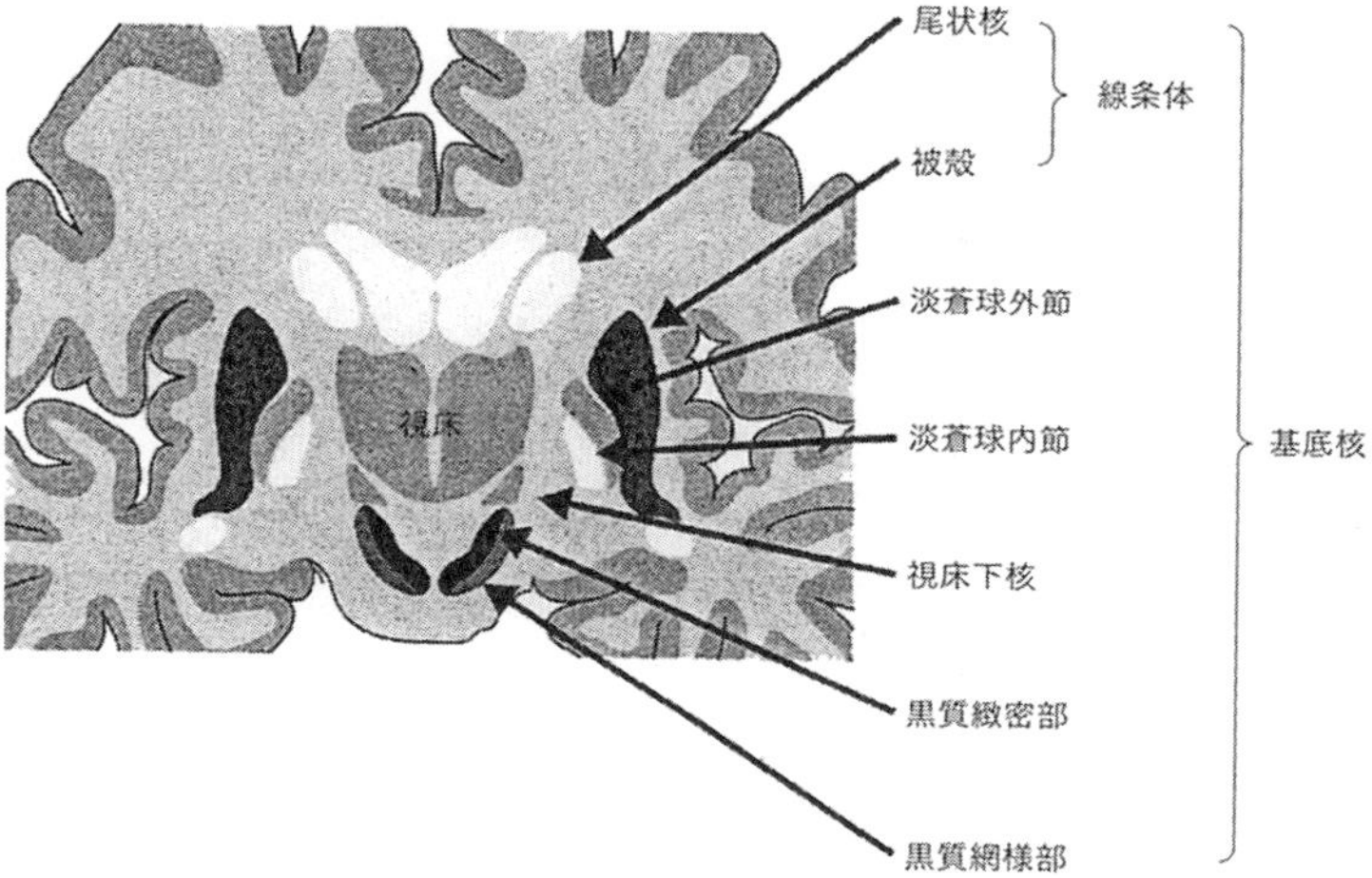


**図6・4**　大脳基底核の構造（参考文献7の図を引用）

含む運動ループ回路、帯状回を含む動機づけループ回路が関与していると思われる。

それぞれのモジュール・ループ回路はたがいに独立ではなく、図6・7に示すように皮質から大脳基底核線状体への投射は収れん性で、特定の線状体局所部位へ複数の異なる大脳皮質部位からの入力があり、また投射は拡散性でもあり特定の大脳皮質部位から複数の異なる線状体局所部位への投射もある。図6・7では異なる線状体局所部位をA、B、C等で表した。大脳基底核のニューロン群は大脳皮質と異なり大部分が抑制性ニューロンであり、基底核から視床への抑制性入力はループ回路を構成する大脳皮質局所部位の活性化を抑制する効果があり、大脳皮質局所部位で表象される命題の否定の機能を果たすことができる。

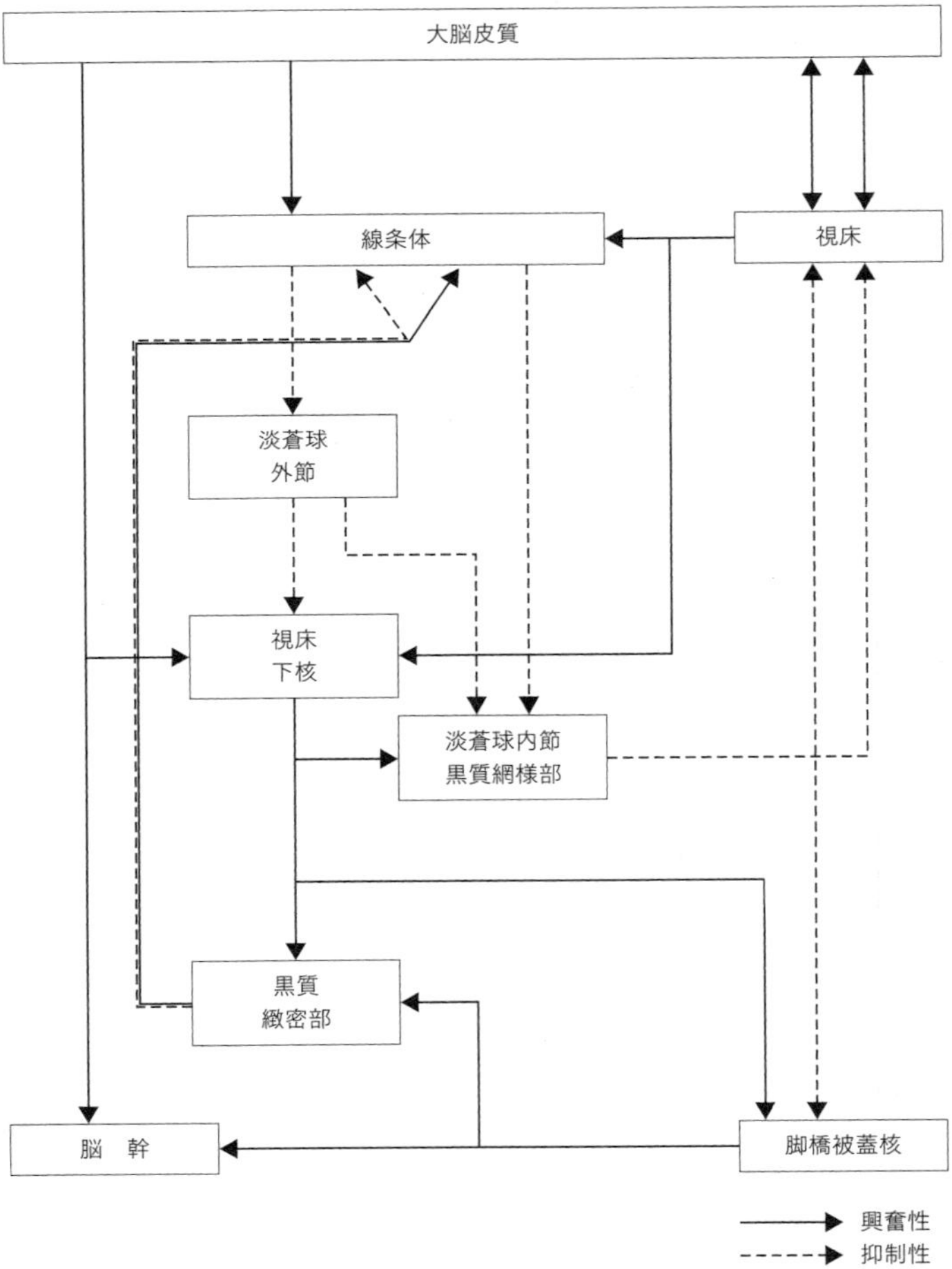


**図 6・5**　大脳皮質−視床−大脳基底核間の結合（参考文献 7 の図を引用）

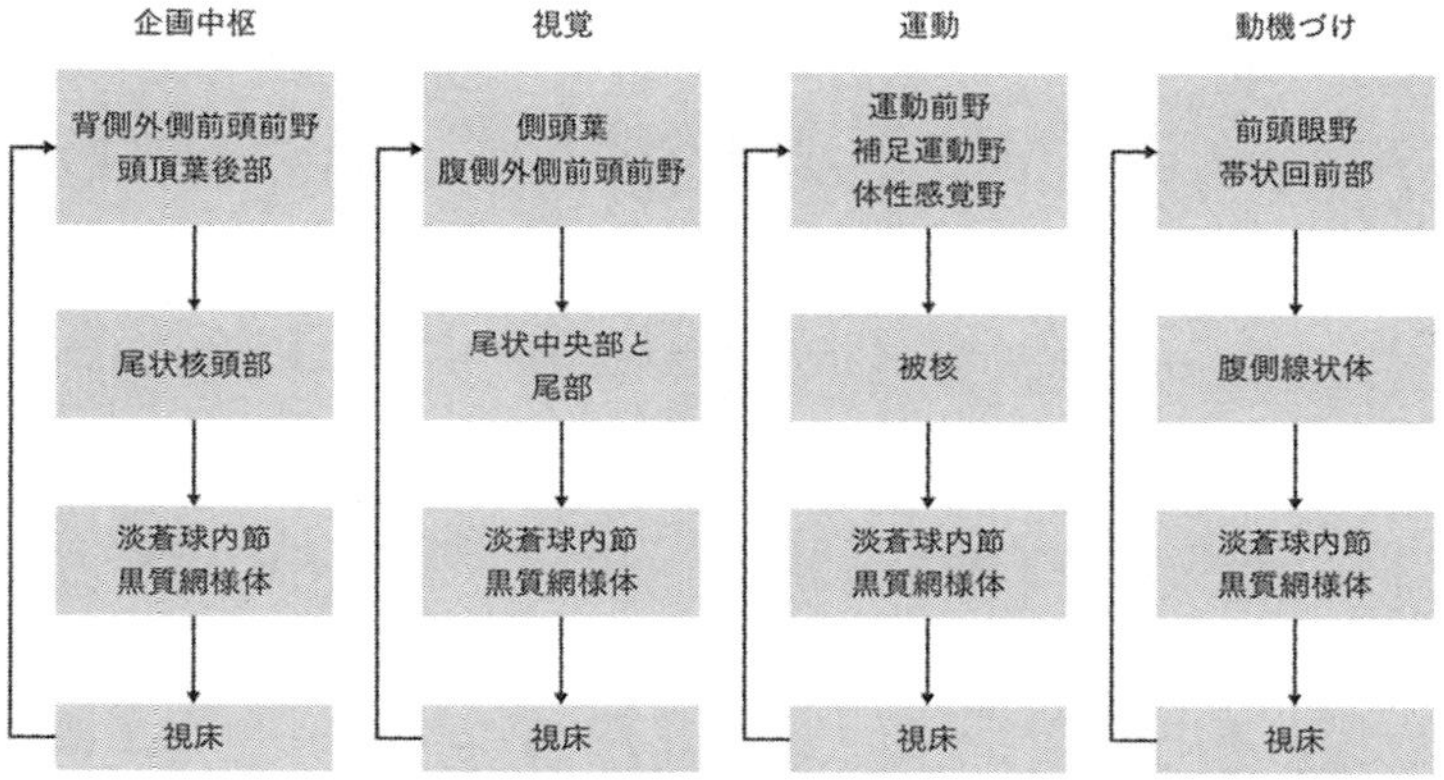


**図 6・6**　大脳皮質 - 視床 - 大脳基底核ループ回路の構成（参考文献 8 の図を引用）

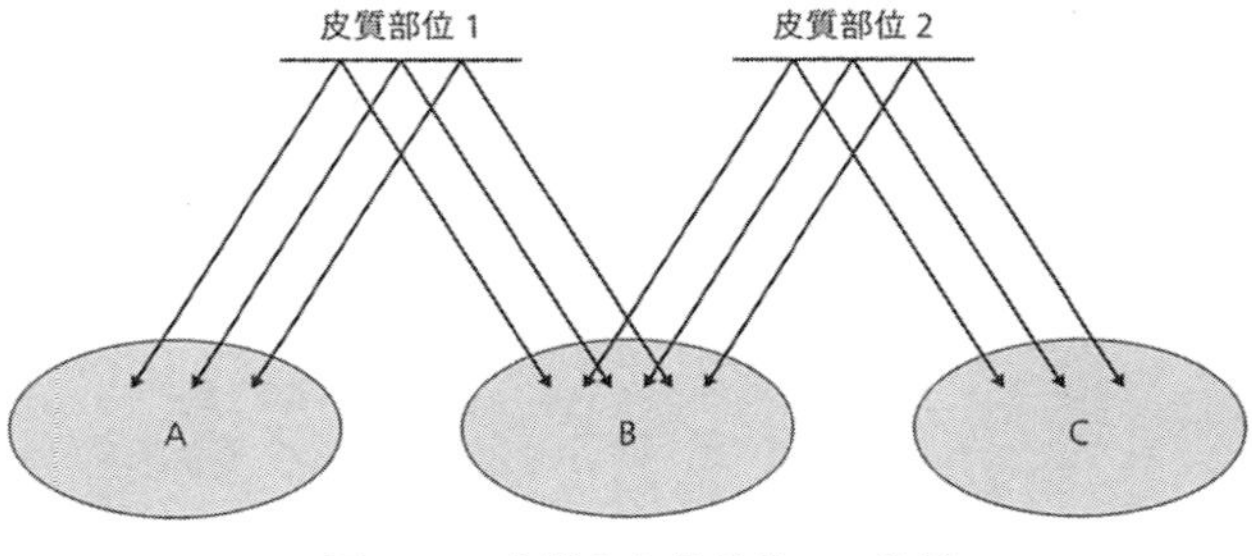


**図 6・7**　皮質から線状体への投射

皮質・視床から基底核への入力は基底核入力部位である線条体（尾状核と被核）へ入力し、そこから基底核出力部位である淡蒼球内節または黒質網様部に情報が伝達され、さらに視床を経て大脳皮質へ情報が伝達されて情報がループ回路を循環する。皮質と視床は興奮性結合で結ばれており一体となって活性化する。また基底核から皮質への出力は発散性であり、ループ回路へ入力を送った皮質部位だけでなく、他の皮質部位へも投射している。したがって、一つのモジュール・ループ回路は他の複数のモジュール・ループ回路と連携して機能している。

大脳基底核の出力部位である淡蒼球内節、黒質網様部のニューロン群は入力のないときは高頻度で自発的に活性化しており、図6・5に示したようにそれら部位からの抑制性入力を受ける視床・皮質部位の活性化を抑えている。一方、線条体から淡蒼球内節・黒質網様部への結合も主として抑制性であるが、通常は線状体ニューロン群の活性化の程度は低いので、淡蒼球内節・黒質網様部などの基底核出力部位のニューロン群の高頻度自発的活性化をあまり抑制していない。

一方、皮質からの強い興奮性入力が線状体に入力すると、線状体ニューロン群は強く活性化され、そこからの強い抑制性入力が淡蒼球内節・黒質網様部ニューロン群の高頻度活性化を抑える。したがって淡蒼球内節、あるいは黒質網様部から強い抑制性入力を受けていた視床・皮質部位の活性化の抑制が解除され、皮質・視床部位は活性化する。(9)

図6・5に示したように線状体から淡蒼球内節・黒質網様部への入力径路には抑制性の直接径路だけでなく、淡蒼球外節・視床下核を経由する間接径路がある。この間接径路を通る入力は2段階

の抑制性結合を経由するので興奮性入力であり、淡蒼球内節、黒質網様部のニューロン群を活性化し、視床・皮質部位の活性化の抑制を高める効果がある。直接径路を介した入力は皮質・視床部位の活性化の抑制を解除する方向、間接径路を介する入力は抑制を増強する方向に作用するので、これら二つの相反する効果の総和が現実の抑制の強さを決めている。

ループ回路を構成する皮質・視床領域の活性化が抑制されている状態をループ回路がオフの状態、抑制が解除され皮質・視床領域が活性化している状態をループ回路がオンの状態としよう。ループ回路がオン状態にあるとき、そのループ回路を構成する皮質部位の活性化状態が一つの命題を表現しているとしよう。当該皮質部位、あるいは他の関連する皮質部位からループ回路を構成する線状体へ新たな入力が加わると、その入力効果は直接径路、間接径路を通して淡蒼球内節・黒質網様部へ伝達されるが、直接径路よりも間接径路を介しての情報が少し早く伝達されるので、活性化が抑えられていた淡蒼球内節・黒質網様部の活性化が増強され、これら部位からの抑制性入力による視床・皮質の活性化の抑制を増強する。したがって皮質から線状体へ新たな強い入力が加えられると、最初に視床・皮質部位の活性化の抑制が増大し、それまで活性化していたループ回路の機能を停止してループ回路をオフ状態に変え、皮質部位の活性化を停止できる。

またオフ状態にあるループ回路の皮質脳部位に新たな入力が加わり、線状体から直接径路を通って基底核出力部への抑制性入力が充分に大きくなれば、基底核出力部からの抑制性入力による視床・皮質部位の活性化の抑制が解除されループ回路はオン状態になり、皮質部位を活性化状態に変えることができる。このように皮質から線状体への入力の強さによりループ回路の活性化が制御され、ループ回路を構成する皮質部位の活性化をオン、オフできるので、ループ回路は制御つき否定回路の機能をもっている。大脳皮質から線状体への入力、基底核出力部位からの視床・大脳皮質への入力は拡散性であり、局所皮質部位Xの活性化が少し離れた局所脳部位Yの活性化を抑制できるので、制御つき否定回路を形成できる。否定の論理過程を行う際の人の脳のニューロン群の働きを直接調べることは現状ではできないが、以上の説明は運動・思考のパターンの切り替えの際のループ回路の概略の機能を示しているものと思われる。また切り替えの際のループ回路への入力は、前補足運動野や帯状回の活性化に伴う入力と考えられる。

## デフォルト状態

脳の働きを調べるには、外部刺激に対する脳の応答の様子を調べるのが主たる方法であった。しかし脳は外的刺激に応答するだけではなく、外部からの入力刺激がない状態でも自発的に活性化しており、脳の消費するエネルギーの相当部分は脳の自発的な活性化に使われていることが明らかにされている[10, 11, 12]。

脳が外部刺激に応答していない状態、何かに特に注意を払うことをしていない状態、すなわち脳がリラックスしている安静な状態をデフォルト状態（default state）、その際の脳の活性化パターンをデフォルトモードとよんでいる。デフォルト状態は脳の基底状態ということもできる。この基底状態でも脳は絶えず活動しており、広範囲の脳部位が活性化している。[12] 被験者がリラックスした状態で過去の事柄を思いだす、未来に起こることを予測して想像するなどの課題を被験者に行わせると、二つの課題で活性化する脳部位は驚くほどよく重複しており、[13,14] 内側前頭前野皮質、側頭葉外側部、帯状回後部、楔部前部（retro splenium）、頭頂葉外側部等の広範囲の脳部位が活性化する（楔部の位置については図4・7参照）。また、これらの活性化脳部位はデフォルト状態で活性化する脳部位と重なっている。このような事実は、デフォルト状態では過去の出来事を想起する、これから起こることを予測して想像する等の際に必要な記憶断片の想起が脳内で無意識のうちに行われていることを示している。

デフォルト状態で活性化脳部位の様子をｆＭＲＩなどを用いて測定すると、０・１ヘルツ程度以下の低周波周期で活性化状態が変動しており、またこれらの脳部位は相互に同期して変動している。さらに安静状態から脳が何かに注意を払い特定の記憶を作業記憶として想起する状態に移ると、デフォルト状態の活性化脳部位の活性化は低下する。数学などの論理思考を行う際には、学習して得た多くの数学的知識の記憶を想起する、想起した多様な知識の断片を適切に組み合せて新たな論理を組み立てるなどのことが必要であり、広範囲の脳部位に記憶されている知識が論理思考・数学思考の素材として使われるものと思われる。未来の出来事を想像する際にはいろいろな過去の記憶の断片を新たな形でつなぎ合せ、一つの論理的なストーリーを作りあげる必要があるが、このことは過去の記憶を想起する場合と未来のことを想像する場合とで、活性化脳部位が重複する理由と思われる。[13,14] デフォルト状態の役割は充分には明らかにされていないが、デフォルト状態で活性化する脳部位が過去の出来事の想起、未来の出来事の予測の際の活性化脳部位と重なっていることから、デフォルト状態での脳の活性化は数学的思考等に必要な膨大な記憶の貯蔵庫へのアクセスをなんらかの形で調整する役割を果たしているものと推測される。

## 運動制御・論理思考制御の階層性

人やサルが複雑な運動を組み立てるとき、運動の組み立て機構には階層性が存在する。個々の筋肉や個々の関節を動かすなどの単純な運動が運動要素を構成し、単純な運動要素の集まり（運動のチャンク）が中程度に複雑な運動を構成し、さらに中程度に複雑な運動の集まりが現実に行われる複雑な運動を構成する。複雑な運動を行う場合には運動を構成する運動要素間の時間的な調和が必要であるが、多数の運動要素から構成される時系列運動を行うときには、時系列運動を複数の運動のチャンクに分け、つぎつぎに異なる運動のチャンクを実行することにより運動が行われる。運動のチャンクの時系列で構成される運動のチャンクをスーパーチャンクとよぶ。

人に多数の運動要素の時系列で構成される運動を学習させ、学習後に記憶に基づいてその時系列運動を行わせる。運動のチャンクを構成する一つの運動要素から次の運動要素に移る際の時間遅れは数十ミリ秒の短時間であるが、一つの運動のチャンクが終わり次の運動のチャンクを開始する際には数百ミリ秒の時間遅れがある。図6・8は人が12個の運動要素から構成される時系列運動を学習した後、記憶に基づきその時系列運動を行うときの一つの運動要素から次の運動要素に移る際の時間遅れ（応答遅延時間）の様子を示している[15]。

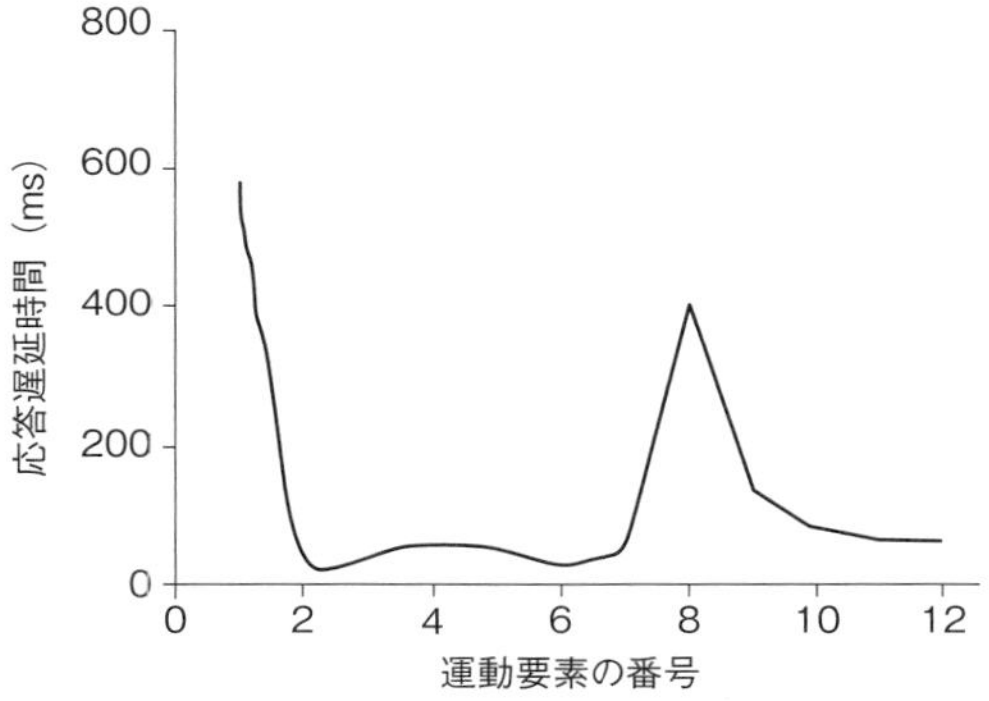


**図6・8**　時系列運動と運動のチャンク（参考文献15の図を引用）

この例では、被験者は12個の運動要素からなる運動を7個の運動要素から構成される運動のチャンクと、残りの5個の運動要素から構成される運動のチャンクに分けて記憶している。個々の運動要素の開始の時間遅れを測定すると、第一または第二の運動のチャンクを開始する際には数百ミリ秒の時間遅れを要するが、いったん運動のチャンクが始まれば、数十ミリ秒のわずかな時間遅れでつぎつぎにその運動のチャンクを構成する運動要素を行うことが示されている。

一般に多くの運動要素の時系列から構成される運動を行う際に、学習により時系列運動を運動のチャンクに分けて記憶しており、新たな運動のチャンクを開始する際にはその運動のチャンクを選択・想起するのに多少の時間が掛かるが、いったん運動のチャンクが開始されるとチャンクを構成する時系列運動は素早く自動的に行える。ＴＭＳ（経頭蓋磁気刺激）とよばれる方法で外部から一過性の磁場を加えると、その磁場は脳内の局所脳部位に到達するが、磁場の強さを急激に変化させると電磁誘導により局所脳部位に電流が流れ、その部位のニューロン群の活性化を短時間（20～30ミリ秒程度）阻害できる。

サルが時系列運動を行っている際に、運動のチャンクを制御する脳部位である前補足運動野にＴＭＳを加えると、ＴＭＳを加えた時刻が新たな運動のチャンクの開始時刻直前のときには運動のチャンクの実施を阻止できるが、一つの運動のチャンクの途中の時刻にＴＭＳを加えても、時系列運動はそのまま自動的に進行する。このような事実は、前補足運動野が運動のチャンクの選択に主として関わっていることを示している。

サルが複雑な運動を行う際に測定したいろいろな実験結果から推測すると、複雑な運動の運動制御には図６・９に示したような階層的制御機構が働いているように見える[16]。運動制御には被制御部位の活性化を必要な時間維持する機能と、適切な運動を選択する機能とが必要であるが、スーパーチャンクを制御する脳部位はスーパーチャンクを構成する運動のチャンクを選択し、選択が終わるまで活性化を維持する必要がある。また運動のチャンクを制御する脳部位は運動のチャンクを構成する個々の運動を選択し、選択された運動が終わるまで活性化を維持する必要がある。階層的な運動制御機能の概略を述べれば、個々の運動の指令を出すのは運動前野（ＢＡ６、８野）、運動の

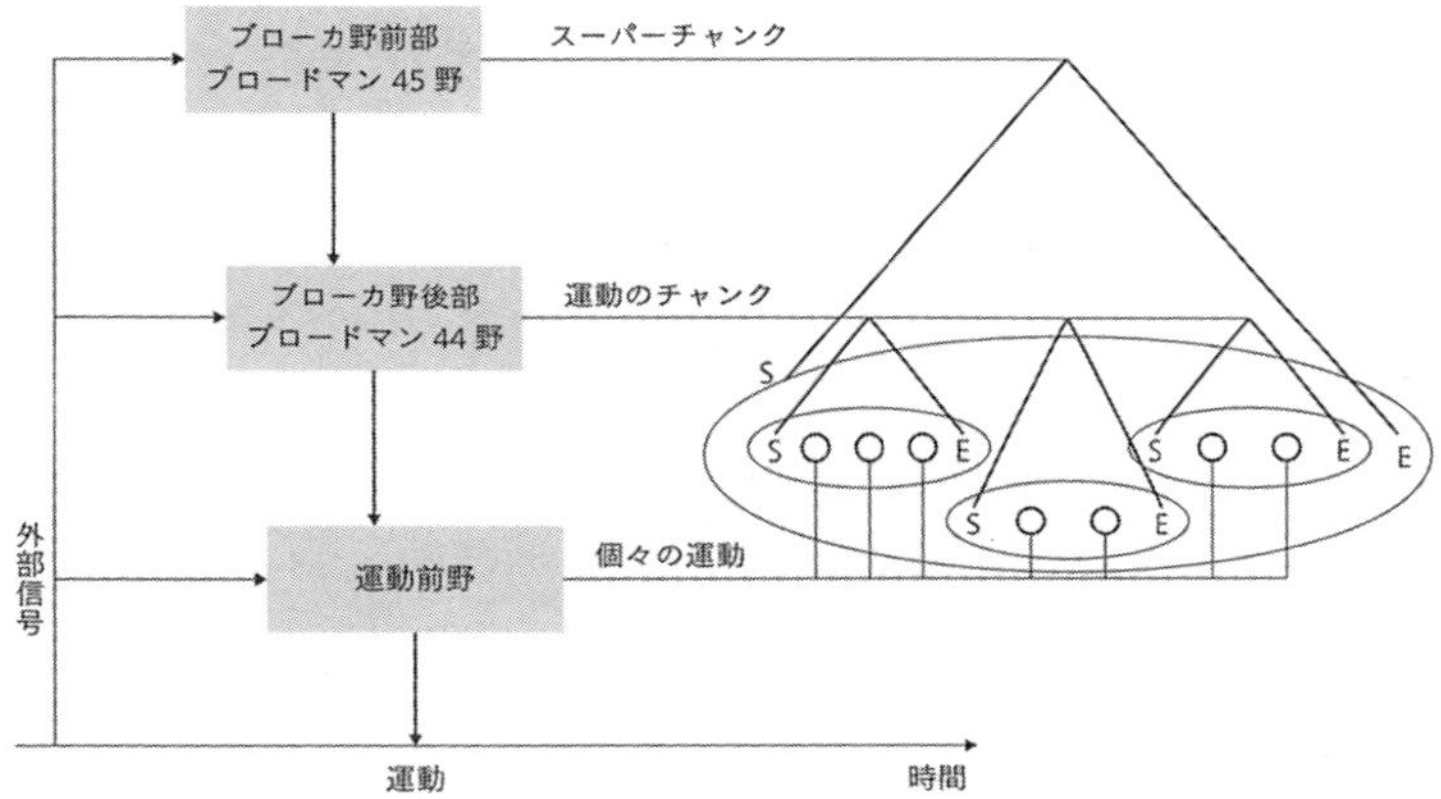


**図6・9** ブローカ野、運動前野領域の運動の階層制御機構（参考文献16の図を引用）。Sは運動のチャンクの開始、Eは運動のチャンクの終わりを表す。

チャンクを選択し維持する制御部位はブローカ野後部（ＢＡ44野）、運動のスーパーチャンクを選択・維持する制御部位はブローカ野前部（ＢＡ45野）と推測される。

人の場合も脳の前頭前野（運動前野、ブローカ野を含む）が複雑な運動の構成の制御機能を果たしているが、図６・10に示したように前頭前野の後方から前方へ移るにつれて、より高次の運動制御部位であると推測される。図の濃い黒で示した部位が運動制御部位である。図６・９に示した前頭前野（ＢＡ６、８）、腹側外側前頭前野（ＢＡ44、45、47）が運動制御部位に含まれているだけでなく、背側外側前頭前野（ＢＡ９、46）、外側前頭極（ＢＡ10）等の脳部位も高次の運動制御機能に関与していると考えられる[16,17,18]。

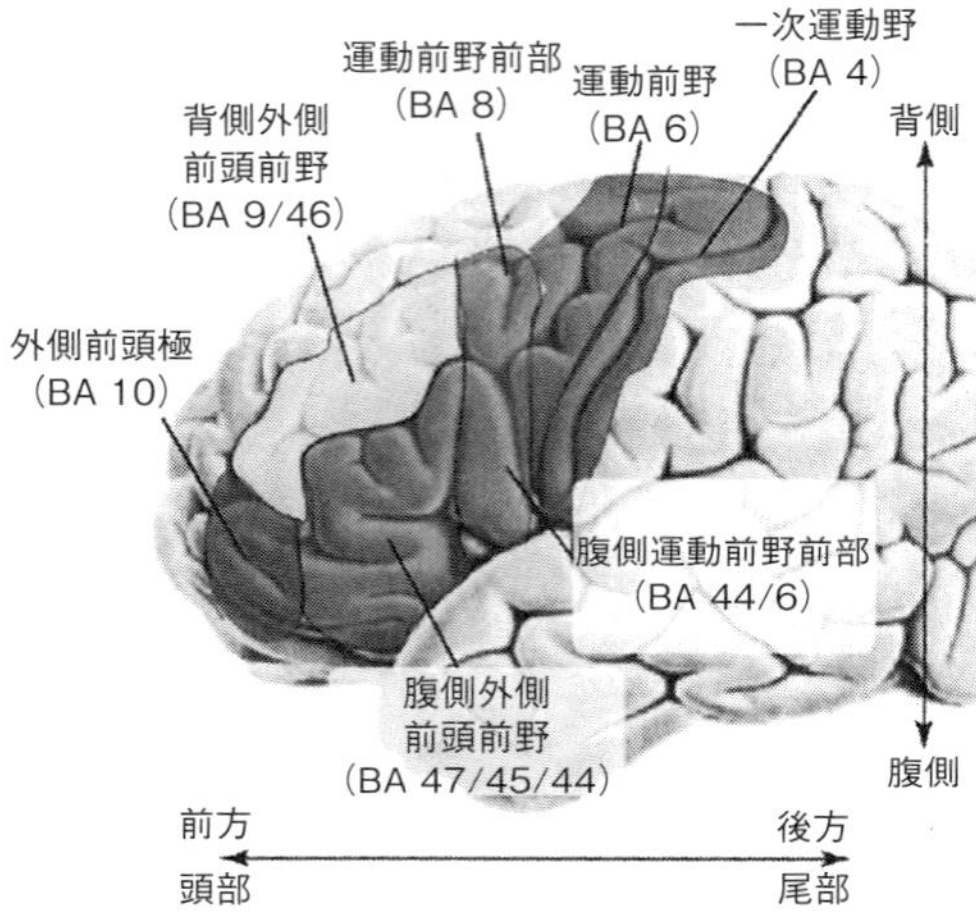


**図 6・10**　前頭葉領域における運動制御の階層構造に関与する脳部位（参考文献 17 の図を引用）

## 構文、数理思考の制御機能

人の脳は進化の過程で運動制御機能部位が言語機能や数理思考などの高次の脳機能にも用いられるようになったと考えれば、図 6・10 に示した運動制御部位は高次の認知機能の制御にも関与しているものと推測される。最初に言語の構文制御機能について考察し、それを参考にして数学を構成する際の脳の制御機構について考えることにする。

主たる構文機能部位である左脳ブローカ野は運動制御機能にも関与することが知られており、運動制御のために進化した脳部位が構文機能にも用いられるようになったと考えられる。このような進化は外適応とよばれている。数学も一種の自然言語であり、また地域によらずに広く用いられているきわめて普遍的な言語である。脳にはあらかじめ数学機能に特化した脳部位は存在しないように見えるが、外適応により進化した脳の運動制御部位、特に言語の構文制御部位が数学を構成する機能にも使われるようになったと考えるのは理にかなっている。数学と言語の類似性を考えると、言語の構文機能を支える脳部位が数学に必要な論理過程の制御部位として用いられるようになった可能性が強いと思われる。

文は単語の連鎖であるが、文の構成単位は単語というよりは句であり、名詞句、動詞句、前置詞句等の句が文構成の基本単位である。これらの句を適切に組み合せて文が構成される。文はそれ自体が句であり、句はまたより小さい句の組み合わせとして構成される。単語も句の一つである。文は単語の一次元的なつながりではあるが、統語論的には文は句を収容する入れ子式の箱の集まりと考えられ、一つの箱を開けるとその中に句を入れる複数の箱があり、またその中の一つの箱を開けるとさらに句を入れる複数の箱があるという具合に、文の構成は入れ子式の構造になっている。入れ子式の構造は統語的樹状構造、このような構文の仕組は句構造規則とよばれており、すべての言語に共通の構造である。

入れ子構造の一例として、「ネコがネズミを前脚で捕らえた」という文を構成する入れ子式構造を図6・11に示した。入れ子式構造の箱を句で埋める場合、英語、日本語、あるいはいかなる言語でも埋めることができる。言語によっては句を入れず、空白のまま残す箱もある。

構文の際に「何を話すか」、「どのように構文するか」で表される自由度がある。さらに文の構成

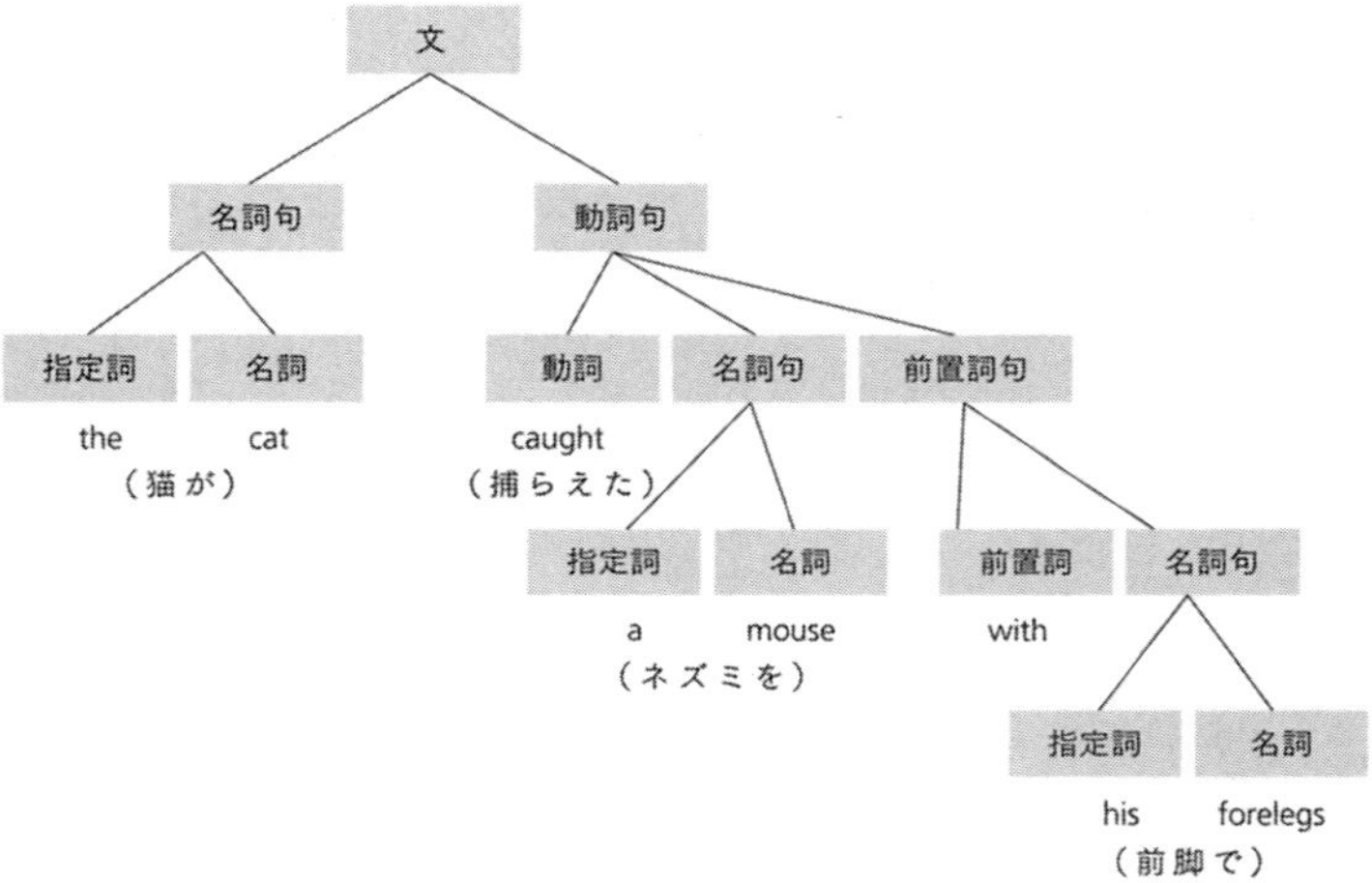


**図 6・11**　文の入れ子構造（構文木）の一例

が脳内イメージとして形成されても、「いつ発話するか」、「本当に発話するのか、しないか」の選択の自由度もある。これらの自由度は英語の関係代名詞「What」、「How」、「When」、「Whether」に対応する自由度であり、ある程度は相互に独立に話者が選択できる自由度である。[19]「何を話すか」、「どのように構文するか」は構文木構造とそれぞれの箱に入れる句が決まれば決定する。その際に構文木構造の枝分かれの数や箱の数、それぞれの箱にどのような句を入れるかには多様な選択肢がある。

構文木構造の最上段の箱の句は2段目の箱をいくつ用意するか、どのような句をそれらの箱に入れるかを制御し、2段目の箱の句は3段目の箱をいくつ用意するか、それらの箱にどのような句を入れるかを制御する。このように上段の句が下段の句の構成を制御し、最終的に最下段の箱に句が入れられると文が完成する。それぞれの箱に入れる句には伝えるべき意図・目的があるが、それらは下段の箱の構成や下段の箱に入れる句を一義的に決めるものではなく、いろいろな選択肢が残されている。構文には階層構造があり、上段の箱はより抽象度の高い形で文の構成を制御し、下段の箱はより抽象度の低い、より具体性の強い形で文の構成を制御する。構文木構造が定まり、すべての箱に入れる句が選択され、何をどのように話すかが決まっても、その状態は発話の準備状態でありただちに発話されるわけではない。現実に発話するのかしないのか、いつ発話するかの自由度が残されている。

上述したように何を話すかの意図が決まっても構文には多くの選択肢があり、異なる構文に対応する構文木構造の形成が短時間のうちに並列に脳内で進行するものと思われる。無意識のうちに並列に準備された複数の構文木構造はたがいに競合し、最終的にその中の一つを選択する決断がなされて発話に導かれる。[9] 決断過程は when、whether に対応する過程であり、先に述べた大脳皮質・視床・基底核で作られるループ回路の活性化抑制の解除とその時期が決断過程に関係している。抑制が解除されるには皮質から線状体への入力がある限界を超えて大きくなることが必要であり、入力の強さがその限界を超えて大きくなるとループ回路がオン状態になり、選択された文の発話へと導かれる。発話の時刻は入力の強さがある限界値に達する時刻により決まり、また入力の強さが限界値に達しないと発話に至らない。

統語的樹状構造を参照すると、数学の構成の際にも類似の樹状構造が脳内に準備されると推測される。数学を構成する樹状構造の各箱に必要な数学の命題や既知の数学定理の記憶を埋め込み、樹状構造の上下の箱に入れた命題の間を論理演算（数理演算）を介して関係づけることにより、一つの数学システムを構成できる。言語の場合は句構造の上段の箱が下段の箱の内容や箱の数を制御する仕組は必ずしも厳密ではないが、数学の場合の制御の仕組では厳密で論理的必然性が要求される。

## 抽象的概念の記憶部位

さきにサルの運動機能を例に取り、サルが物をつかむ、物を支えるなどの行動をするときに活性化する脳部位について論じた。物をつかむ場合には、どのような方法で物をつかむのか、何をつかむのかなどに応じて異なる行動があるが、それらの詳細によらずに活性化するニューロン集団も存在し、それらは「つかむ」という抽象化された行動をコードし、「つかむ」という抽象化された概念を記憶しているニューロン集団と考えられる。その他に特定の物をつかむ、特定の方法で物をつかむときのみに活性化する集団も存在する。

数学で用いられる抽象的な概念は、数学記号を用いてシンボル化して表される。例えば幾何学図形の三角形も一つの概念であり、三角形には多様な三角形があるが、△ABCと記号で表すことにより三角形の概念を表現できる。また、1、2、3等の数も抽象的な概念であり、一つの集合に含まれる特定の物体の数を表すのではなく、集合に含まれる物体の数を物体の特徴にかかわらず表す抽象的な概念である。数学に用いられる記号はすべて抽象的な概念をシンボル化して表現したものである。

そのような抽象概念が脳内のどこに記憶されているかが問題である。例えば魚という抽象的な概念の意味を理解するためには、魚の形、色、臭い、味などのいろいろな性質を統合して記憶している脳部位の活性化が必要であるが、そのような脳部位を意味記憶の中枢部位とよぶ。記憶対象にもよるが、特定の概念の意味記憶の中枢部位は単数ではなく複数存在し得る。これまで蓄積されてきた記憶に関するいろいろな実験結果を総合すると、意味記憶中枢部位として図6・12ａに示した左脳の五つの脳領域が考えられる[20]。

1. 左脳前頭葉下部（ｉＦＣ）領域：左脳のＢＡ44、ＢＡ45、ＢＡ47を含む領域で、これら領域は一般に意味処理過程に関与している。
2. 左脳側頭葉上部（ｓＴＣ）領域：ウェルニッケ野を含む領域で、ウェルニッケ野とその周辺領域は言葉の意味処理部位として知られている。
3. 左脳頭頂葉下部（ｉＰＣ）領域：角回、縁上回を含む領域で、これらの領域は視覚・聴覚・触覚等の異なる感覚情報を統合する部位であり、情報の意味処理過程で強く活性化する。４章で述べたように抽象的な数の概念の意味記憶中枢は左脳の角回にあると推測されている。

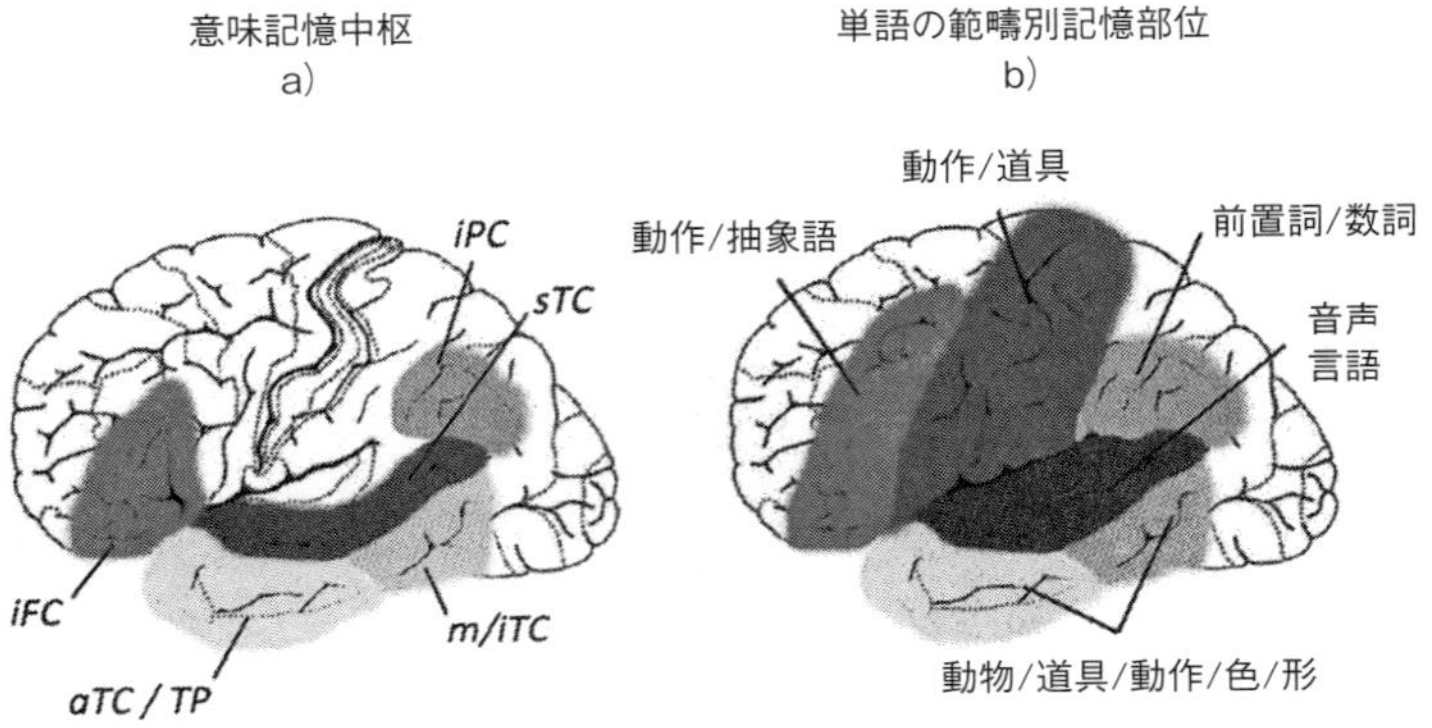


**図 6・12**　(a) 意味記憶の中枢部位（*iFC* 前頭葉下部、*iPC* 頭頂葉下部、*sTC* 側頭葉上部、*m/iTC* 側頭葉中部 / 下部、*aTC/TP* 側頭葉前部 / 側頭極）、(b) 単語の範疇別記憶部位（参考文献 20 の図を引用）

4. 左脳側頭葉中部・下部（m／iTC）領域：言葉と意味を結びつける領域。
5. 左脳側頭葉前部・側頭極（aTC／TP）（左脳のこれら部位が意味記憶に主として関与するが、対応する右脳部位もある程度意味記憶に関与している）。

それぞれの記憶中枢部位が主として関与する記憶は中枢部位ごとに異なるが、図6・12(b)には記憶のカテゴリー別に、どのような単語がどの記憶中枢部位で主として意味づけされるかを示してある[20]。高度に抽象化された言葉の記憶部位は主として前頭葉下部（iFC部位）とその周辺部位であり、数学に用いられる抽象的な概念の記憶中枢部位も主として前頭葉下部領域に存在する可能性が強いと考えられる。数理的思考を展開する際には、これらの記憶中枢部位に記憶されている抽象的概念が主たる役割を果たすものと思われる。

数学では学習し記憶したいろいろな抽象的概念を記憶部位から想起し、それらの間の論理的関係を用いて想起された情報を統合し、一つの数学システムを脳内で構成することが必要である。次章では抽象的概念の統合を行う脳内過程、情報の統合の仕方の柔軟性、また最終章（８章）では情報の統合の仕方を制御する制御規則、それら規則をコードする脳部位などについて論ずることにしよう。

## 参考文献


1. G. Rizzolatti and W. A. Arbib: Language within our grasp, Trends in Neuroscience Vol. 21, p. 188 (1998).
2. M. S. A. Graziano, C. S. R. Tayler, T. Moore and D. F. Cooke: The cortical control of movement revisited, Neuron Vol. 36, p. 349 (2002); M. S. A. Graziano, C. S. R. Tayler and T. Moore: Complex movements evoked by microstimulation of precentral cortex, Neuron Vol. 34, p. 841 (2002).
3. リゾラッティ、フォガシ、ガレス、「他人を映す脳の鏡」日経サイエンス、２００７年、２月号; G. Rizzolatti and C. Sinigaglia: So quel che fai. Il cervello che agisce e I neuroni specchio (Raffaello Cortina editore, Milano, 2006).（リゾラッティ、シニガリア、柴田裕之訳、茂木健一郎監修、「ミラーニューロン」紀伊国屋書店、２００９）
4. ファインマン著、ヘイ、アレン編、原康夫、中山健、松田和典訳、「ファインマン計算機科学」岩波書店、１９９８、43ページ。
5. 丹治順、「脳はどこまでわかったか」井原康夫編、朝日新聞社、２００５、６章、武田暁、猪苗代盛、三宅章吾、「脳はいかにして言語を生みだすか」講談社、２０１３、４章。
6. O. Hikosaka and M. Isoda: Switching from automatic to controlled behavior: cortico-basal ganglia mechanism, Trends in Cognitive Sciences Vol. 14, p. 154 (2010).
7. 久保田競（編著・編集）、虫明元（共著）、宮井一郎（共著）、酒田英夫（編集）、松村道一（編集）、「学習と脳 器用さを獲得する脳（ライブラリ脳の世紀：心のメカニズムを探る）」サイエンス社、２００７。
8. C. A. Segar: The basal ganglia in human learning, The Neuroscientist Vol. 12, p. 285 (2006).
9. 武田暁、猪苗代盛、三宅章吾、「脳はいかにして言語を生みだすか」講談社、２０１２、５章。
10. M. D. Fox and M. E. Raichle: Spontaneous fluctuations in brain activity observed with functional magnetic resonance imaging, Nature Reviews Neuroscience Vol. 8, p. 700 (2007).
11. D. Zhang and M. E. Raichle: Disease and the brain dark energy, Nature Reviews Neuroscience Vol. 6, p. 15 (2010).
12. M. E. Raichle: Two views of brain function, Trends in Cognitive Sciences Vol. 14, p. 180 (2010); レイクル、「浮かび上がる脳の陰の活動」日経サイエンス、２０１０年6月号。
13. D. L. Schacter, D. R. Addis, D. Hassabis, V. C. Martin, R. N. Spreng and K. K. Szpunar: The future of memory: remembering, imaging, and the brain, Neuron Vol. 76, p. 677 (2012); S. L. Mullally and E. A. Marguire: Memory, imagination, and predicting the future?, The Neuroscientist Vol. 20, p. 220 (2014).
14. D. R. Addis, A. T. Wong and D. L. Schacter: Remembering the past and imaging the future: common and distinct neural substrates during event construction and elaboration, Neuropsychologia Vol. 45, p. 1363 (2007).
15. S. W. Bottjer: Timing and prediction: the code from basal ganglia to thalamus, Neuron Vol. 46, p. 4 (2005).
16. E. Koechlin and T. Jubault: Broca's area and the hierarchical organization of human behavior, Neuron Vol. 50, p. 963 (2006).
17. D. Badre: Cognitive control, hierarchy, and the rostro-caudal organization of the frontal lobes, Trends in Cog-

nitive sciences Vol. 12, p. 193 (2008).

18. E. Koechlin, C. Ody and F. Kouneiher: The aichitecture of cognitive control in the human prefrontal cortex, Science Vol. 302, p. 1181 (2003); D. Badre and M. D' Esposito: Is the rostal-caudal axis of the frontal lobe hierarchical?, Nature Reviews Neuroscience Vol. 10, p. 659 (2009).

19. M. Brass and P. Haggard: The what, when, whether model of intentional action, The Neuroscientist Vol. 14, p. 319 (2008); L. Petrosini: Do what I do and do how I do; different components of imitative learning are mediated by different neural structures, The Neuroscientist Vol. 13, p. 3335 (2007).

20. F. Pulvermuller: How neurons make meaning: brain mechanisms for embodied and abstract-symbolic semantics, Trends in Cognitive Sciences Vol. 17, p. 458 (2012).

# 7章 ニューロン回路網の数理機能Ⅱ 思考の統合と情報の流れ

## 情報の統合と柔軟な思考

感覚情報の流れは主としてボトム・アップの流れであり、例えば視覚情報処理における腹側径路では、一次視覚野、二次視覚野、四次視覚野、高次視覚野に移るにつれて視覚対象の形態情報がより統合的に処理される。ボトム・アップの情報の流れは収れん性の流れであり、多様な情報の統合がなかば自動的に行われ、同時に情報の抽象化・範疇化が行われる。さらに皮質連合野では視覚・聴覚・触覚等の異なる感覚情報の統合が行われる。ボトム・アップの情報の流れのほかに逆向きの流れであるトップ・ダウンの情報の流れもあり、高次の感覚野や皮質連合野で処理された抽象化・範疇化された情報がフィードバックされ、抽象化・範疇化された情報に合う形で低次の感覚野における情報処理が行われる。

数学などの論理的な思考ではトップ・ダウン制御による情報統合処理が主たる役割を果たしている。情報統合の仕方はボトム・アップの感覚情報の統合の仕方に比べてより柔軟性があり、思考の目的や意図に依存した形で情報の統合が行われる。感覚情報の統合の場合はほとんど自動的・無意識のうちに情報統合が行われることが多いが、言語や数学等の高次の認知機能における抽象化された知識の統合では、より柔軟性の高い、より目的・意図・文脈に依存して変化する情報統合が行われる。また多くの場合に意識を伴って進行する脳内過程により知識の統合が行われる。

情報統合が無意識のうちに行われるのか、意識的に行われるのかが問題であるが、抽象度の低い情報の統合は無意識のうちに、抽象度の高い情報の統合は意識的に行われることが多い。また繰り返し学習した情報の統合過程では学習後はほとんど無意識のうちに情報統合が行われるが、新たな情報の統合過程は意識的に行われる。より広範囲の脳部位で処理された情報の統合過程、より多様な情報の統合過程ほど、意識を伴って行われる統合過程である可能性が強いように見える(1)。

前章で取りあげた複雑な運動の構成の様子を例に取ると、学習を通して得られた多様な運動のチャンクの構成の仕方が脳に記憶されており、運動の目的に応じて必要な運動のチャンクの記憶を想起し、想起した運動のチャンクを順序立てて組み合せ、運動のチャンクのチャンクを構成し、全体として調和の取れた複雑な運動が構成される。運動のチャンクの選択と組み合せにはいろいろな選択肢があり、異なる選択により異なる運動が行われる。このような運動学習は失敗を繰り返しながら行われ、失敗の原因となった事柄に注意して運動を修正し、より適正な方法で運動できるようになる。このような運動学習では学習中に運動の構成の仕方を意識して変更することがあるが、学習後はほとんど無意識のうちに適切な運動を行えるようになる。

## 演算の記憶

記憶には事実や出来事についての記憶と運動や技能に関する記憶とがあり、前者は陳述記憶、後者は非陳述記憶とよばれている[2]。陳述記憶は記憶を想起して記憶内容を言葉で説明することができる記憶、記憶内容を意識して陳述できる記憶であるが、非陳述記憶は記憶の詳細を言葉で語ることが難しく、内容の詳細を意識できない記憶である。運動の記憶は非陳述記憶であり、どのように多数の異なる筋肉・関節をたくみに関連させて働かせ、運動するかを陳述するのは難しい。運動の記憶は多くの試行錯誤を経て時間を掛けてゆっくり習得する記憶であるが、いったん運動の仕方を習得すれば、その記憶を想起してほとんど無意識のうちに運動を行うことができる。

数学における数計算等の演算も演算要素のチャンクであり、例えば3＋5＋7のような足算を行う際には、まず3と5を足して8を得、次に答の8に7を足して15を得るという具合に、足算の手続きに従い順次計算が行われる。このような計算の手続き、すなわち演算のチャンクは、足算を繰り返し学習することにより脳内に記憶され、足算する数字によらない一般化した形で記憶される。また13×37のような2桁の掛算の場合には、例えば最初に13×7＝91を行い、次に3×13＝39を行ってから答の39を1桁ずらして390とし、最後に390＋91＝481を行って最終的な答である481を得る。このような一連の計算手続きも、掛算する数字によらない一般化された掛算の手続きとして脳に記憶されている。

このような演算の記憶は運動の記憶と同様に一種の手続き記憶であり、演算に習熟した人にとってはほとんど無意識のうちに遂行できる非陳述記憶の一種とも考えられる。しかし演算する対象は数という抽象化された対象であり、また演算の手続きは、どのような演算を行うかをその都度意識できる演算素子から構成される手続きであるので、数演算の記憶は内容を陳述できる陳述記憶である。数計算の中で1桁の数の掛算等は例外的であり、多くの人では幼児期に九九の掛算を繰り返し学習することにより演算の結果を脳内に記憶しており、その記憶部位から記憶想起することにより答を得ている。このような九九の結果は数の間に成立する事実の記憶であり、陳述記憶の一種と考えてよい。

## 記憶の機構とシナプス可塑性

学習により複数の演算素子の時系列で表される演算のチャンクが実施できるようになる背景には、チャンクに含まれる素子演算を行う局所回路網が脳内に形成され、また異なる素子演算を行う局所回路網間の結合の強化により一つの広域回路網が形成され、広域回路網を構成する局所回路網の順次の活性化により演算のチャンクが円滑に行われるためと思われる。このような学習の背景には、ヘッブ[3]により提唱されたシナプス可塑性によるニューロン間のシナプス結合の学習による強度増強がある。シナプス結合の強度変化は情報を送り出すシナプス前細胞と情報を受け取るシナプス後細胞がほぼ同時に繰り返し活性化することにより生じるが、シナプス可塑性を示す多様な実験結果が得られている[4,5,6]。

シナプス可塑性については4章で述べたが、シナプス前細胞から繰り返しスパイク入力を受けたとき、個々のスパイク入力直後の10~20ミリ秒程度以内の時刻にシナプス後細胞が応答してスパイクを放出すると、シナプス結合の強さが増大する。逆にシナプス前細胞からのスパイク入力に先立つ10~20ミリ秒以内にシナプス後細胞がスパイクを放出すると、シナプス結合の強さは減少する[5,6]。シナプス可塑性には短期シナプス可塑性と、長期にわたり変化したシナプス強度が維持される長期シナプス可塑性があり、後者の場合にはシナプスの構造変化を伴っている[2,6,7]。学習によりニューロン間のシナプス結合の強さが強化され、局所脳部位間の結合が強化されると、それら局所脳部位を結んで情報を統合する一つの神経回路網が一時的、または長期にわたって形成され、その回路網の活性化により統合された一連の情報を想起できる。

前述のように記憶には陳述記憶と非陳述記憶とがあるが、これらの記憶は異なる脳部位、異なる方法で形成される。陳述記憶は主として海馬を含む側頭葉領域内側で形成され、海馬に記憶された情報は時間をかけて大脳皮質に移され大脳皮質に記憶される。一方、運動の記憶や手続き記憶は主として大脳皮質－視床－大脳基底核ループ回路で形成され、ループ回路の活性化パターンとして記憶され、ループ回路を形成する大脳皮質部位を活性化することにより想起される。(7) また小脳にはそれら運動の組み立て方の詳細な記憶のコピーが記憶され、小脳が微妙な運動制御の働きをすることが知られている。

## 論理的思考の流れと音楽

数学における論理的思考を行うには、その思考に必要な多様な数学的命題の記憶脳部位の活性化、それら活性化脳部位をつないで想起した記憶を統合するために必要な論理回路の形成と活性化が必要であり、それに伴い脳内に思考の流れ、すなわち論理回路を形成するニューロン群の活性化の流れが生じる。音楽が調和の取れた音の流れであるとすれば、数学は調和の取れた論理的思考の流れである。(8) 数学における論理過程は仮定・推論・結論の3要素からなる順序づけられた思考の流れであり、原因から結果を導く因果関係の流れでもある。

数学と音楽はなんらかの共通の因子をもっていると考える数学者も多く、音楽は数学的思考、論理的思考をする際の心の準備状態を作るのに好ましい背景を提供すると感じる数学者も多い。数学は論理性に音楽は感性に主として訴える文化であり、異なるタイプの心の働きに訴えるたがいにかけ離れた文化のようにも思われるが、心の深層では数学と音楽の間に密接なつながりがある可能性を想定できる。

数学における論理思考の流れも楽曲の調べと同様に情報の静的な流れではなく、時間とともに変化する振動する流れである。思考の流れを運ぶ脳部位の活性化状態には、いろいろな周波数領域の振動電位が発現する。この振動電位は相互に神経線維で結ばれている局所脳部位間を伝播して広範囲の脳部位にその振動状態を伝え、それら脳部位の連携操作により情報を適正に統合して高度の認知機能を可能にしている。異なる情報を表現する局所脳部位が同一周波数帯の振動電位で活性化し（引き込み）、振動電位の位相がそろう（位相同期）等のことが起こると、広範囲の脳部位に全体として整合性のある調和の取れた振動状態が実現し、微妙な論理的思考を行うことができるものと思われる。

数学における思考の動的な流れの様子は、オーケストラで異なる楽師が異なる楽器で奏でる音の調べが調和の取れた楽曲を生みだす様子によく似ている。オーケストラの場合には指揮者の指揮にしたがって楽曲を奏でる場合が多いが、指揮者がいなくても自然に調和のある音の調べを生みだすことができる。脳の奏でる思考の流れの場合には指揮者に相当する単独の中枢脳部位は存在しないが、異なる脳部位が相互にたくみに連携して働くと、全体として調和の取れた論理的思考をすることができる。

脳の活性化を示す局所場振動電位には、デフォルト状態における０・１ヘルツ程度の低周波の振動電位から数百ヘルツの高周波の振動電位があり、状況により脳はいろいろな周波数帯の振動電位を示すことが知られている。活動状態にある脳の典型的な振動電位であるデルタ、シータ、アルファ、ベータ、ガンマ振動電位の振動周波数領域の概略の値を比べてみると、デルタ振動とシータ振動、シータ振動とアルファ振動、アルファ振動とベータ振動、ベータ振動と周波数の低いガンマ振動、周波数の低いガンマ振動と周波数の高いガンマ振動との周波数比は概略1対2であり、音楽における1オクターブの音の違いに相当している。

異なる周波数帯の脳の活性化状態は共存しているが、低い周波数帯の振動電位が高い周波数帯の振動電位の振幅や位相を制御するなどの方法で、周波数の異なる脳の活性化状態が連携して調和のある脳機能を営んでいる。その様子は低音から高音までオクターブの異なる音の流れが、全体で調和のある楽曲の調べを生みだす様子に類似している。音楽の場合の音の周波数は数十ヘルツから数千ヘルツであるが、脳の奏でる振動電位の調べは0・1ヘルツから100ヘルツ程度までの周波数の調べである。

## ニューロン集団の活性化と局所場振動電位

多数の局所脳部位が連携して調和の取れた活動をする様子を調べるには、それぞれの局所脳部位を構成する個々のニューロンの活動の様子を知ることが望ましい。しかし非常に多数のニューロンの活動を同時に調べることはできないので、局所脳部位を構成する多数のニューロンの活性化の総和を表す局所場電位を測定し、異なる脳部位の局所場電位間の相関の様子から、思考の流れが調和のとれた流れになる機構を論ずることとなる。

局所場電位の典型的な振動状態には、遅い振動（1ヘルツ以下）、デルタ振動（1～4ヘルツ）、シータ振動（4～8ヘルツ）、アルファ振動（8～12ヘルツ）、ベータ振動（12～30ヘルツ）、ガンマ振動（30ヘルツ以上）などの周波数領域の異なる振動状態があり、またガンマ振動は遅いガンマ振動（30～50ヘルツ）と速いガンマ振動（50ヘルツ以上）に分けることができる。ここで、それぞれの振動状態の周波数領域は概略の値であり、振動状態の区分の仕方は人により、また対象動物の種類により多少異なる。

一般に低周波振動状態では広範囲の脳部位が活性化し、高周波振動状態では局所的な狭い領域の脳部位が活性化している。また低周波振動状態では多数のニューロンが関与しているが、個々のニューロンは比較的弱い活性化を示し、高周波振動状態ではより少数のニューロンが関与し、個々のニューロンは強く活性化している。また振動状態の周波数はその状態の継続する概略の時間スケールを表しており、同一の振動状態が数周期にわたり継続すると考えると、高周波振動状態は比較的短時間、低周波振動状態は比較的長時間にわたり継続する振動状態である。

通常、脳波は頭皮上に多数の電極を取りつけ、異なる頭皮部位の電位変化を同時測定して得られるが、脳に微小電極を挿入し、頭皮上ではなく皮質内部での電位を測定することにより電極先端近

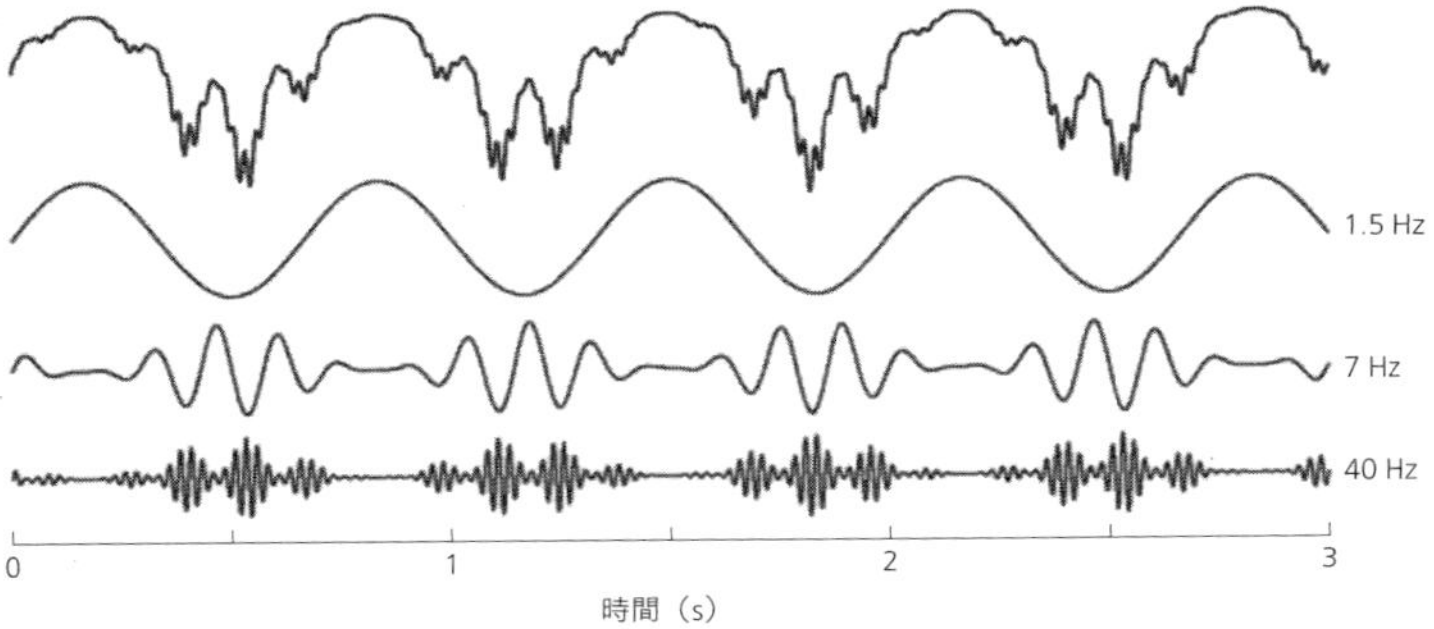


**図7・1**　局所場振動電位（参考文献9の図を引用）

傍の局所脳部位での脳波を測定できる。このような脳内局所脳部位の活性化を表す電位が局所場電位（ＬＦＰ、local field potential）であり、電極先端近傍に存在する多数のニューロン（～数万個程度）の活性化に伴い生じた局所脳部位の電位変化を表している。後述するように局所場電位はその局所領域に存在する個々のニューロンの活性化の容易さを制御し、また異なる局所脳部位間の情報伝達効率を制御している。

一般に局所脳部位の振動電位には異なる周波数領域の振動電位が共存して現れる。図7・1に、周波数1・5ヘルツのデルタ振動、7ヘルツのシータ振動、40ヘルツのガンマ振動が共存している様子を示した。デルタ振動電位の谷の領域でシータ振動振幅が大きくなり、シータ振動電位の谷の領域でガンマ振動振幅が大きくなっている。このように遅い振動電位の位相が速い振動電位の振幅の大きさを制御する形で、周波数帯の異なる振動電位間に階層的制御機構が働いている（位相－振幅相関[9,10]）。

## 局所場振動電位の役割

局所場振動電位は近傍のニューロン群の活性化により生じた電位であるが、同時にその局所脳部位の個々のニューロンの活性化を制御している。すなわち振動電位の谷の近傍ではニューロンは活性化しやすく、山の近傍では活性化しにくい。しかし大脳皮質の主たるニューロンである錐体ニューロンの発火の様子を調べると、個々のニューロンは振動電位の1周期ごとに必ず発火するわけではなく、発火しない周期もある。したがって局所場振動電位はその脳部位を構成する多数のニューロンにつき平均したニューロンの活性化の容易さを制御している。

図7・2にアルファ振動電位とガンマ振動電位を例に取り、その振動電位を示す局所脳部位の3個のニューロン

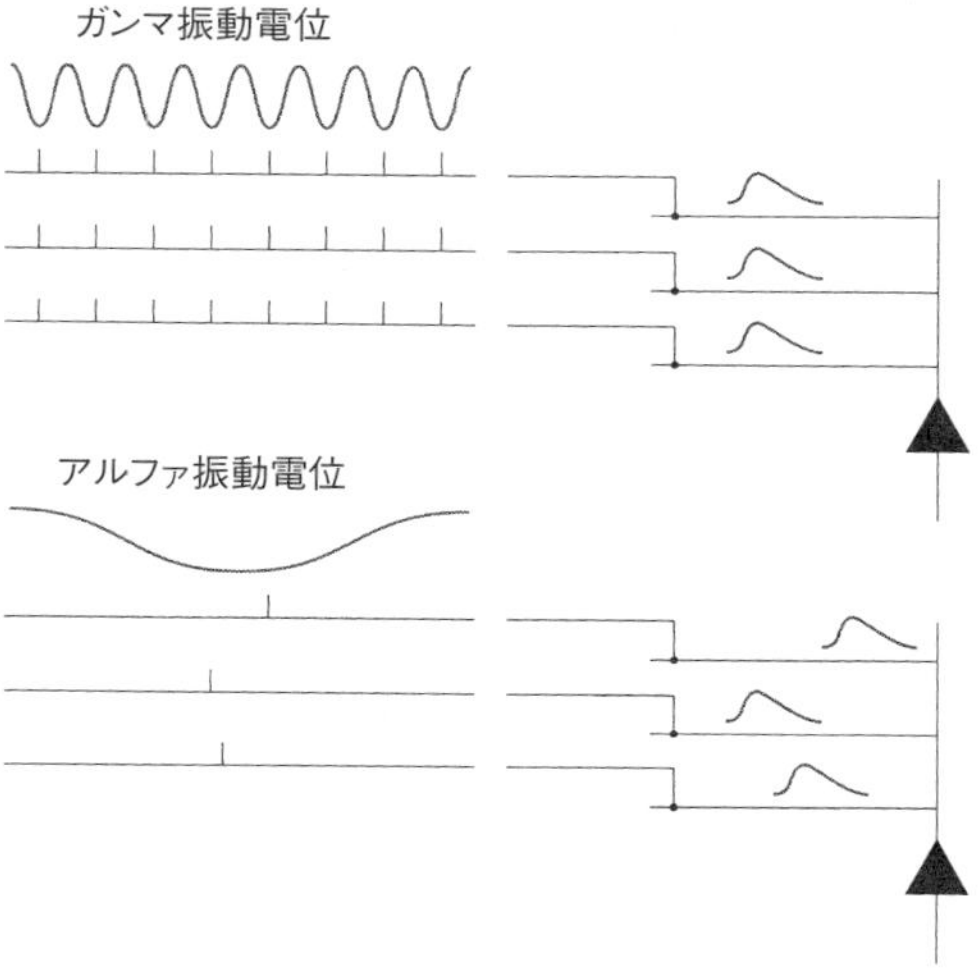


**図7・2** 局所場振動電位とニューロンのスパイク放出時刻、およびスパイク入力を受けたニューロンの膜電位変化

の発火の様子を示した。個々の縦棒はニューロンのスパイク放出時刻を示しているが、ニューロンは振動電位の谷の領域で発火しやすいことを示している。アルファ振動の場合は振動電位の谷の領域の時間幅が広いため、3個のニューロンのスパイク放出時間差はある程度大きい。一方、ガンマ振動の場合は谷の領域の時間幅が狭いので、3個のニューロンのスパイク放出時刻差は小さい。したがって3個のニューロンはほとんど同時にスパイク放出する。

3個のニューロンから入力を受ける局所脳部位のニューロンは、図7・2の右側に示したように3個のニューロンのスパイク放出に伴う膜電位変化を受けるが、膜電位変化の起こっている時間幅は数ミリ秒から10ミリ秒程度の短時間である。アルファ振動電位の場合は3個のニューロンのスパイク放出時刻には10ミリ秒より大きな差があるので、3個のニューロンからのスパイク入力による膜電位変化はうまく加算されない。一方、ガンマ振動電位の場合は3個のニューロンのスパイク放出時刻差は小さいので、膜電位変化はうまく加算され、入力を受け取る側のニューロンを効果的に活性化できる。

入出力関係にある二つの局所脳部位A、Bを考えよう。情報を受け取る側の脳部位Bのニューロン（シナプス後細胞）は、情報を送りだす側の脳部位Aの多数のニューロン（シナプス前細胞）からの入力を受ける。しかしAニューロン群からの個々のスパイク入力による脳部位Bのニューロンの膜電位変化は、一般に小さい（～0・1ミリボルト程度）ことが知られている（注：シナプス前細胞からのスパイク入力によるシナプス後細胞の膜電位変化の大きさの分布を調べると、1ミリボルト程度の大きな膜電位変化を与えるシナプス前ニューロンがきわめて少数ではあるが存在する)[11]。Bニューロンは膜電位が上昇して発火閾値に達するとスパイク放出するが、ニューロンの発火閾値は静止膜電位より10~20ミリボルト程度大きいので、発火するためには相当多数(100~200個以上)のAニューロンからのスパイク入力がほぼ同時に、10ミリ秒以内の時間差でBニューロンに入力する必要がある。したがって脳部位Aの振動電位にガンマ振動のような高周波振動が存在すると、脳部位Aの非常に多数のニューロン群がほぼ同時にスパイク放出し、それらの入力を受けるBニューロンの膜電位を発火閾値まで容易に上昇させることができる。

局所脳部位A、B間に情報伝達が行われるためには、脳部位A、Bはシナプス結合を通し結合している必要がある。A、B領域間に直接のシナプス結合がない場合でも、いくつかのシナプス結合を介してA、B領域が間接的に結ばれていてもよい。もしも脳部位A、Bでの局所場電位が同一周波数帯域の速い振動電位を示し、かつ脳部位Aと脳部位Bの振動電位の位相がそろっているとA、B間の情報伝達効率は大きくなり、逆に両部位の振動電位の位相が大きく異なると伝達効率は小さくなる。その様子を図7・3に示した。

領域Aの振動電位の谷の領域で放出されたスパイクは、あまり時間をかけずに領域Bのニューロンとのシナプス部位に到達するが、到達時刻での領域Bの振動電位が谷の状態であれば領域Bのニューロン群は活性化されやすく、A、B間の情報伝達効率は大きくなる。一方、A、B領域での振動電位の位相差が大きく、A領域の振動電位の谷の領域で放出されたスパイクがB領域の振動電

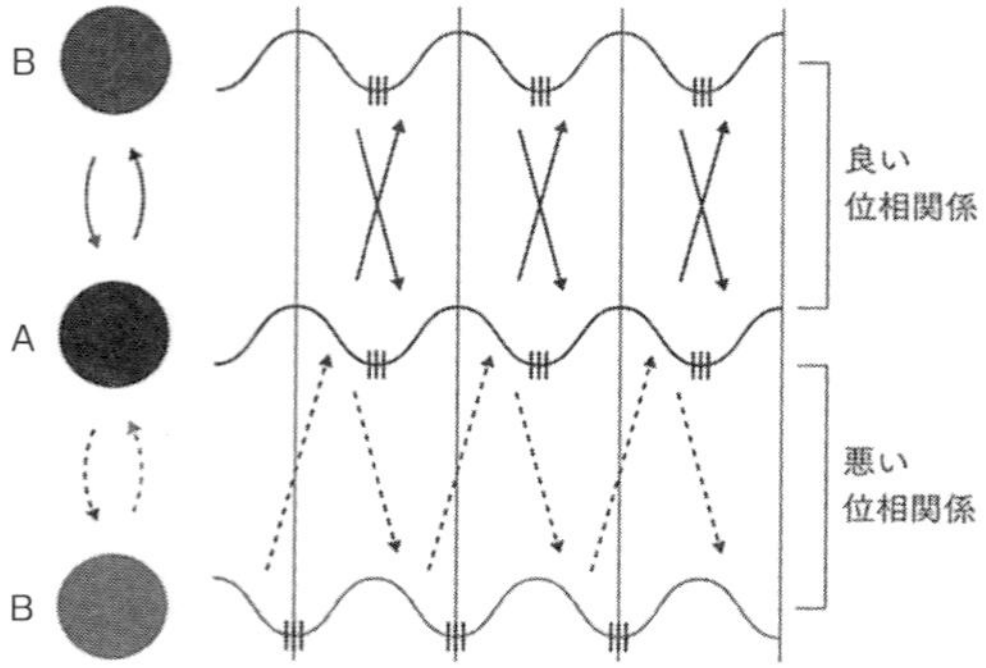


**図7・3** 異なる脳部位の局所場振動電位の位相相関と脳部位間の情報伝達効率

位が山の領域にある時刻にBに到達すると、領域Bのニューロン群は活性化しにくく、A、B間の情報伝達効率は小さくなる。

## 振動位相のリセット

異なる脳部位A、B間の情報伝達効率は、両部位での局所場振動電位が同一周波数帯の振動を示し、かつ、振動電位の位相がそろっているとき（位相同期）に大きくなることを述べた。位相同期の原因の一つとして脳部位の局所場振動電位の位相が刺激に注意を払うことにより変化し、刺激入力時の振動電位の位相がニューロン群の活性化しやすい位相にリセットされることが起こり得る。

サルを対象にした次の実験を取りあげよう[12,13]。一つの事象に関連した視覚刺激と聴覚刺激が脳に入力されるとき、一方の刺激のみに注意を払い他方の刺激を無視する課題をサルに課す。その際にサルの一次視覚野と一次聴覚野の局所場電位を測定すると、視覚・聴覚刺激のいずれの刺激に注意を

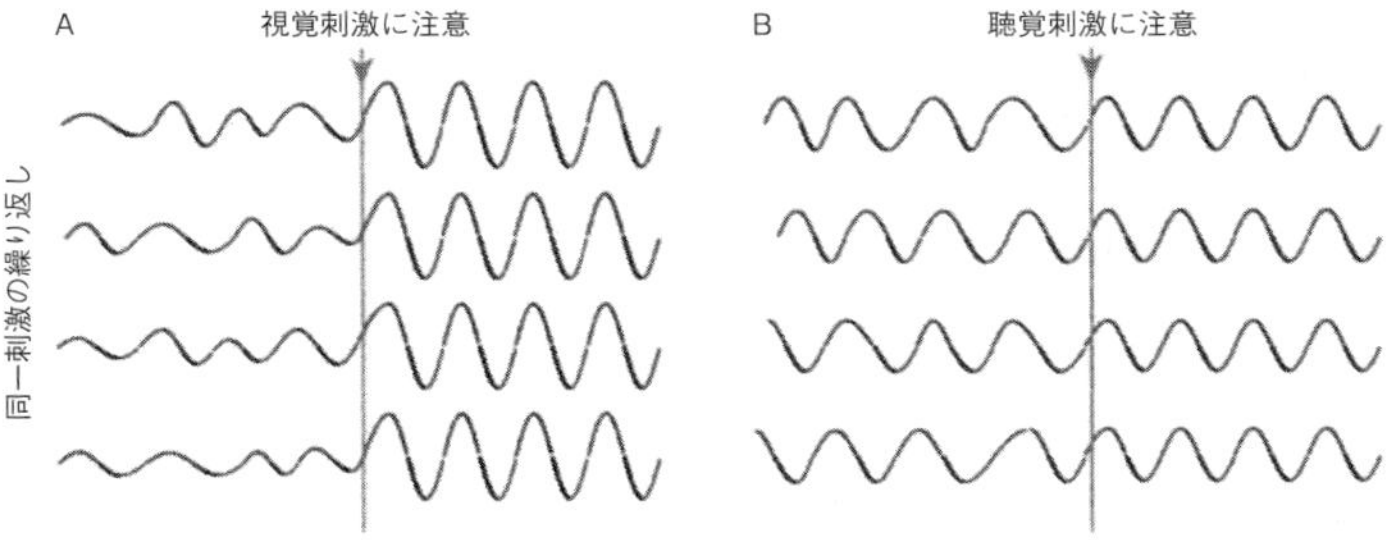


**図 7・4**　刺激に伴う局所場振動電位の位相のリセット。図 A は視角刺激に注意を払ったとき、図 B は聴覚刺激に注意を払ったときの一次視覚野の局所場振動電位。（参考文献 12 の図を引用）

払っても、注意することにより刺激入力直後に局所場振動電位の位相が特定位相にリセットされ、その特定位相から振動が始まることが見いだされている。

図7・4は一次視覚野の局所場振動電位を示している。図のAは視覚刺激に注意を払い聴覚刺激を無視したとき、Bは聴覚刺激に注意を払い視覚刺激を無視したときの局所場振動電位である。繰り返し同じ実験を行うとき（図には4回の施行の際の振動電位の様子を示した）、刺激が入力する直前の振動電位の位相は施行ごとで当然異なるが、刺激に注意を払うと刺激入力直後の局所場振動電位の位相が特定の位相にリセットされ、刺激入力後はその特定位相から振動電位が始まる様子が図のA、Bに示されている。図の縦棒は注意した刺激の入力時刻を示している。視覚刺激・聴覚刺激のいずれに注意を払っても、一次視覚野の振動電位に位相リセットが起こり、リセットされた特定位相から振動が始まることを示している。

位相リセットだけでなく、視覚刺激に注意を払うと一次視覚野の局所場振動電位の振幅が増大する。一方、聴覚刺激に注意を払うときには一次視覚野の局所場振動電位の振幅の増大は見られない。聴覚刺激はそれだけでは一次視覚野を充分に活性化できないが、それでも聴覚刺激に注意を払うと一次視覚野の局所場振動電位の位相がリセットされ、ほぼ同時に入力する視覚刺激が一次視覚野を活性化しやすい局所場振動電位の位相のときに入力するので、弱い視覚刺激でも一次視覚野を活性化できる。聴覚刺激に注意を払うことが、視覚刺激の認知を容易にする役割を果たしている。この実験では位相リセットはシータ振動領域（4〜8ヘルツ）の局所場振動電位に最も顕著に見られた。

別の実験ではサルに一定周波数の純音を繰り返し聞かせ、その中にまれに周波数の異なる音を混入し、混入した音刺激を検知する課題を課す[14]。例えば純音の周波数は5・7キロヘルツ、純音刺激の繰り返し周波数を1・6ヘルツにとる。一次聴覚野は異なる周波数領域の音に選択的に強く応答する領域に分かれ、それら領域は周波数別に規則的に配置されている（トノトピック構造）。5・7キロヘルツ近傍の周波数音に強く応答する一次聴覚野領域に微小電極を挿入し、その部位の局所場電位を測定する。サルは5・7キロヘルツ領域の入力音に継続的に注意を払い、予告なしに混入する異なる周波数の音を検出しなければならない。

測定した局所場電位を周波数分解すると、入力する純音の繰り返し周期と同周期の1・6ヘルツのデルタ振動領域の振動振幅が増大する。また入力音に注意を払うことによりデルタ振動電位の位相リセットが起こり、繰り返される純音刺激の入力時刻ごとにデルタ振動位相が谷の領域をとるように位相がリセットされ、純音刺激に対する応答効率が増大する。純音刺激を停止しても、停止後の数秒間は入力予定時刻に合わせてデルタ振動電位の谷が繰り返され、デルタ振動状態が自立的に維持される。このように刺激に注意を払うことにより局所場振動電位の入力刺激周期への引き込みと、振動電位位相のリセットが起こっている。

図7・4では位相のリセット値は試行ごとに同一のように図示したが、リセット値には多少のゆらぎがある。位相リセットが起こらなければ刺激入力直後の振動位相は試行ごとにまったくランダムな値をとるが、注意の機構による位相リセットが起こると、多少のゆらぎは存在するが位相は特定の値の近傍にリセットされ、入力情報を感知する感度が上昇する。図7・4に示した実験では、一次視覚野への聴覚入力が一次視覚野の局所場電位の位相を変化させ、入力する視覚入力の検出効果を増強することを述べた。

人が会話する際に相手の口の動きや表情などの視覚情報に注意を払うと、多数の人が声高に話している中でも特定の相手の話のみをよく聞くことができ、カクテルパーティ効果とよばれている。口の動きや表情の変化は比較的ゆっくりした変化であり、変化の時間スケールはデルタ振動周期程度のスケールである。会話の音声の抑揚やリズムも、デルタ振動周期程度のゆっくりした変化である[15]。一般に視覚や聴覚入力による局所場電位の位相リセットは主としてデルタ、シータ、アルファ振動等の低周波の振動電位に生ずるが、そのような低周波振動電位の位相リセットがカクテルパーティ効果の背景にあるものと思われる。高周波のガンマ振動電位にも位相リセットが起こり得るが、低周波振動電位の位相のリセットと後述する低周波振動とガンマ振動間の位相‐位相相関を介して、高周波振動電位の位相リセットが生ずるものと思われる。

## 位相リセットの機構

視覚（聴覚）刺激が一次聴覚野（一次視覚野）に入力するには、（1）複数の感覚情報を統合処理する脳部位からのトップ・ダウン径路、（2）視覚野と聴覚野を結ぶ直接径路、（3）視床の非特異核とよばれるニューロン集団を介しての径路が考えられる。視床非特異核は広範囲の大脳皮質部位と双方向の結合をしており、異なる感覚野を結ぶ役割を果たしている[13]。

4章で述べたように皮質は6層の層状構造をしているが、多点リニア電極とよばれる電極を皮質に垂直に挿入すると、皮質の各層での局所場電位を同時測定できる。局所場電位は層ごとに異なっている。この電極は複数の電極が集まって1本のシャフトにまとめられた多点電極である。視覚刺激（聴覚刺激）に注意を払ったときの一次聴覚野（一次視覚野）の局所場電位の位相リセットは最初に皮質2、3層で生じ、少し遅れて皮質5、6層の局所場電位に伝播する。（1）、（2）の径路による入力は皮質2、3層および5、6層に同時に入力し、（3）の径路による入力は2、3層のみに入力することが知られており、視覚（聴覚）入力は主として視床の非特異核を経由して一次聴覚野（一次視覚野）に入力するという意見が強い[13、15]。このような入力は調整型の弱い入力で、この入力だけでは皮質ニューロンをスパイク発火させるには不十分であるが、発火閾値以下の活性化でも入力に伴う多数のシナプス部位での電荷の流出入により局所場振動電位の位相を変え、振動電位を谷の領域方向に移行する役を果たすことができる。

微小電極を人の脳に挿入して局所場電位を測定することはできないが、振動電位の位相リセットを示唆する実験として、脳波の事象関連電位に現れる脳波成分の測定がある[15]。人に視覚や聴覚刺激を与えると、刺激入力後１００ミリ秒程度の時間帯の事象関連電位にN1とよばれる脳波の振幅の山が現れる。脳波の振幅は頭皮上に多数の電極を設置し、その中の特定の場所に置かれた電極を基準電極とし、それぞれの電極で測定した電位から基準電極で測定した電位を差し引いて得られる。脳波には刺激により生じた成分と、刺激とは無関係な脳の活性化のゆらぎによる成分が存在する。多数回、同一刺激を加えたときの脳波を測定し平均すると、脳の活性化のゆらぎによる脳波成分は平均化されて縮小し、刺激により生成された脳波成分のみを取りだすことができる。この成分が事象関連電位である。

N1のNは事象関連電位の値が負の値（negative）、すなわち振幅の谷であることを意味し、１はその谷が刺激入力後の１００ミリ秒程度の時間帯に現れることを意味している（事象関連電位の振幅にはN1のほかに正負のいろいろな山が知られている。例えばP3は電位が正の値（positive）で、刺激入力後３００ミリ秒程度の時間帯に現れる事象関連電位の振幅の山である）。脳波の実験から

N1は被験者が刺激入力に意識的に気づいたときに現れる電位であることが知られており、気づき（注意）に伴い関連脳部位の振動電位の位相にリセットが起こり、そのためにN1成分が生じたと考えられている。

以上は視覚野、聴覚野における局所場振動電位の位相リセットを示す実験の例である。より一般に刺激に注意を払うことにより、注意対象を処理する脳部位の局所場振動電位の位相が入力に伴いリセットされる[13,14,16,17]。位相リセットにより複数の脳部位の局所場振動電位が同一位相、あるいは小さな位相差を保って振動するようになると、それら脳部位間の情報伝達効率が増大して一時的に一つの機能回路が形成され、その回路の活性化により情報の統合処理が素早く容易に行われる。一方、注意対象でない入力刺激に対しては、その刺激を処理する脳部位の局所場振動電位に位相リセットが起こらず、関連脳部位間の情報伝達効率は増大しないので、その刺激は処理対象から除かれ無視される。

位相リセットに伴う一時的な機能回路の形成は、シナプスの形態変化や新たなシナプス形成などのエネルギーや時間を必要とする過程ではないので、比較的容易に素早く行われる。このようにして形成される機能回路を用いて、脳は柔軟な方法で思考の統合を行っているように見える。また繰り返しこのような機能回路が一時的に形成されると、シナプス可塑性により機能回路を形成する脳部位間の結合が強化されて機能回路が安定化し、長期にわたり情報統合の機能を果たせるようになる。

## 注意の機構[18,20]

位相リセットの原因である注意の機構として、高次の認知機能脳部位からのトップ・ダウン制御による注意と、目立った強い外部入力刺激によるボトム・アップ制御による注意が考えられる[19,20]。注意の機構には神経調節物質、特にアセチルコリン、ドーパミンの働きが重要なことも知られている。いろいろな実験結果からトップ・ダウンの注意には主としてドーパミンが関与し、ボトム・アップの注意には主としてアセチルコリンが関与していると考えられている[21]。これらの神経調節物質は放出先の皮質ニューロンの活性化を強める、活性化状態を必要な時間継続させるなどの役割を果たしている。

トップ・ダウン制御では前頭前野などの制御脳部位からの入力が感覚野、例えば視覚野や聴覚野などの被制御部位の局所場振動電位に影響を与え、制御部位と被制御部位の振動電位間の引き込み現象により、両部位の振動電位が同一周波数、同一位相（あるいは一定の小位相差）で振動するようになる。制御部位のニューロン集団が制御機能を有効に果たすためには、活性化状態を作業記憶として必要な時間維持して非制御部位の活性化を継続的に制御し、引き込み現象により制御・被制御部位を同一周期で活性化させるだけでなく、両者間の情報伝達効率を高めるために振動電位間の位相同期を引き起こすことが望ましい。一方、ボトム・アップ制御では注意対象からの強い入力を受ける複数の局所脳部位が入力と同時に活性化を開始し、それら脳部位の局所場振動電位が入力刺激と同一周期、同一位相（あるいは一定の小位相差）で振動し、位相同期により脳部位間の情報伝達効率が増大して効率的に入力情報を処理するものと思われる。

トップ・ダウン、ボトム・アップの注意の機構には前頭前野・後部頭頂葉から構成される回路網が主要な役割を果たしており、注意のネットワークとよばれている。ネットワークを構成する脳部位を、微小電極を用いて外から刺激すると注意対象の切り替えや注意対象の検出に要する時間の短縮等が起こるので、注意のネットワークは主として前頭前野と後部頭頂葉等から構成されると推定されている。トップ・ダウンの注意では前頭前野が後部頭頂葉より少し早く活性化し、ボトム・アップの注意では後部頭頂葉が前頭前野より少し早く活性化することも知られており、注意信号の脳内での流れの方向がトップ・ダウンとボトム・アップの注意の機構で逆になっている。しかし注意を払うといずれの領域も活性化するので、前頭前野と後部頭頂葉から構成されるネットワークは注意の機構に欠かせない回路網である。

例として次のような実験を取り上げよう。[22,23] 単語を一瞬提示し、その直後に別の画像を提示すると単語の認知を妨げることができるが、そのような効果はマスキング効果とよばれている。それでも次に同じ単語を提示すると、その単語の認知が容易になる、あるいは認知が早まる効果がありサブリミナル効果とよばれている。一瞬提示した意識にのぼらない画像でも、なんらかの形で画像提示の影響が脳内に残ることを意味している。サブリミナル効果が認められるのは、刺激提示後５００ミリ秒程度以内の時間に限られる。

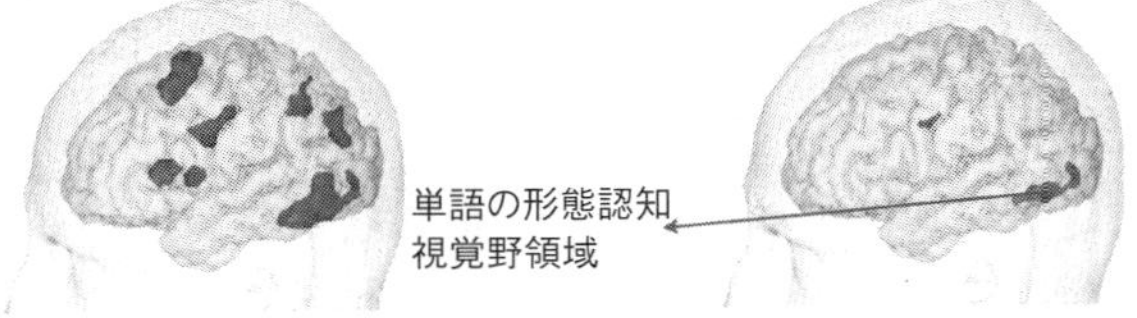


**図7・5**　一瞬だけ提示した単語を認知できたときと、認知できなかったときの脳の活性化部位（黒で表示した部位）（参考文献22の図を引用）

単語を一瞬提示したとき、その単語が認知できた場合と認知できない場合についてfMRIを用いて左脳の関連脳部位の活性化の様子を測定すると、単語を認知できない場合でも脳の一次視覚野や単語の形態認知を行う視覚野領域は活性化するが、活性化はその範囲に限られる。一方、単語を認知できた場合では、視覚野領域だけでなく頭頂葉・前頭前野・帯状回を含む広範囲の脳部位が活性化する[22]。図7・5に実験結果を示した。同様な結果は一瞬だけ聞いた音声入力による脳の活性化部位についても見いだされている。音声を認知できなかった場合でも聴覚野を含む狭い脳領域が活性化するが、音声が認知できた場合には、聴覚野のほかに頭頂葉、前頭前野、帯状回を含む広い脳領域の活性化が認められた[22]。

fMRIによる測定は時間分解能が悪いので、脳波、脳磁波を用いて短時間提示された外部刺激による脳の活性化の時間変化を調べると、刺激直後の200ミリ秒以内の時間帯では、刺激が意識されたかされなかったかにかかわらず、刺激を処理する関連脳部位が活性化し、それら脳部位の脳波・脳磁波にはガンマ振動振幅の増強が認められた。一方、200ミリ秒以後の時間帯ではガンマ振動振幅は刺激が意識された場合にのみ増幅された。無意識のうちに処理された感覚刺激による活性化は短時間のうちに減衰するが、意識的に処理された刺激は前頭前野・頭頂葉後部を含む注意のネットワークの活性化により長時間にわたり維持される。

例外的に人の脳に微小電極を挿入し、単語提示に伴う局所脳部位の局所場電位を測定した実験がある。[24] 被験者は10人のてんかん患者で、全体で176箇所の局所脳部位で単語が意識された場合と意識されない場合に分けて局所場電位を測定した。これらの実験結果を総合すると、刺激が意識された場合の特徴として次のようなことが起こる。[22,24] （1）前頭前野領域の脳波や脳磁波の事象関連電位にP3とよばれる電位の山が現れる（P3は刺激入力後の300ミリ秒程度の時間帯に現れる電位の正の山を意味する）、（2）刺激入力後の300ミリ秒以後にガンマ振動電位（50～100ヘルツ）の振幅が増大し、同時にアルファ振動電位の振幅が減少する。しかしアルファ振動振幅が減少しても、異なる脳部位間のアルファ振動電位の位相同期は逆に増大する、（3）アルファ振動振幅の減少に伴い広範囲の脳部位でベータ振動電位が増幅し、またこれら部位でのベータ振動電位間の位相同期が増強する。このような特徴は刺激が意識されたことの標識と考えられる。

注意には神経調節物質、特にアセチルコリン、ドーパミン等が関与している。4章で述べたように神経調節物質は脳幹・中脳等に存在する神経調節物質放出核を構成するニューロン群で生成され、広範囲の皮質および皮質下部位に放出され、それら部位の活性化を制御する。放出核の個々のニューロンの軸策は多岐に枝分かれし、数万個程度の多数の軸索末端をもっている。したがって放出核から放出される神経調節物質は広範囲の脳領域の多数のニューロンに投射し、広範囲の脳部位間の情報伝達効率を制御している。

神経調節物質の投射先には、注意対象を処理する感覚野や注意対象の活性化を制御する前頭前野等が含まれている。また前頭前野皮質からは視床などの皮質下領域などを経て神経調節物質の放出核への入力があり、入力の強さに応じ放出核ニューロン群の神経調節物質の放出の度合とタイミングを制御している。[25] このように前頭前野皮質は神経調節物質の働きを調節・制御することにより、注意対象の選択制御の働きを効率的に行っている。

## 情報の統合の正準過程

異なる脳領域の局所場電位が同一周期で位相同期して振動すると、それら脳部位間の情報伝達効率が増大して広域回路網が一時的に形成され、回路網を構成する脳部位が協調して必要な情報を統合処理する役割を果たす。その際に局所場振動電位の振幅の増大ではなく、振動電位の位相リセットに伴う異なる脳部位の振動電位の位相同期が、より効果的に情報統合に寄与するように思われる。広域回路網を構成する個々の局所脳部位の活性化状態が一つの命題を表現していると仮定すると、広域回路網の活性化により異なる命題を適切に結びつけ、調和の取れた情報統合を行うことができる。

情報統合に寄与する基本的脳内過程の一つは、注意に伴う局所場振動電位の位相リセットである。このような基本的過程は情報統合の正準過程[26]とよばれている。注意を払うことにより関連脳部位の局所場振動電位の位相がリセットされ、位相同期して振動する脳部位間の情報伝達効率が増大し、関連する情報の統合が容易に行われる。

位相リセットのほかの情報統合に関与する正準過程の一つとして、割算規格化（divisive normalization）[27,28]とよばれる過程もある。ある脳部位の個々のニューロンからの出力の強さは、近傍のニューロン集団の活性化の程度により制御される。局所脳領域が活性化すると領域内の抑制性インターニューロン群も活性化するが、インターニューロンは近傍のすべてのニューロン群に相手を選ばず抑制性入力を送るので、当該の局所脳領域のニューロン群の活性化の程度を抑制する機能があり、割算規格化とよばれている。

割算規格化の例として、物体の明るさは周囲が明るいときには実際の明るさより暗く見え、周囲が暗いときには実際の明るさより明るく見える現象がある。前者は周囲の脳領域のインターニューロン群の強い活性化に伴う抑制作用により物体の明るさが抑えられ、後者はインターニューロン群活性化が弱いために抑制効果が小さく物体の明るさが際立つためである。割算規格化は、注意すべき事物を処理する脳部位の活性化を周辺脳部位の活性化に比べて相対的に増幅する、注意対象外の事物を処理する脳部位の活性化を抑制する機能を果たすことができる。このような位相同期、割算

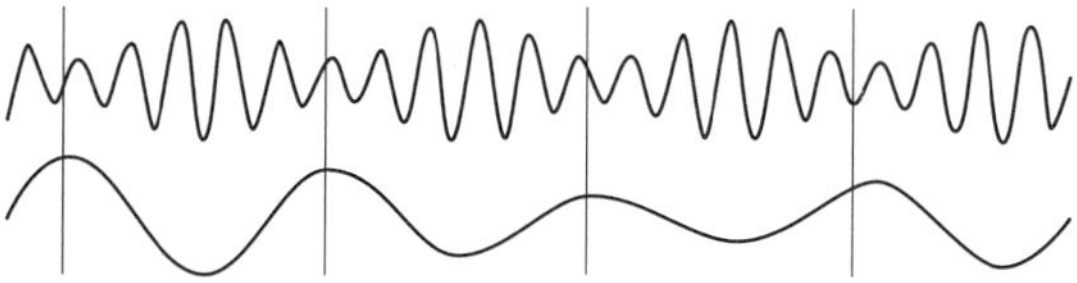


**図7・6**　低周波振動電位と高周波振動電位間の位相 − 位相相関

規格化等の正準過程の結果として、必要な情報の選択・統合がたくみに行われる。

## 異なる周波数帯の振動電位間の相関

局所場電位には周波数領域の異なる振動が共存しているが、異なる周波数領域の振動電位は相互に関連しており、図7・1に示したように遅い振動電位の振幅の谷では速い振動電位の振幅が増大するなどのことが起こり、遅い振動電位の位相と速い振動電位の振幅とは相関している（位相 - 振幅結合）。また注意を払うことにより注意対象を処理する局所脳部位の振動電位の位相がリセットされ、それに伴い関連する局所脳部位の局所場電位が位相同期して振動し、図7・3に示したようにそれら脳部位間の情報伝達効率が増大する（位相 - 位相同期）。

異なる周波数帯の振動電位間に位相 - 位相同期が生ずると、周期の異なる振動がタイミングを合せて振動するので、情報の統合処理を助ける機能を果たすことができる。図7・6に低周波振動電位と高周波振動電位の間の位相 - 位相相関の様子の例を図示した。この例では低周波振動の1周期に高周波振動の5周期が含まれ、低周波振動の五つの異なる位相に高周波振動の谷が対応している。

異なる周波数帯の振動電位間の位相同期の重要性は、脳が高度の認知機能を行う際に異なる周波数帯の局所場振動電位の周波数比がほぼ整数比になり、アルファ振動の1周期に2周期のベータ振動、シータ振動の1周期に8周期のガンマ振動が含まれるなどの状態が一時的に実現する場合があることからも推測できる。[29,30] 例えば5ヘルツのシータ振動と40ヘルツのガンマ振動間に位相同期が起こると、シータ振動位相が0度、45度、90度、135度、180度、225度、270度、315度のときにガンマ振動位相が0度になるというようなことが起こり得る。より一般に$n$回の低振動周期の間に$m$回（$m>n$）の高振動周期が含まれる場合があり、$n$対$m$位相同期とよばれている。ここで、$n$、$m$は正の整数である。

位相同期の生ずる例として数計算課題を取りあげよう。[30] 被験者に最初に2個、または3個の数字を提示し、目を閉じた状態で次のような計算を行わせる。最初に2個の数字が示され、その数字が2、7のときには被験者は最初に足算2+7=9を行い、次に2、7の代わりに7、9を足算すべき数字として足算し16を得る。次に9、16を加えて25を得る。このようなことを何度も繰り返す。もし和が100を超えたときは、その和の2桁目と1桁目の数字を足算すべき二つの数字として計算を続ける。計算の手続きは以下の通りである。

$$2+7=9 \quad 7+9=16 \quad 9+16=25 \quad 16+25=41 \quad 25+41=66 \quad 41+66=107 \quad 0+7=7$$

7+7=14　7+14=21　……

最初に2個でなく3個の数字1、5、2が与えられたときも同様な計算を行うが、計算の一例を以下に示す。

1+5+2=8　5+2+8=15　2+8+15=25　8+15+25=48　15+25+48=88

25+48+88=161　1+6+1=8　6+1+8=15　1+8+15=24　………

計算遂行中に多数の電極を被験者の頭皮上の異なる場所につけ、各場所で脳磁波を測定し、その結果を周波数分解して各周波数成分の振幅と位相を求めた。周波数が整数比の10ヘルツ（アルファ振動）、20ヘルツ（ベータ振動）、30ヘルツ（遅いガンマ振動）の脳磁波成分の振幅と位相を頭皮上の異なる場所で比較すると、どの周波数の脳磁波成分も位相が広範囲の脳領域にわたりほぼ同じことが観測された（位相同期）。特に10ヘルツのアルファ振動電位では、測定した脳部位が相当離れている場合でも強い位相同期が認められた。一方、高周波の20ヘルツ、30ヘルツの振動電位の位相同期の程度は弱かった。

課題の遂行中に同一局所脳部位での異なる周波数領域の振動電位間の位相相関も調べた。その結果1対2（アルファ対ベータ）位相同期、1対3（アルファ対ガンマ）位相同期が頭頂葉・側頭葉・前頭葉領域で認められた。このような1対2、1対3位相同期は、前述の異なる脳部位のアルファ振動電位間の位相同期に比べるとそれほど顕著ではない。$n$対$m$位相同期によりガンマ振動のような速い振動電位の位相がアルファ・シータ振動のような遅い振動電位の位相に相関し、遅い振動電位の複数の特定位相のときに早い振動の振幅の山や谷が生ずるので、広い脳領域で位相相関を示す遅い振動電位を介して、離れた局所脳部位間での速い振動電位の時間相関がもたらされる効果がある。

複数の情報を統合する際に、個々の情報を処理する複数の脳領域のガンマ振動が位相同期して活性化する現象が認められている。その成因として遅い振動電位の広い脳領域での位相同期と、それぞれの局所脳領域での遅い振動電位と速い振動電位間の$n$対$m$位相同期が関与している可能性が考えられる。例えば1対$n$位相同期がそれぞれの局所脳領域の低周波振動電位と高周波振動電位の間に起これば、最初にアルファまたはシータ振動のような低周波振動が引き込み現象により脳の広い領域で位相同期し、次にそれぞれの脳領域でガンマ振動が低周波振動に1対$n$位相同期するようになれば、離れた脳領域のガンマ振動電位間に位相同期が生じ得る。以上は離れた脳領域間にガンマ振動同期を起こさせる脳内過程の一つの可能なシナリオと思われる。

## 周波数帯の異なる振動電位の役割

典型的な振動電位であるシータ、アルファ、ベータ、ガンマ振動を取りあげ、それら振動電位と認知機能との関係を概観しよう。周波数帯の異なる振動電位が主として関与する認知機能は異なっているが、多様な実験結果から得られた知見をあえて概括すると、（1）シータ振動電位は新たな情報の認知過程に関与し、（2）アルファ振動電位は注意の機能に関与し、自主的に注意対象を選択的に認知する、注意対象外の事象の認知を抑制する等の制御機能に関わっている。また、（3）ベータ振動は感覚情報の統合や運動の組み立てなどを制御する過程に関与し、（4）ガンマ振動は局所脳部位で行われる感覚情報処理、運動の組み立て、記憶の植え込み、作業記憶の保持などに関与している。

### アルファ振動電位[28,30,31,32]

アルファ振動は注意の機能に関与していることが知られている。注意には注意対象部位の活性化を増強する、注意すべき情報を作業記憶として必要な時間維持する、注意対象と無関係な対象を処理する脳部位の活性化を抑制し、その対象を無視する等の機能がある。アルファ振動は脳波・脳磁波・局所場電位の代表的な振動状態の一つであり、人が感覚刺激を処理していない状態、すなわち安静状態にあるときにアルファ振動が顕著に現れる。一方、感覚情報処理をしている状態では作業脳部位のアルファ振動振幅は小さくなり、作業と無関係な脳部位のアルファ振動振幅は大きいままである。

視覚を例に取ると、視覚野領域の頭皮上で測った脳波のアルファ波は目を開いているときは振幅が小さく、目を閉じているときは振幅が大きい。しかし、このような振幅の変化は視覚刺激入力の有無によるのではなく、真っ暗な部屋の中に居て視覚刺激がまったく目に入らない環境でも、被験者が周囲の視覚対象に心の中で注意を払い、それに伴い大脳視覚野が自立的に活性化しているときには視覚野領域のアルファ振動振幅は小さくなる。視覚刺激の有無、より一般に感覚刺激の有無にかかわらず、脳が自立的に何かの事象・事物に注意を払って認知作業をするときは、当該脳部位の脳波のアルファ振動振幅が減少する[31]。

アルファ振動（および低周波領域のベータ振動）はシータ振動、高周波領域のベータ振動、ガンマ振動等と異なり、外部刺激が入力するとき、あるいは自立的に特定の事象に注意を払って認知作業をするときに振幅が常に増大するのではなく、上述のように刺激入力や作業の実施に伴い振幅が減少することがある振動である。アルファ振動振幅の増大は当該脳部位の活性化の抑制を強める効果、振幅の減少は活性化の抑制を解除する効果があり、振幅の減少は当該脳部位の活性化の抑制を解除してその脳部位を活性化し、振幅の増大は認知作業に関係のない脳部位の活性化を抑制する。このようにアルファ振動振幅の大きさの変化を通して、脳は比較的広範囲の脳部位の活性化を制御している。

アルファ振動振幅とニューロンの発火頻度の関係を示す実験として、サルを用いた実験がある。サルに二つの振動する触覚刺激S1、S2を区別する課題を課す[30,32]。最初に触覚刺激S1を与え、次に3秒程度の遅延時間を置いて触覚刺激S2を与え、S1とS2が同じ振動数の刺激か否かをサルに判断させ、同一か異なるかに応じて右手または左手でキーを押させる。この課題では遅延時間中にサルは刺激S1を作業記憶として記憶しておく必要がある。

課題遂行中に一次運動野の手の運動に関与する部位の局所場電位と、その部位のニューロンの発火頻度を測定する。図7・7(a)の黒い曲線はニューロンの発火頻度の時間変化、図7・7(b)は局所場振動電位を周波数分解したときの周波数強度分布を示しており、(1) 作業記憶を保持している遅延時間帯（情報維持期間）、(2) 決断してキーを押す時間帯（決断過程期間）、および (3) 触角刺激を与えない休息状態のとき（基準状態）のそれぞれに対して、ニューロンの発火頻度と、局所場電位の周波数強度分布を示した。

図7・7の(b)に示した周波数強度分布にはアルファ振動領域（10ヘルツ近傍）に強度の大きな山が現れるが、基準状態でのアルファ振動強度に比べて課題遂行中の遅延時間帯ではその強度は減少し、決断時間帯では強度がさらに大きく減少する。一方、アルファ振動電位より高周波のベータ振動電位は基準状態に比べて遅延時間帯で多少増大し、決断時間帯ではさらに増大し、アルファ周波数の2倍の周波数領域（20ヘルツ近傍）のベータ振動電位に強度分布の山が現れる。

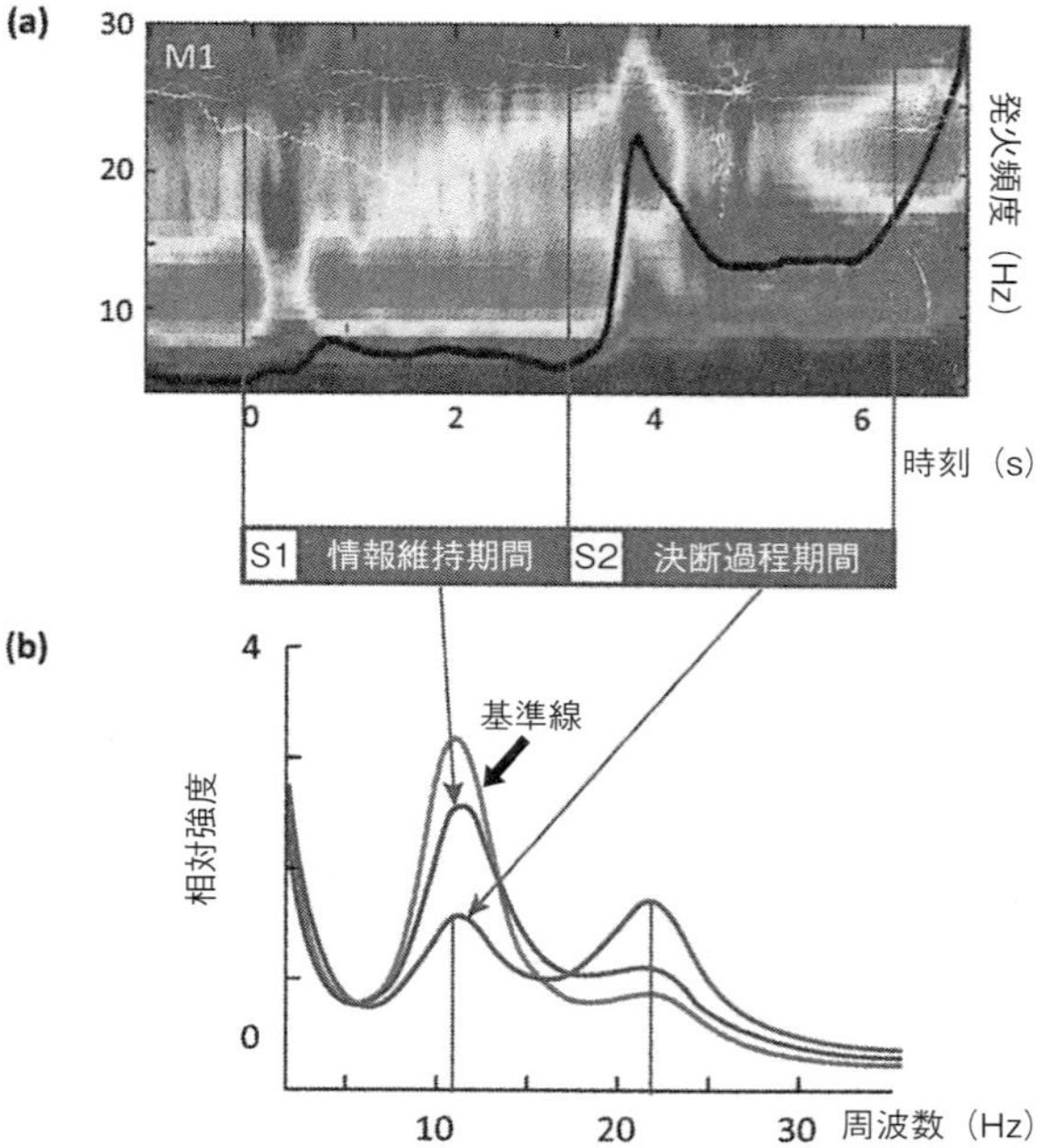


**図 7・7**　サルが振動する触覚刺激を弁別するときの一次運動野の手の運動に関与する脳部位のニューロンの発火頻度と局所場振動電位の周波数スペクトルの強度変化。図(a)はニューロンの発火頻度、図(b)は局所場振動電位の周波数スペクトル（参考文献 30 の図を引用）

一方、当該脳部位のニューロンの発火頻度を調べると、図の(a)に示したように遅延時間帯では発火頻度がS1刺激提示前（基準状態）より多少増大し、S2刺激提示後の決断時間帯ではさらに顕著に増大する。このようにアルファ振動強度とベータ振動強度の間には負の相関、アルファ振動強度と当該脳部位のニューロン群の発火頻度の間にも負の相関があり、アルファ振動強度の減少は当該部位のニューロン群の活性化の抑制を解除し、活性化の増強をもたらしている。

決断時間帯のベータ振動強度の増大とニューロンの発火頻度の増大は、決断に伴う行動の脳内での準備状態の形成を意味している。実験結果はアルファ振動が抑制効果をもち、アルファ振動強度が大きいときは当該脳部位のニューロン集団の活性化が抑制されているが、振動強度が小さくなるとニューロン集団の活性化の抑制が解除されて必要な行動への準備がなされ、ベータ振動等の速い振動状態に移ることを示している。アルファ振動の抑制効果は次章で取りあげる別の実験結果でも示されている（図8・3参照）。またアルファ振動の抑制機能を説明する数理モデルも提唱されている[30,32]。

脳波や脳磁波等を用いた多様な観測結果から、視覚野等の感覚野領域、あるいは前頭前野‐頭頂葉後部で構成される注意のネットワークを構成する脳領域に現れるアルファ波は注意の機能に関係していることが知られている。注意の役割は処理すべき情報の選択と不要な情報の抑制であり、選択と抑制の効果により必要な知識への選択的アクセスを可能する。数学などの高度の認知機能では、学習して得られた抽象化された多様な知識を想起し、それらの中から必要な知識を選択し不要な知識を無視し、選択された必要な知識を適切に組み合せて一つの統合的・論理的思考を構成する必要がある。アルファ波の顕著な状態はデフォルト状態と同様に安静時に見られる電位であるが、アルファ振動電位は記憶されている多様な知識への選択的なアクセスと想起に関連した振動電位であり、選択と抑制の効果を通して必要な情報を選択し、高度の認知機能を行うための準備状態の役割を果たしている。

## 著者の独白 1

高次認知機能に対するアルファ振動電位の重要性を示唆するエピソードとして、アインシュタインの例をあげよう。アインシュタインは数理物理学の第一人者であり、相対性理論の創始者でもある。彼が得意とする習熟した数学的問題を解いているときの脳波を測定したところ、継続的に顕著なアルファ波が見られたが、そのアルファ波が突然に消えたときに彼が非常に神経質になったといわれている。その理由を尋ねられたとき、神経質になったきっかけは最近行った計算の誤りに突然気づいたことであったという返事であった[33]。

脳波の様子のみからこのエピソードを解釈するのは難しいが、彼が習熟した数学問題を解いているときには、あまり意識して何かに注意を払うことなく思索が円滑に進行するのでアルファ波振幅が大きく、思索内容に関連のない多様な知識の想起を自動的に抑制しつつ、ごく限られた必要な知識への選択的アクセスを行っていることを示している。また計算に誤りを突然に見いだしたとき、その誤りに特段の注意を払うために広範囲の脳部位の活性化の抑制が解除され、アルファ波振幅が減少してベータ波やガンマ波等の振幅が増大したものと考えられる。

アルファ波振幅は想起された記憶の容量や内容に依存して変化する。さきに入力視覚刺激のない状態でも、物を見ようとする自立的な認知要求に伴い視覚野領域が活性化すると、アルファ波振幅が減少することを述べた。記憶想起を伴う多様な実験結果を概括すると、アルファ波振幅は想起された記憶の記憶容量や意味内容に依存し、記憶容量の多いほど、また意味的に関連するより多くの記憶を一括して想起するほど振幅の減少の程度が大きい。数学における論理過程のような意味に相関のある多様な情報を想起して統合する脳内過程では、論理過程の円滑な進行と関連脳部位のアルファ振動振幅の減少とが強く関連するように思われる。

## シータ振動[34,35,36]

シータ振動電位はアルファ振動電位と同様に脳の広範囲に見られる振動電位であり、新たな記憶の植え込みや想起、作業記憶の保持、新奇な事象の検出、たがいに矛盾する情報が存在するときの情報の選択等の高次の脳機能の際に現れ、アルファ振動と同様に情報の制御機能に関与している。

特に陳述記憶の植え込みに中心的役割を果たす海馬領域では、記憶の植え込みの際の局所場電位に顕著なシータ振動電位が現れる。ネズミを用いた実験では、記憶植え込み中に海馬から情報を受け取る前頭前野皮質領域のニューロン群は、海馬の局所場シータ振動電位の特定位相の近傍で強く発火することが観測されている[36]。海馬の局所場シータ振動電位が記憶の植え込み、記憶情報の大脳皮質への転送に重要な役をしているように見える。

シータ振動もアルファ振動と同様に注意の機能に関与しており、行動・思考の準備状態では、注意のネットワークを構成する広範囲の脳部位に共通のシータ振動周期で振動する同期活性化状態が実現する場合がある。同期活性化状態は課題遂行中も継続して活性化が維持され、同期シータ振動を介したトップ・ダウン制御により、必要な情報を適切に統合して行動・思考を行わせる役割を果たしている[37]。

アルファ振動とシータ振動はともに比較的低周波の振動状態であり、広範囲の脳部位に広がっている振動である。脳がアルファ振動とシータ振動をどのように使い分けて認知機能を行っているかを明らかにするのは難しいが、どちらの振動状態も同一機構により生成される振動状態であり、より高周波の振動状態であるベータ振動・ガンマ振動の活性化と、それら振動電位の振幅・位相を制御することにより、高周波振動状態が受けもつより具体的な認知機能を制御している。シータ振動とアルファ振動は周波数が1オクターブ異なる振動状態であり、異なる認知機能に応じて1オクターブ異なる周波数帯の振動電位を用いて対応し、周波数の違いによりたがいの役割の混同を避けていると考えると、脳はたくみに楽曲を奏でる器官のように思われる。

嗅覚を除くすべての感覚情報は、感覚器官から入力し視床を経て大脳皮質に伝えられる。双方向に結合している大脳皮質局所部位と視床局所部位は一種の反響回路を形成しており、皮質ニューロンと視床ニューロンは興奮性結合で結ばれているので、一方の活性化が他方の活性化を促している。アルファ振動、シータ振動はともに大脳皮質－視床反響回路の周期的活性化に起因する振動であり、視床ニューロンが周期的にバースト発火することにより周期的な振動電位が生ずる。[31]

バースト発火とはニューロンが短時間内（10ミリ秒程度以下）に複数のスパイクを放出する発火である。視床ニューロンの発火前の脱分極（膜電位が静止膜電位より大きくなり、スパイク放出の閾値に近づくこと）の大きさによりバースト発火の周期は変化し、脱分極の大きいほど周期が短くなる。アルファ、シータ振動はともに視床ニューロンの周期的バースト発火により生じる振動であり、ニューロン群のわずかな脱分極の大きさの変化によりいずれかの振動が選択されるように見える。

## ベータ振動電位とガンマ振動電位[35,38,39,40]

ベータ振動、ガンマ振動は遅い振動であるシータ振動、アルファ振動と異なり、外部刺激、あるいは内的刺激に対する応答の仕方を広域的に組み立て制御するのではなく、刺激に応答するための準備期間中に振幅が増大し、応答している間は大きな振幅を維持する振動状態である。また特定の記憶を短期記憶・作業記憶として維持する際にも現れる。

感覚情報を統合してどのような応答をすべきかの選択や、特定の行動を行う際の行動規則等は関連脳部位の同期したベータ振動により表現され（次章参照）、感覚情報を認知し入力刺激に対する応答をする際には関連脳部位に同期したガンマ振動状態が現れる。以下に述べるサルを用いた実験などから類推すると、同期ベータ振動は主としてトップ・ダウンの情報の流れにより作られ、一方で同期ガンマ振動は主としてボトム・アップの情報の流れにより作られるように見える[37,41,42]。

実験の一例としてサルを用いた実験を取りあげよう[42]。サルに4個の棒状刺激を含むパターン中から注意すべき一つの棒状刺激を見いだす課題を課す。それぞれの棒状刺激は特定の傾きと色をもっている。最初にサンプル刺激として青色で特定の傾きの棒状刺激を1秒間提示し、次に何も提示されない500ミリ秒の遅延時間をおいて4個の棒状刺激から構成されるテストパターンを提示する。その中からサンプル刺激と同じ棒状刺激を見いだすのが課題である。

二通りの実験を行うが、実験1ではテストパターン中の1個の棒はサンプル刺激と同じ色、同じ傾きの青色の棒、残りの3個の棒は赤色で傾きもサンプル刺激と異なる棒である。他の3個の棒と色も傾きも異なるサンプル刺激と同じ棒はパターン中で飛びだして見えるので（ポップアウト課題）、サルは容易にサンプル刺激を見いだせる。実験2では4個の棒はすべて青色で、傾きのみが異なっており、サンプル刺激と同じ棒はパターン中で飛びだしては見えない（サーチ課題）。サルはサンプル刺激の傾きを記憶し、テスト刺激中の棒の傾きを順次チェックし、サンプル刺激と同じ傾きの棒を探さねばならない。

課題遂行中は多数（50個）の微小電極を下部外側頭頂葉（LIP）、背側外側前頭前野（DLPFC）、前頭前野の前頭眼野（FEF）とよばれる3領域に挿入し、3領域の多数のニューロンの活性化の様子を同時測定する。FEF領域は眼球運動を制御する脳部位である。テストパターン中のサンプル刺激を見いだすと、サルはその棒の方向に眼球サッケードを行うので、サンプル刺激を見いだしたことがわかる。ポップアウト課題では、サッケードが行われる少し前から活性化するニューロン群が3領域のいずれの領域にも相当数存在するが、ニューロンの発火時刻には有意な差があり、LIP、LPFC、FEFニューロン群という時間順序で活性化が起こる。

一方、サーチ課題ではサンプル刺激を見いだすのにポップアウト課題の場合より時間がかかり、ニューロン群が発火するのはサッケード直前の時刻である。またポップアウト課題と発火の時間順序が逆で、FEF、DLPFC、LIPニューロンの順に発火する。このような結果は、ポップアウト課題ではボトム・アップの注意により注意の情報は頭頂葉から前頭前野へと進行し、サーチ課題ではトップ・ダウンの注意により注意の情報は前頭前野から頭頂葉へと進行することを示している。

DLPFCとLIP領域　の局所場振動電位間の位相同期を周波数別に調べると、ポップアウト課題の場合にはガンマ振動電位（35〜55ヘルツ）に強い位相同期が見られ、サーチ課題の場合にはベータ振動電位（22～34ヘルツ）に強い位相同期が見いだされた。ボトム・アップの情報の流れはガンマ振動同期により円滑に行われ、トップ・ダウンの情報の流れはベータ振動同期により円滑に行われることを示している。しかしボトム・アップの情報の流れは最終的にはアップ領域に到達し、トップ・ダウンの情報の流れは最終的にはダウン領域に到達するので、両者の流れは共存しており、厳密に両者の役割を区別するのは難しい。

トップ・ダウンの情報の流れは脳の広範囲に伝達されるが、情報を伝達する信号が遠方に到達するには多少の時間遅れが避けられない。しかし、この時間遅れは低周波振動周期と比べると無視できるので、トップ・ダウンの情報の流れを入出力部位間の低周波振動位相同期を通して効率よく行う妨げにはならない。一方、ガンマ振動周期に比べて遠距離間の情報伝達に伴う時間遅れは無視できないので、ガンマ振動のような高周波振動ではたがいに離れた入出力部位間に位相同期を生みだすことは難しい。しかしボトム・アップの情報の流れは主として隣接する局所部位間を順次伝達する情報の流れであり、各段階での情報伝達に伴う時間遅れはガンマ周期に比べて小さいので、脳はガンマ振動のような速い振動の位相同期を通してボトム・アップの情報伝達を行っているように見える。

## ベータ振動

ベータ振動の役割を示す実験として、[43,44] スクリーン上にランダムな方向に動いている多数のドットから構成されるパターンを提示し、それらドットの運動の様子を総合して、パターン全体としてどの方向に集団運動しているかを被験者に判断させる実験がある。脳磁波を用いて調べると、個々のドットの運動を認知する高次視覚野であるMT野からの情報が集積するにつれ左右の運動野の局所場電位のベータ振動（12～25ヘルツ）振幅がしだいに増大し、被験者がパターンの運動方向を判断した後にはベータ振動振幅は小さくなる。このような結果は感覚情報を統合して適切な運動情報に変換する過程にベータ振動電位が関与していることを示している。

次章で取りあげるが、局所ニューロン集団の同期ベータ振動が一つの行動規則をコードしていることを示すサルを対象にした実験もある。実験結果は前頭前野の一つのニューロン集団の同期したベータ振動状態が一つの行動規則を表現し、異なる行動規則は異なるニューロン集団の同期したベータ振動状態で表現されることを示している。また行動規則の変更の際には、同期ベータ振動していたニューロン集団のアルファ振動電位が増大して集団の活性化が抑制され、異なる行動規則への変更を促すことも見いだされている。

## ガンマ振動

ガンマ振動は最もよく調べられている振動状態である。感覚情報処理を行う局所脳部位にはガンマ振動状態が現れて感覚情報を表現するが、感覚野以外の脳部位が必要な情報を作業記憶として保持する際にもガンマ振動状態が現れる。ガンマ振動状態では局所脳部位の多数のニューロンが正確なタイミングで（数ミリ秒程度以下の時間差で）スパイクを放出するので、その部位からの出力を受け取る脳部位を効率的に活性化できる（図7・2参照）。また複数の局所脳部位のガンマ振動電位が位相同期するとそれら脳部位間の情報伝達効率が増大し、一時的に局所回路網が形成され、その回路網の活性化により情報の統合が効率的に行われる（図7・3参照）。

例えば物体の形・大きさ・向き・色などは物体の異なる性質であり、異なる局所脳部位で情報処理される。それらが同一物体の異なる性質であることは、それら脳部位の局所場電位が同一のガンマ振動周期で位相同期して振動し、強く結ばれた回路網を形成することにより表現される。異なる情報が同一事物・同一事象に関する情報であることを認知する問題は結合問題とよばれているが、事象・事物の異なる個々の性質をコードする脳部位がガンマ振動で位相同期を示すことが結合の証と考えられている。

ガンマ振動は長期記憶の形成にも関与している。ガンマ振動状態の局所脳部位から別の局所脳部位に繰り返し入力が送られるとき、両脳部位のガンマ振動が位相同期していれば両部位のニューロン群のスパイク発火時間差は10ミリ秒程度以下の短時間になり、シナプス可塑性により結合の強さが長期にわたり強化され得る。そのために入出力関係の記憶は長期記憶として保持される。アルファ、シータ、ベータ振動等は比較的周期が長く、異なる局所脳部位の局所場電位が位相同期しても両部位のニューロン群のスパイク発火時刻差が10ミリ秒以下になることはまれなので、これらの振動状態はシナプス可塑性により長期記憶の形成にはあまり寄与しないものと思われる。

ガンマ振動周期はアルファ、シータ振動周期等に比べて短いので、例えばシータ振動とガンマ振動の間に1対$m$位相同期が起これば、シータ振動の1周期の間に$m$個のガンマ振動周期がちょうど含まれるようになる。シータ振動数が6ヘルツ、ガンマ振動数が42ヘルツの場合を例に取ると、1シータ周期に7個のガンマ周期が含まれる。作業記憶として複数の事象を記憶する必要があるとき、シータ振動の1周期内に異なる7個の記憶が一定の時間差でガンマ振動状態として表現され、シータ周期ごとにその表現が繰り返されると仮定すると、シータ振動の数周期にわたり複数の情報を作業記憶として維持できる。そのような機能を支持する数理モデルも提唱されており[45]、同時に作業記憶容量の最大値がシータ振動とガンマ振動の周波数比で与えられることが示唆されている。数字や文字などの単純な事物の記憶容量は7±2、より複雑な事物の記憶容量は3、4個程度であるが、数理モデルはそのような記憶容量を説明できる。

ガンマ振動状態は局所脳部位のインターニューロン群の速い振動状態により作られると考えられている。4章では触れなかったが、インターニューロン間にはシナプスを介さずに直接にニューロ

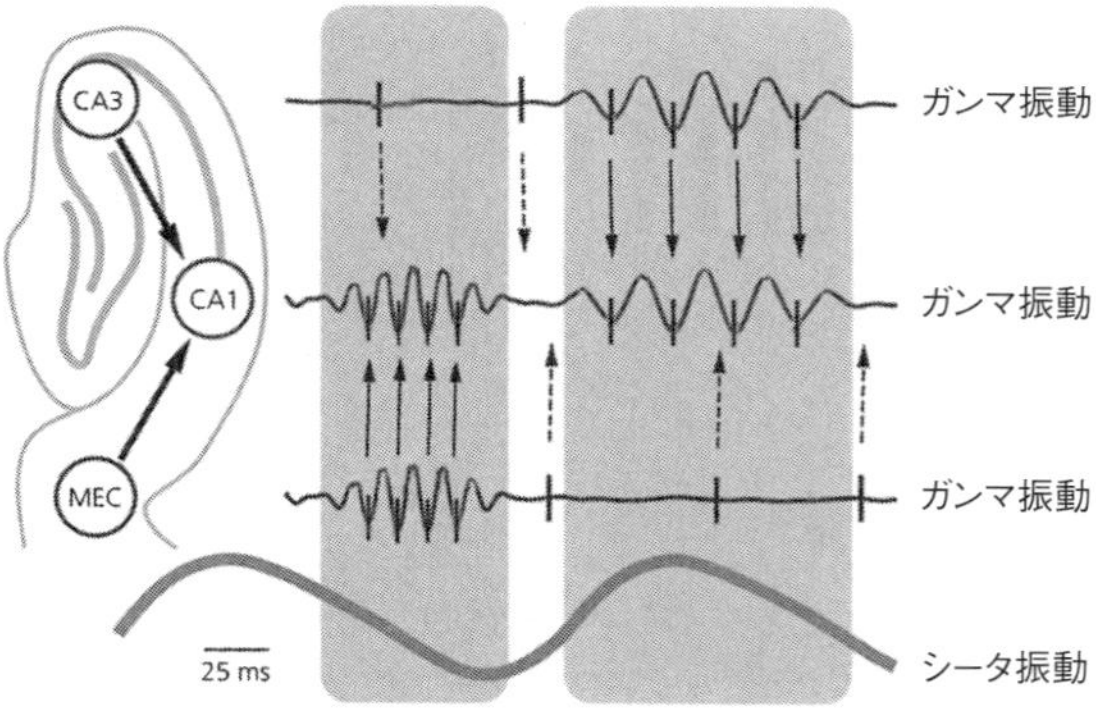


**図7・8**　ネズミの海場領域のシータ振動電位とガンマ振動電位（参考文献46の図を引用）

ン間を結ぶギャップ結合とよばれる結合があり、この結合によりインターニューロン群は素早く同期して発火し、高周波のガンマ振動状態を示すことができる。同期発火するインターニューロン群からの強い抑制性入力により、皮質脳部位の主たるニューロンである錐体ニューロンの発火が周期的に抑制され、当該脳部位の局所場電位にガンマ振動状態が現れる。

ガンマ振動は周波数帯領域の幅の広い振動であるが、遅いガンマ振動と速いガンマ振動とに分けられる。海馬は陳述記憶の植え込み、保持、大脳皮質への記憶の転送などに欠かせない役割を果たしているが、記憶の植え込みの際には顕著なシータ振動電位とともにガンマ振動電位が現れる。海馬は複数の組織から構成される器官であり、海馬のＣＡ１とよばれる領域は、海馬のＣＡ３領域と大脳皮質の嗅内野（ＥＣ、entorhinal cortex）とよばれる部位から入力を受けている。ネズミの海馬を用いた実験では、ネズミの餌探索行動中、あるいはレム睡眠中に、局所場電位に顕著なシータ振動とガンマ振動が現れる。

ＣＡ１領域のガンマ振動には25~50ヘルツの遅いガンマ振動と65~１４０ヘルツの速いガンマ振動が見られるが、図７・８に示したようにシータ振動の数周期ごとにＣＡ１領域のガンマ振動は遅いガンマ振動と速いガンマ振動を交互に取るように見える。[46] 一方、ＣＡ３のガンマ振動は遅いガンマ振動、ＥＣのガンマ振動は速いガンマ振動である。振動周期の同じ領域間の情報伝達効率は大きく、振動周期の異なる領域間の情報伝達効率は小さいことから、ＣＡ１はシータ振動の数周期ごとに入力情報をＣＡ３、ＥＣから交互に受け取っていることになる。海馬では情報の選択がガンマ振動周期を変えることにより容易に行われている可能性を示している。

## 局所場振動電位と論理思考

これまで述べてきたいろいろな実験や情報統合の脳内過程を参照して、数学などの高度な知的作業をする際の局所場振動電位の役割を改めて考えてみよう。局所場電位はその局所脳部位のニューロン集団の活性化の総和を表しているが、同時にその脳部位のニューロン群の活性化の容易さ、局所脳部位間の情報伝達効率を制御している。局所場電位にはいろいろな周波数帯の振動電位が共存し、相互に関連して活性化しており、低周波振動の位相が高周波振動の振幅や位相を制御している。またシータ振動、アルファ振動のような遅い振動では比較的広範囲の脳部位が関与し、ベータ・ガンマ振動のような速い振動ではより局所的な脳部位が関与している。

異なる周波数帯の振動電位間の関係は音楽における異なる周波数帯の音の間の相関に類似している。音楽では低音のリズムが楽曲の調べの大局的な流れを作り、その流れに合うように高音の調べが挿入される。混声合唱で女性と男性が1オクターブ異なる音程で歌うと耳触りのよい歌声になるように、低音と高音の音の間に $n$ 対 $m$ 位相同期があれば調和の取れた歌声になる。優れた楽曲の調べと優れた知的作業の実行の間にどのような関連があるかを明らかにするのは難しいが、音楽と同様に脳内での異なる周波数帯の振動電位の微妙な協調が、難しい論理思考を行う機能の背景にあると考えたい。

数学などの論理思考を行うには、広範囲の脳領域に記憶されている知識を統合すること、異なる周波数帯の振動電位で表現されている情報を統合することが必要である。情報統合には脳内に広く分布したニューロン集団間の一時的な連合状態の形成が鍵であり、またそのような広域的連合は選択的、総合的、かつ柔軟性に富むものでなければならない。形成された連合状態は認知機能を営むネットワークの指紋ともいえる[37]。

アルファ、シータ振動のような低周波振動は高周波のベータ、ガンマ振動に対する時間枠を与え、また低周波振動の位相により高周波振動の活性化しやすさが決まり、低周波振動周期にうまく挿入される形で速い振動状態が実現する。速い振動と遅い振動の間に $n$ 対 $m$ 位相同期が起これば、

遅い振動の $n$ 周期に速い振動の $m$ 周期が含まれ、両者の間に調和の取れた振動状態が実現する。このような位相同期は異なる周波数の振動子間に非線形の相互作用がある力学系によく見られる現象であり、$n$ 対 $m$ 位相同期は異なる周波数の局所場振動電位間の引き込み現象と考えられる[47]。

アルファ振動やシータ振動状態は当該脳部位の個々のニューロンの活性化の程度が比較的低い状態であり、脳が外部入力刺激を現実に処理したり、自主的に特定の知的作業を行っている状態ではない。非常に低周波（0・1ヘルツ程度）の振動状態であるデフォルト状態では広範囲の脳部位が活性化するが、それら脳部位は過去の出来事を想起する、あるいは未来に起こることを想像する際に活性化する脳部位と重なっており、デフォルト状態は脳の単なる休息状態ではなく、学習して得た多様な記憶の断片を脳内に想起し脳の働きを初期化している状態といわれている。アルファ、シータ振動状態もそのような脳の働きを初期化した状態、デフォルト状態より少し初期化が進んだ状態と思われる。

初期化した状態で特定の知的作業に必要な事象に注意を払うと、その事象に関連する事柄の記憶脳部位のアルファ振動振幅が減少し、速い振動電位であるベータ、ガンマ振動の振幅が増大する。また振動電位の位相が注意の機構によりリセットされ、異なる局所脳部位のベータ・ガンマ局所場振動電位が位相同期すると、異なる脳部位間の情報伝達効率が増大する。したがって活性化した複数の脳部位が一つの回路網を形成し、連携して一つの情報処理を行うようになる。一方、減衰していたアルファ振動振幅がある限界を越えて増大すると、アルファ振動に伴う抑制効果により注意対象の切り替えが行われ、一つの認知作業から異なる認知作業への変更が行われる。

論理思考を行うには、特定の観点、特定の目的に沿って情報を選択し論理を進めなければならない。そのためには一定の規則が必要であり、行動・思考の規則をどの脳部位に記憶し、どのように行動や思考を制御するかが問題である。次章ではこのような行動・思考の規則を取りあげて論じよう。行動・思考の規則は行動・思考そのものではなく、行動・思考を制御する抽象的な規則であり、また規則を表現する脳部位の活性化状態は局所的なガンマ振動状態ではなく、同期したベータ振動状態であることにも触れることにする。

## 著者の独白 2

ピアノは一つの鍵を押すと周波数一定の純音の出る楽器であり、鍵盤上には多数の白鍵と黒鍵が並んでいる。鍵盤上を左から右に移るにつれ鍵盤の出す音は高音になる。例えばハ長調のドに対応する白鍵の音の周波数は２６１・６２ヘルツであり、順次右側の白鍵に移ると白鍵の出す音はハ長調のレ、ミ、ファ、ソ、ラ、シの音になり、七つ目の白鍵は1オクターブ高いド音になる。ドとレ、レとミ、ファとソ、ソとラ、ラとシの白鍵の間には黒鍵があり、1オクターブの間に白鍵7個、黒鍵5個、合わせて12個の鍵がある。隣り合う鍵の出す音の周波数比は一定で、鍵盤を右に移動するにつれて音の周波数は等比級数的に増加する。

1オクターブ異なる音の周波数比は2、隣り合う鍵の出す音の周波数比は2の12乗根、概略1・0594である。したがってソ音はド音の約2分の3倍（1・4982……倍）、ミ音はド音の約4分の5倍（1・2599……倍）の周波数になっている。このように1オクターブを12等分した音律を平均律とよび、平均律で隣り合う音の高さの違いを半音、半音二つを全音とよんでいる。[48,49]

複数の純音を重ねたとき、純音の周波数比が簡単な整数比のときは合成音の響きがよいことが知られている。またピアノの一つの鍵をたたくと特定周波数の音を出すが、周波数がその基本周波数の2倍、3倍、4倍、……の振動数の倍音も含まれる。基本音、2倍音、3倍音等の混ざる割合は楽器により異なり、聞き手には音色の違いとして感じられるが、正確にオクターブ異なる音の組み合せは最も調和の取れた音の組み合せで、聞き手はまったく違和感を覚えない。また倍音の重なった音の高さは基本波の音の高さであると感じられ、基本音をまったく含まない2倍音、3倍音などを組み合せた音の場合でも、聞き手は複合音の音の高さは基本音の音の高さであると感じる。

二つの純音の組み合せ音の響きの悪さ（不協和度）を純音の周波数比を変えて調べると、周波数比が1のときは同じ音を重ねるだけなので不協和度は0であり、また周波数比が簡単な整数比のときに不協和度が小さくなる。例えばド、ミ、ソの音は同時に聞かされても音の響きがよく不協和度が小さいが、ミとドの周波数比は約4分の5、ドとソの周波数比は約2分の3、ミとソの周波数比は約5分の6であり、いずれも簡単な整数比に近い値になっている。聞き手に心地よい音、調和の取れた音である和音は周波数比が簡単な整数比である純音の組み合せ音である。このことは高度の認知機能を行う際に、局所場振動電位が $n$ 対 $m$ 位相相関により簡単な整数比（3分の1、3分の2など）になる傾向があることと類似している。和音から構成されると快い音楽が生まれるように、異なる周波数帯の振動電位の周波数比が単純な整数比になったとき、整合性のある高度な認知機能が行えるのではないかと考えたくなる。

## 参考文献

1. L. Mudrik, N. Faivre and C. Koch: Information integration without awareness, Trends in Cognitive Sciences Vol. 18, p. 488 (2014).
2. L. R. Squire and E. R. Kandel: Memory: From mind to molecules (Roberts and Company Publishers, 2009). (スクワイア、カンデル著、小西史朗、桐野豊監修、伊藤悦朗、宋時栄訳、「記憶のしくみ 脳の認知と記憶システム 上・下」ブルーバックス、講談社、2013)
3. D. O. Hebb: The organization of behavior: A neurophysiological theory (Wiley, 1949); D. O. Hebb: Textbook of psychology, 3rd edition (W. B. Saunders Company, 1972).
4. T. V. Bliss and T. Lomo: Long-lasting potentiation of sunaptic transmission in the dentate area of the anesthetized rabbit following stimulation of the perforant path, The Journal of Psychology Vol. 232, p. 331 (1973).
5. P. J. Sjostrom, G. G. Turrigiano and D. Nelson: Rate, timing, and cooperativity jointly determine cortical synaptic plasticity, Neuron Vol. 32, p. 1148 (2001).
6. 武田暁、猪苗代盛、三宅章吾、「脳はいかにして言語を生みだすか」講談社、2012。
7. E. R. Kandel: The molecular biology of memory storage: a dialogue between genes and synapses, Science Vol. 294, p. 1030 (2001); 2章参考文献4参照。

8. 加藤文元、「数学の想像力　正しさの深層に何があるのか」筑摩選書、筑摩書房、2013。
9. R. T. Canolty and R. T. Knight: The functional role of cross-frequency coupling, Trends in Cognitive Sciences Vol. 14, p. 506 (2010).
10. O. Jensen and L. L. Colgin: Cross-frequency coupling between neural oscillations, Trends in Cognitive Sciences Vol. 11, p. 267 (2007).
11. A. A. Koulakov, T. Hromadka and A. M. Zador: Correlated connectivity and the distribution of firing rates in the neocortex, The Journal of Neuroscience Vol. 29, p. 3685 (2009); N. Hiratani, J. Teramae and T. Fukai: Associative memory model with long-tail-distributed Hebbian synaptic connections, Frontiers in Computational Neuroscience Vol. 6, p. 1 (2013).
12. C. Kayser: Phase resetting as a mechanism for supramodal attentional control, Neuron Vol. 64, p. 300 (2009).
13. P. Lakatos, C-M Chen, M. N. O' Connell, A. Mills and C. E. Schroeder: Neural oscillations and multisensory interaction in primary auditory cortex, Neuron Vol. 53, p. 279 (2007).
14. P. Lakotos, G. Musacchia, M. N. O' Connel, A. Y. Faichier, D. C. Javitt and C. E. Schroeder: The spectrotemporal filter mechanism of auditory attention, Neuron Vol. 77, p. 750 (2013).
15. C. E. Schroeder, P. Lakotos, Y. Kajikawa, S. Partan and A. Puse: Neural oscillations and visual amplification of speech, Trends in Cognitive Sciences Vol. 12, p. 106 (2008).
16. D. Pins and D. Ffytche: The neural correlates of conscious vision, Cereb. Cortex Vol. 13, p. 461 (2003).
17. C. E. Schroeder and P. Lakatos: Low-frequency neural oscillations as instruments of sensory selection, Trends in Neuroscience Vol. 32, p. 9 (2008).
18. P. Lakotos, M. N. O'Connell, A. Barczak, A. Mills and D. C. Jevitt: The leading sense: Supramodal control of neurophysiological context by attention, Neuron Vol. 64, p. 419 (2009).
19. F. Baluch and L. Itti: Mechanisms of top-down attention, Trends in Neurosciences Vol. 34, p. 210 (2011); F.

Katsuki and C. Constantinidis: Bottom-up and top-down attention: different processes and overlapping neural systems, The Neuroscientist Vol. 20, p. 509 (2014).
20. F. Katsuki and C. Constantinidis: Bottom-up and top-down attention: Different processes and overlapping neural systems, The Neuroscientist Vol. 20, p.509, 2013
21. B. Noudoost and T. Moore: The role of neuromodulators in selective attention, Trends in Cognitive Sciences Vol. 15, p. 585 (2011).
22. S. Dehaene and J-P Changeux: Experimental and theoretical approaches to conscious processing, Neuron Vol. 70, p. 200 (2011).
23. S. Dehaene, L. Naccache, L. Cohen, D. L. Bihan, J. F.Mangin, J. B. Poline and D. Riviere: Cerebral mechanisms of word masking and unconscious repetition priming, Nature Neuroscience Vol. 4, p. 752 (2001).
24. R. Gaillard, S. Dehaene, C. Adam, S. Clemenceau, D. Hasboun, M. Baulac, L. Cohen and L. Naccache: Converging intracranial markers of conscious access, PLoS Biol. 7, e61 (2009).
25. E. S. Bromberg-Martin, M. Matsumoto and O. Hikosaka: Distinct tonic and phasic anticipatory activity in lateral habenula and dopamine neurons, Neuron Vol. 67, p. 144 (2010).
26. N. Van Attevelct, M. M. Murray, G. Thut and C. E. Schroeder: Multisensory integration: Flexible use of general operations, Neuron Vol. 81, p. 1240 (2014).
27. J. H. Reynolds and D. J. Heeger: The normalization model of attention, Neuron Vol. 61, p. 168 (2009).
28. S. Palva and J. W. Palva: New vistas for alpha-frequency band oscillations, Trends in Neurosciences Vol. 30, p. 150 (2007).
29. J. M. Palva, S. Palva and K. Kaila: Phase synchrony among neural oscillations in the human cortex, The Journal of Neuroscience Vol. 25, p. 3962 (2005).
30. W. Klimesch: Alpha-band oscillations, attention, and controlled access to stored information, Trends in Cogni-

tive Sciences Vol. 16, p. 606 (2012).

31. S. W. Hughes and V. Crunelli: Thalamic mechanisms of EEG alpha rythms and their pathological implication, The neuroscientist Vol. 11, p. 357 (2005).

32. S. Haegens *et al.*: Alpha-oscillations in the monkey sensorimotor network influence discrimination performance by rhythmical inhibition of neural spiking, Proc. Natl. Acad. Sci. USA Vol. 108, p. 19377 (2011).

33. W. Penfield and H. Jasper: Epilepsy and the functional anatomy of the brain (Little, Brown and Co., 1954).

34. J. F. Cavanagh and M. J. Frank: Frontal theta as a mechanism for cognitive control, Trends in Cogbitive Sciences Vol. 18, p. 414 (2014).

35. J. Fell and N. Axmacher: The role of phase synchronization in memory processes, Nature Reviews Neuroscience Vol. 12, p. 105 (2011).

36. J. M. Phillups, M.Vinck, S. Everling and T. Womelsdorf: A long-range fronto-parietal 5 to 10 Hz network predicts "top-down"controlled guidance in a task-switch paradigm, Cerebral Cortex Vol. 24, p. 1996 (2014).

37. M. Siegel, T. H. Donner and A. K. Engel: Spectral fingerprints of large-scale neural interactions, Nature Reviews Neuroscience Vol. 13, p. 121 (2012).

38. A. G. Siapas, E. V. Lubenov and M. A. Wilson: Prefrontal phase locking to hippocampal theta oscillations, Neuron Vol. 46, p. 141 (2005).

39. O. Jensen, K. Kaiser and J-P Lachaux: Human gamma-frequency oscillations associated with attention and memory, Trends in Neuroscience Vol. 30, p. 317 (2007).

40. P. Fries, D. Nikolic and W. Singer: The gamma cycle, Trends in Neurosciences Vol. 30, p. 309 (2007).

41. X. J. Wong: Neurophsiological and computational principles of cortical rhythms in cognition, Physiol. Rev. Vol. 90, p. 1195 (2010).

42. T. J. Buschman and E. K. Miller: Top-down versus bottom-up control of attention in the prefrontal and poste-

rior parietal cortices, Science Vol. 315, p. 1860 (2007).
43. T. H. Donner, M. Siegel, P. Fries and A. K. Engel: Build up of choice-predictive acivity in human motor cortex during perceptual decision making, Current Biology Vol. 19, p. 1581 (2009).
44. J. I. Gold and M. N. Shadien: Neural communications that underlie decisions about sensory stimuli, Trends Cognitive Sciences Vol. 5, p. 10 (2001).
45. J. E. Lisman and M. A. P. Idiart: Science Vol. 267, p. 1512 (1995).
46. P. Fries: The model- and the data-gamma, Neuron Vol. 64, p. 601 (2009).
47. 武田暁、「脳と力学系」講談社サイエンティフィック、１９９７、５章「共鳴現象と引き込み」。
48. 小方厚、「音律と音階の科学 ドレミ…はどのようにして生まれたか」ブルーバックス、講談社、２００７。
49. 最相葉月、「絶対音感」小学館文庫、小学館、２００２。

# 8章

# 脳はいかにして数学を生みだすのか

## ―証明という脳機能を再考する

言語では単語を組み合せて句を作り複数の句を組み合せて文を作るが、その際に構文の仕方を決める文法規則が存在する。数学の場合にもいろいろな数理演算を行う際、あるいは異なる数学的命題を論理的に関係づけ新たな命題を導く際、文法に相当する思考の規則が存在する。以下では数理演算等を遂行する際の規則をコードするニューロン群について述べることにする。

### 規則をコードするニューロン群

論理的思考、数理的思考を行う際の論理演算については6章で述べた。「ならば」、AND、OR、NOT演算などの論理素子演算を行う脳部位は脳内に広く存在するが、次にどの素子演算を行うか、どのように素子演算を順序づけて組み合せ演算するかを決める演算規則が、どの脳部位に記憶され、どのように論理演算を制御しているかが問題である。数学に必要な抽象的思考を行う際の脳の働きを直接調べるのは難しいが、人やサルがいろいろな行動を行う際の行動規則がどの脳部位のニューロン集団により記憶され、どのように行動を選択・制御しているかの概略の様子は調べることができる。

人は外から加えられる刺激の時系列にある規則性を認めると、その規則性を一般化し、一般化した規則に基づいて次の刺激が何かを予測する。例えばA、Bという異なる二つの刺激が存在し、繰り返しA、Bの順序で二つの刺激が交互に現れると、Aの次はB、Bの次はAという具合に次の刺激を予測する。また同じ刺激がA、A、A、……、Aのように何回も繰り返し現れると、次もまたAという具合に予測する。このように限られた経験を一般化して一つの規則性の存在を認知し、認知した規則に基づいて次に起こる事象を予測して適応的行動をとるのは人や動物に備わった能力である。

人は足算や掛算をいくつかの例題を通して学習すると、任意の二つの数字の組に対して足算や掛算を行う方法、すなわち計算規則を習得し記憶する。計算規則は二つの数字の組によらない一般的な規則であり、計算中は計算規則を作業記憶として一時的に脳内に想起し、その規則に従って計算が行われる。計算規則を作業記憶として保持する脳部位として、計算中に活性化する前頭前野や角回を含む頭頂連合野などの脳部位が考えられる。

人はいくつかの三角形を描き、それぞれの三角形に対して三中線を描くと一点に交わることを確かめられる。またこの事実を一般化し、すべての三角形の三中線は一点に交わることを予測する(三中線の定理)。このような数学定理を論理的に証明するのは多少難しいが、たとえ証明しなくても、限られた経験を一般化して直感的に一つの定理、例えば三中線の定理の成立を予測する能力は脳に備わった機能である。直感的な判断は、ときには誤った予測に導くこともあるが、論理の連鎖を重ねて何かを予測するよりは、限られた経験的事実を一般化して仮説を立て、仮説に基づき予測する直感的推論が多くの場合に論理的推論に先行するように見える。

規則をコードするニューロン群の存在を人の脳に対して直接確かめることは難しい。しかしサルの脳に微小電極を挿入し、個々のニューロンの活性化の様子を調べることにより、規則をコードするニューロン群の存在を調べられる。例えばサルに二つの図形を順次提示する。最初にサンプル図形を800ミリ秒提示し、次に何も提示しない1500ミリ秒の遅延時間を置いてテスト図形を提示する。遅延時間中にサルは手でレバーを押し続けており、遅延時間後に提示されたテスト図形が最初に提示されたサンプル図形と同一のとき、または異なるときにレバーを離すことを学習する。決められた規則に従いサルが正しくレバーを離すと報酬が与えられる。前者の規則をマッチ規則、後者の規則を非マッチ規則とよぶ。

どちらの規則に従い行動すべきかは、サンプル図形提示の際に規則を示す指示図形も提示してサルに知らせる。課題を繰り返し行うとサルは二つの行動規則を学習し、指示された規則に従って課題を正しく遂行できる。サンプル図形、テスト図形として用いる図形、行動規則を指示する図形をいろいろと変えても、学習を繰り返すとサルは課題を正しく遂行できる[1]。

課題遂行中にサルの前頭前野ニューロン群の活性化を調べると、サンプル図形と指示図形の提示に伴い発火頻度が多少増大し、遅延時間中は継続的に強く活性化するニューロン群が見いだされた。これらのニューロン群はテスト図形、サンプル図形、指示図形を変えても強く活性化するので、これらの図形のいずれかに選択的に強く応答するのではなく、行動規則そのものをコードして活性化しているように見える。マッチ規則、非マッチ規則のそれぞれをコードする異なるニューロン群が見いだされており、同一脳部位に混在して存在する。このようなニューロン群の存在は、前頭前野が行動規則を作業記憶としてコードし、行動を制御する脳部位であることを示している。

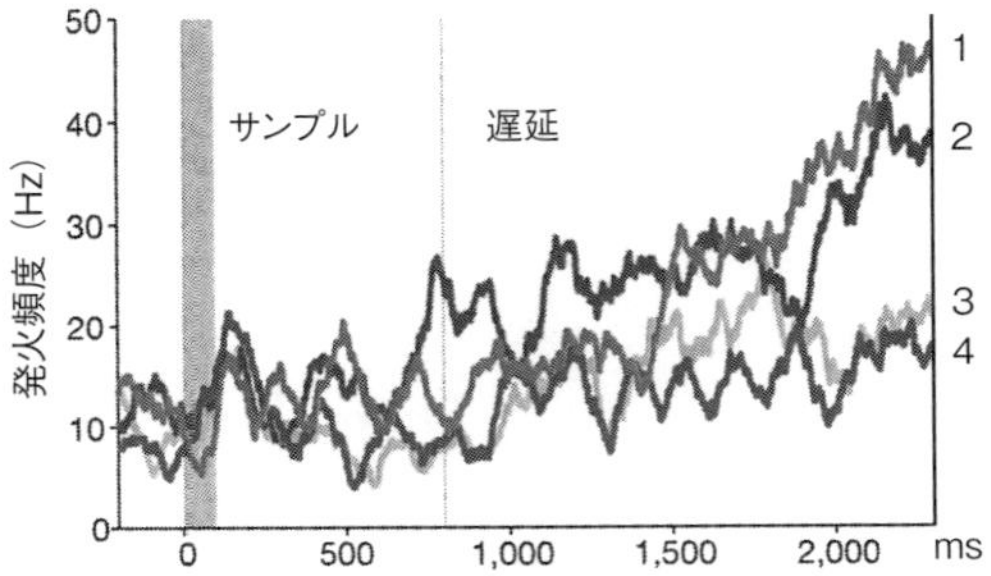

**図8・1**　行動規則選択性を示すニューロン（参考文献1の図を引用）

図8・1にマッチ規則をコードするニューロンの発火の様子の例を示した。図には指示図形を4通りに変えて実験した際の四つの発火頻度曲線（発火頻度の時間変化）が示されている。曲線1、2は指示図形によりマッチ規則で行動するようにサルに指示した場合であり、曲線1と2では異な

る指示図形を用いている。曲線3、4は指示図形により非マッチ規則で行動するように指示した場合の発火頻度曲線であり、曲線3と4では異なる指示図形を用いている。

遅延時間中の発火頻度はマッチ規則を指示した場合に非マッチ規則を指示した場合より有意に大きいので、このニューロンはマッチ規則をコードしている。ニューロンは単独で規則をコードしているわけではなく、マッチ規則で行動する際に高頻度で発火するニューロン集団でマッチ規則をコードしている。図8・1にはマッチ規則をコードするニューロンの発火の様子を示したが、非マッチ規則をコードするニューロンも同一脳部位に見いだされている。

前頭前野の広い領域に分布している多数のニューロン（500個程度）につき活性化の様子を調べたが、その中の40パーセント程度のニューロンが、マッチ規則か非マッチ規則のいずれかの規則をコードしている。一般に異なる課題を異なる規則に従ってサルが行うとき、それぞれの規則をコードするニューロン集団が前頭前野に見いだされるので、課題ごとに規則をコードするニューロン集団が新たに形成され、また同一のニューロンが異なる課題の異なる規則をコードする働きに関与している。

## 行動規則をコードする人の脳部位

人の脳の規則をコードする脳部位を調べるのは難しいが、被験者が一つの規則に従い行動する際

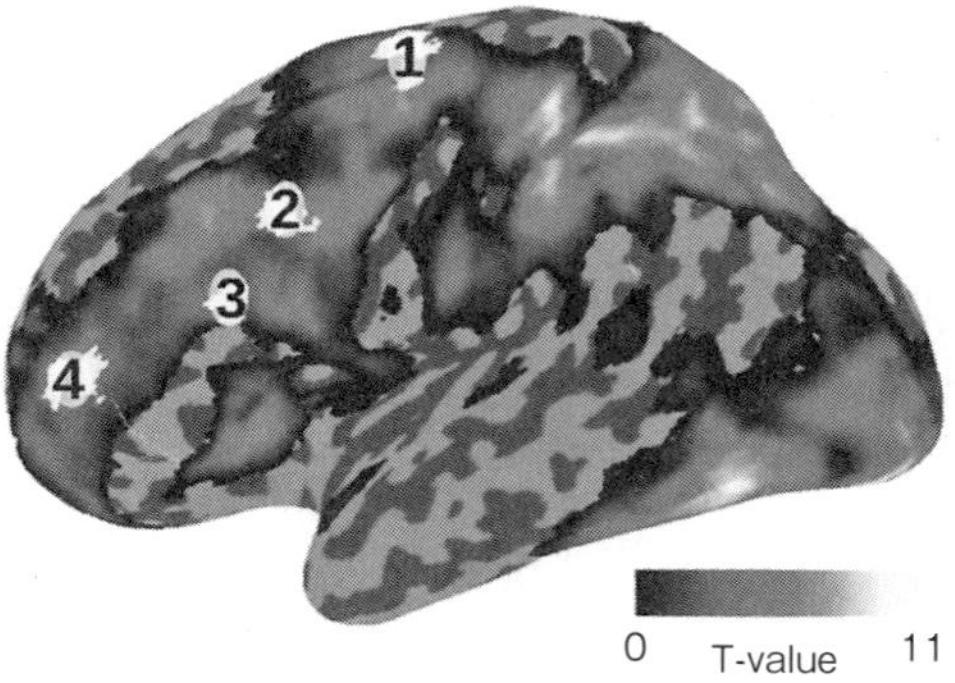


**図 8・2**　左脳前頭葉と抽象化規則。1. 背側運動前野　2. 運動前野前部　3. 背側外側前頭前野前部　4. 頭頂葉前頭極。（参考文献 2 の図を引用）

にｆＭＲＩを用いて脳の活性化部位を測定した実験がある。[2] 行動規則として抽象度の異なるいろいろな行動規則を設定したとき，抽象度の高い規則に従い行動するほど前頭前野のより前方部位が強く活性化する。これらの活性化部位は行動規則をコードする脳部位と考えられるが，図８・２に示したように前頭前野の活性化部位を領域１（背側運動前野），領域２（運動前野の前部），領域３（背側外側前頭前野の中央部），領域４（前頭葉の前頭極）に分けると，領域１から２，２から３，３から４へと移るにつれてより抽象度のより高い規則がコードされており，行動規則の抽象化の程度に応じた階層構造が脳内に存在するように見える。

それぞれの規則は行動の選択・実施を制御しているが，抽象度の高い規則ほどより広範囲の異なる状況に適用できる規則，抽象度の低い規則ほどより限られた状況に適用できる規則である。図８・２に示した行動規則の記憶部位の階層構造は，６章の図６・９に示したサルの脳の運動制御部位の階層構造とよく類似している。図8・2および図6・9に示した脳部位は行動規則や思考の仕方を制御している脳部位であり、規則に沿って現実の行動・思考を実施する脳部位とは異なる脳部位である。また行動・思考の規則を獲得するには学習が必要であるが、学習は図8・2に示した大脳皮質部位のみで行われるのではなく、それらの皮質領域を含む大脳皮質・大脳基底核・視床ループ回路で行われると考えられる。

## 計算規則をコードする脳部位

サルや人が特定の行動を行う際の行動規則をコードする脳部位とニューロン群について述べたが、抽象的な対象を処理する際の思考の仕方にも規則がある。思考を脳内で行われる一続きの情報操作と考えれば、操作は脳内で進行するニューロン集団による行動であり、思考の規則も行動規則と見なすことができる。思考の規則の例として計算規則を取りあげよう。足算や引算などの暗算をする際には、足算を行うか、引算を行うかの計算規則を作業記憶として記憶し、同時に計算対象になる一組の数も作業記憶として記憶する必要がある。

人の数計算に関する次の実験を取りあげよう。[3] 最初にスクリーン上に2秒間、一つの数字と足算（ａｄｄ）か引算（ｓｕｂ）のどちらかを行うかが表示される。例えば数字47と足算という文字が示される。次にスクリーン上に維持（ｈｏｌｄ）という文字が提示され、何回か繰り返し行われる計算では数47に足算を行うことが指示される。被験者は数字47と足算を行うことを数回の試行の間は記憶しておかねばならない。

数字47と維持の表示が消えると、数秒間のスクリーン上に何も提示されない遅延時間があり、その後に一つの新たな数（例えば11）がスクリーン上に提示される。被験者は47にその数（11）を加える計算を行う。4秒後に足算の答としてスクリーン上に四つの数字が提示され、その中の正しい答の数字（58）に対応するボタンを押すと課題は終了する。このような計算を数回行うが、47に加える数字は施行ごとに異なる。数回の計算後に数字か計算規則のいずれかを変える指示がスクリーン上に示され、その指示に従い被験者は次の数回の計算を行う。

課題遂行中は計算規則と数字の両方を記憶していなければならないが、このような作業記憶は前頭前野と頭頂葉に記憶されると考えられている。計算規則や数字を変更したときの活性化部位を調べると、頭頂葉には数字変更の際に規則変更の際より強く活性化する部位があり、前頭前野には規則変更の際に数字変更の際より強く活性化する部位がある。このような実験結果から、数字は頭頂葉領域に作業記憶として一時的に保持され、計算規則は前頭前野領域に作業記憶として一時的に保持されることが示唆されている。

## 行動規則と局所場振動電位

行動規則をコードする脳部位の局所場振動電位の振る舞いの例として、サルを対象にした次の実験を取りあげよう。[4,5] スクリーン中央に色が赤または青、傾きが水平または垂直方向の棒状刺激が提示され、サルは色または傾きの一方の性質のみに注意し、色または傾きに応じて決められている特定方向に眼球サッケードを行う。例えば色に注意するときは赤なら左、青なら右、傾きに注意するときは水平方向なら左、垂直方向なら右という具合にサッケードする方向が決められている。棒状刺激の色に注意すべきか（色規則）、傾向きに注意すべきか（方位規則）は、棒状刺激提示前にスクリーンの縁まわりの枠に提示される色により指示される。同一規則に従い繰り返しサルは課題を行うが、ときどき規則が色規則から方位規則、方位規則から色規則に変更される。

課題遂行中にサルの背側外側前頭前野の多数のニューロンの発火の様子を調べると、特定の規則に従い行動するときにのみ強く活性化するニューロン群が存在する。これらはその規則をコードするニューロン群と考えられ、それぞれ色集団、方位集団と名づける。二つの集団は異なる集団であるが、一部のニューロンは両方の集団に含まれる。前頭前野だけでなく、運動前野、側頭葉下部、大脳基底核にも同じ規則に従って行動するときに強く活性化するニューロン群が見いだされているが、規則をコードする前頭前野ニューロン群と連携して行動規則をコードするニューロン群、あるいは規則をコードする前頭前野ニューロン群からの入力を受けて強く活性化するニューロン群と思われる。

個々のニューロンの活性化ではなく、規則をコードしているニューロン集団全体の活性化の様子を見るために、色集団や方位集団の存在する背側外側前頭前野領域の局所場電位を集団領域内の複数の場所で測定する。色規則に従い行動するときの色集団内の局所場ベータ振動電位、方位規則に従い行動するときの方位集団内の局所場ベータ振動電位の位相を調べると、同一集団内の異なる場所でのベータ振動電位の位相はほぼ同じで、集団内での位相同期の程度が大きい。一方、色規則に従い行動するときの方位集団内の異なる場所でのベータ振動電位間の位相同期、あるいは方位規則に従い行動するときの色集団内の異なる場所でのベータ振動電位間の位相同期の程度はともに小さい。特定の行動規則で行動する際、その行動規則をコードするニューロン集団が時間的に同期してベータ振動周期で活性化し、集団全体で行動規則を表現して行動を制御する役を果たしているように見える。

図8・3には最初に色規則が提示され、次に色規則が方位規則に変更され、最後に方位規則が色規則に変更されたとき、指定された行動規則に従い行動する際の同一集団内の異なる2か所のベータ振動電位（19〜40ヘルツ）の位相同期の様子を示した。また行動規則の切り替え時に、それら2か所で測定したアルファ振動電位（6〜16ヘルツ）の位相同期の様子を色集団、方位ニューロン集団のそれぞれに対して示した。[5]

上段の図は適用される規則と規則変更の時間経過を示しており、下段の図の左端には色集団を構

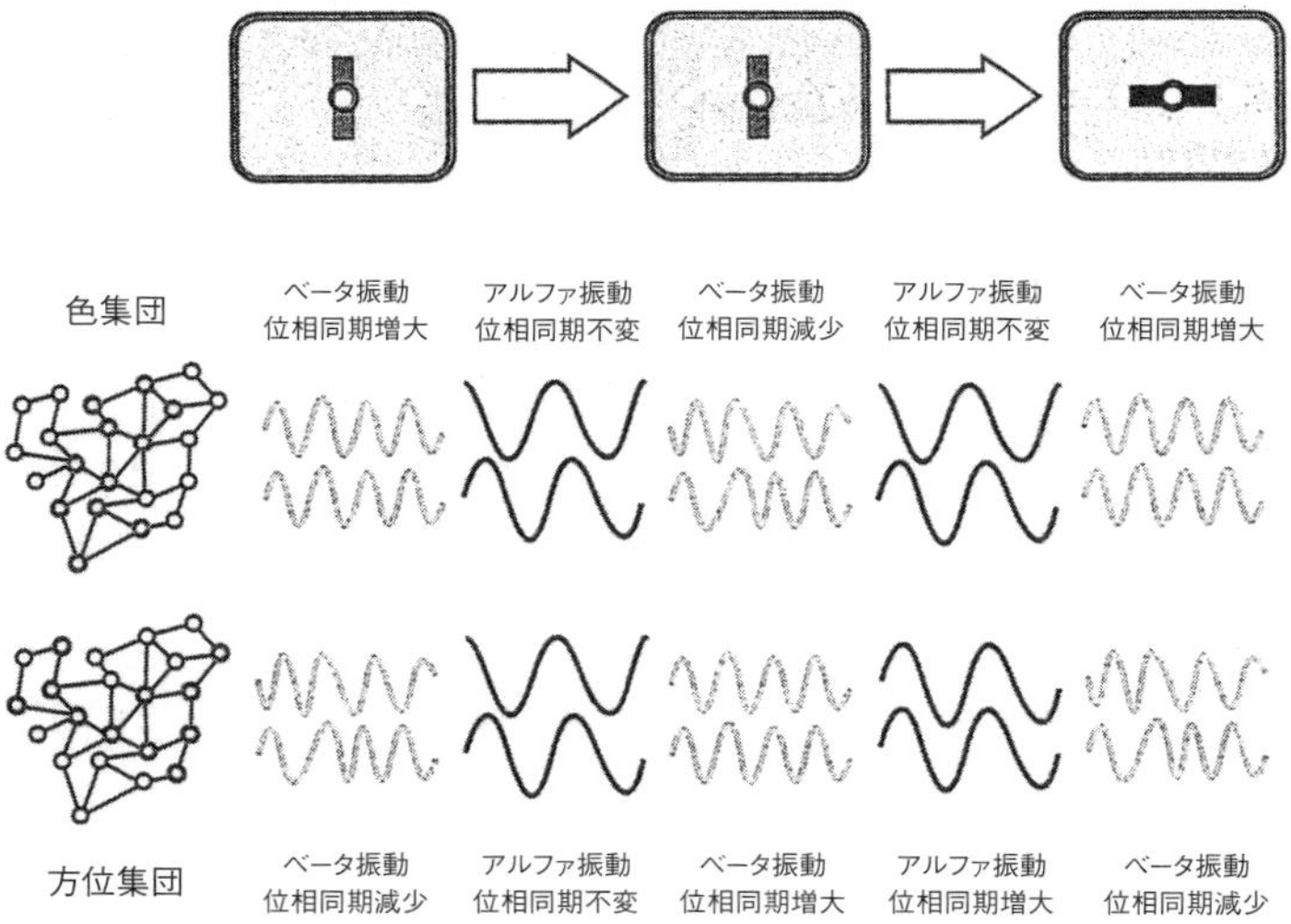


**図8・3** サルの前頭前野領域に存在する行動規則に依存して活性化するニューロン集団の同期活性化（参考文献5の図を引用）

成するニューロン集団、方位集団を構成するニューロン集団の構成を示している。両者を構成するニューロン群の一部は重なっている。下段の図には色規則あるいは方位規則で行動する際の集団内の異なる2か所でのベータ振動電位が示されているが、2か所で測定した局所場振動電位は色集団が色規則で行動するとき、方位集団が方位規則で行動するときには位相同期の程度が大きく、その他の場合には位相同期の程度が小さい。このような色または方位集団内の異なる部位間で位相同期したベータ振動状態は、行動規則を表現しているように見える。

行動規則の切り替え時のアルファ振動電位の同一集団内の異なる場所間の位相同期の様子を調べると、方位規則から色規則に変更されるときに方位集団のアルファ振動電位の位相同期が増強するが、色集団のアルファ振動電位の位相同期の程度は色規則から方位規則への変更の際にあまり変化しない。サルは方位規則に従い行動することに慣れており、よく慣れた行動から他の行動に切り替える際にアルファ振動電位の強い位相同期が起こり、それに伴うアルファ振動電位の増大により、よく慣れた方位規則に従い行動する機能を抑制するように見える。集団内のアルファ振動の強い位相同期は、集団内の抑制性インターニューロン群の強い発火を促し、興奮性ニューロン群の活性化作用に打ち勝って、集団のそれまで取ってきた活性化状態を抑制するものと思われる。先にアルファ振動は不要な情報を抑制する機能があることを述べたが、図8・3はそのような抑制効果の一例を示している。

要約すると、ベータ振動で同期活性化するニューロン集団は当該の行動規則を表現する。またアルファ振動の同期活性化は、それまで用いられていた行動規則による行動、あるいは習慣化した行動を抑制し、新たな行動規則への変換を促す役割を果たす。

規則をコードする脳部位とニューロン集団の存在について述べたが、ニューロン集団が活性化状態を維持している間は作業記憶として行動規則は記憶されている。しかし、規則をコードするニューロン集団から関連する局所脳部位への入力が、いかにして行動を制御しているかが問題である。7章でサルの一次視覚野の局所場振動電位はサルが視覚刺激に注意を払うときだけでなく、聴覚刺激に注意を払うときにも位相リセットを起こすことを述べた。4章で触れたように大脳皮質は6層の層状構造をもっているが、視覚刺激は一次視覚野の第4層に入力するのに対して、聴覚刺激は一次視覚野の第2、3層に入力する。前者は駆動型の入力、後者は調整型の入力ともいわれ、前者は一次視覚野のニューロン群を直接活性化するが、後者は一次視覚野の局所場電位の位相リセットを起こし、そのために視覚入力が応答効率の大きい局所場電位の位相領域で入力し、間接的に一次視覚野の活性化を助ける機能を果たしている。

規則をコードする前頭前野領域のニューロン群からのベータ周期で振動する入力も調整型の入力であり、入力を受け取る局所皮質部位の第2、3層、あるいは第5、6層に入力を送っている。そのために入力を受ける皮質領域のベータ振動電位の位相がリセットされ、リセットされた局所領域間のベータ振動位相同期により領域間の情報伝達効率が増大する。したがって、それら脳部位で構成される回路網が一時的に形成され、必要な情報を統合して適応的行動や思考のパターンを生みだす役を果たしていると考えられる。

ベータ振動電位の役割を示す別の実験として、宮下達による対連合記憶課題に関する実験がある。[6,7] 図8・4Aに示したように全体で24個の図形を12対の対図形に分類し、どの図形がどの図形と対をなすかをサルに記憶させる。このような図形は高次の形状視覚認知部位である側頭葉TE野に長期的に記憶されるが、TE野とTE野より高次の認知機能部位である36野（A36）の形状認知機能を同時に調べる。36野はTE野と双方向に結合している。TE野には24個の図形のそれぞれに対

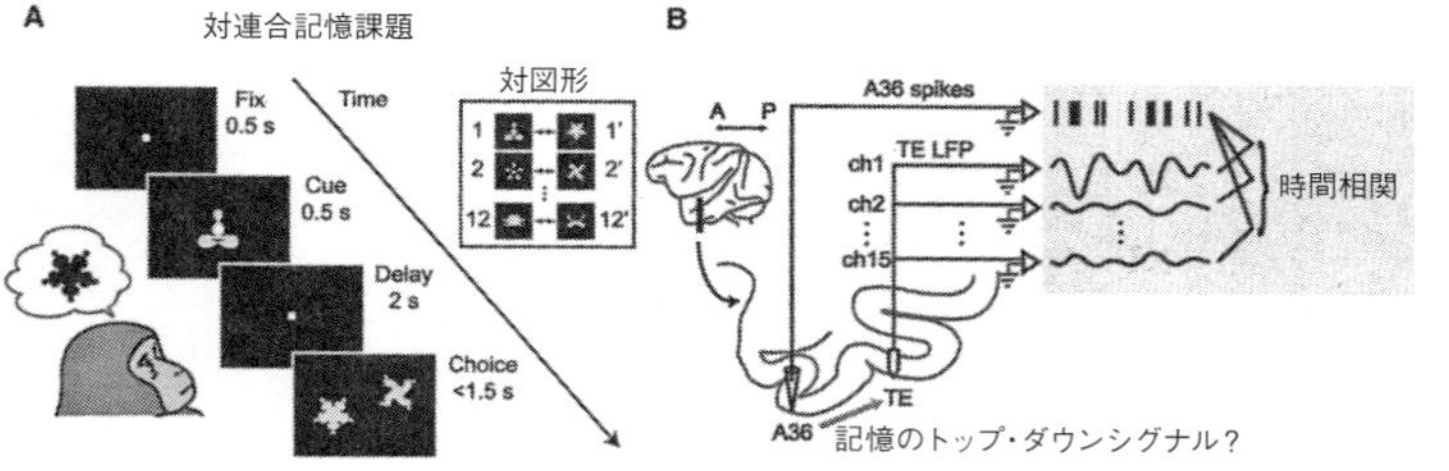


**図 8・4**　対連合記憶（参考文献 7 の図を引用）

し選択的に強く応答するニューロン群が存在するが、対図形のどちらの図形に対しても強く応答するニューロンは少ない。一方、36野ニューロンの図形に対する応答を調べると、対図形のいずれかに強く応答するニューロンの多くは、対図形のいずれに対しても強く応答するニューロンである。[6]

対連合記憶課題の実験[7]では、36野に微小電極を挿入してニューロンの発火の様子を測定し、同時にTE野に多点リニア電極を挿入して、TE野の異なる層領域での局所場電位を測定する。図8・4Bは36野のニューロンのスパイク放出時刻と、TE野の異なる層での局所場電位の時間変化を示している。36野ニューロンの発火時刻とTE野の15ヘルツ近傍の周波数の低周波領域のベータ振動電位の位相には相関があり、平均するとTE野のベータ振動電位の谷は36野ニューロンの発火時刻から17ミリ秒程度遅れて現れる。このことは36野からのトップ・ダウン制御信号がベータ振動電位によりTE野へ伝播することを示している。TE野の振動電位にはガンマ振動電位も現れるが、TE野の異なる層でのガンマ振動電位の相関を通して異なる層間の情報の流れも調べることができる。その結果、対連合記憶課題の際のトップ・ダウン信号は36野-TE野深層（5、6層）-TE野浅層（2、3層）へと進行すること、36野からTE野への情報の流れはベータ振動により、またTE野の異なる層間の情報の流れはガンマ振動によることが示されている。

対連合記憶課題は手がかり図形から対になる図形を探す課題であるが、対図形を探すという指示も脳活動に対する一つの行動規則を表している。一般に多くのトップ・ダウン制御信号はなんらかの目的に沿うように行動を制御する、あるいは思考の仕方を制御する役を果たしており、行動・思考の規則を表現していると考えてよい。行動・思考の規則とは何かと問われれば、トップ・ダウン制御の仕方を指定する規則といってもよいと思われる。また制御部位から被制御部位への異なる脳部位間の制御情報の流れがベータ振動により伝達され、同一局所脳部位内の異なる層間の制御情報の流れがガンマ振動により伝達されることは、課題によらない一般的な事柄と思われる。

脳にはこれから起こるべき事柄を予測する、あるいはその事象がいつ起こるかを予測する機能があり、脳の局所場振動電位はそのような予測機能を支える役割を果たしている。複雑な環境の中で注意対象事象の時系列変化に存在するなんらかの規則性を予測し、その規則に基づいて近い将来に起こる事象を予測する、その事象がいつ起こるかを予測することは脳が日常的に行っていることであり、その際にも規則をコードするニューロン集団が必要な役割を果たしているものと思われる。数学における数理的・論理的な推論を進める際に、既知の事柄から生ずる結果を予測して論理を進めることが必要になるが、予測に必要な思考規則を表現するためには、局所場振動が一定の役割を果たしているものと思われる。

単純な実験例として400ミリ秒の時間間隔で同一音刺激を繰り返し与えると、一次聴覚野の局所場電位にベータ振動電位とガンマ振動電位が現れ、またアルファ振動電位が減衰する。ベータ振動電位の位相は400ミリ秒周期の音刺激の入力時に振動振幅が最大になるようにリセットされ、また各刺激入力時にガンマ振動振幅が増大する。繰り返し音刺激の中で無作為に一つの刺激を欠落させると、予測と現実の違いの誤差に応答して刺激欠落時のガンマ振動電位の振幅は大きくなり、それに伴う誤差信号の影響でベータ振動電位が変化し、予測の仕方が変更されることを示している[8]。脳が何かを予測するとき、諸般の状況を判断してなんらかの規則性を認知し、それに基づいて予測を行うものと思われるが、上述のベータ振動電位の振る舞いはそのような推論を裏づけている。

## 数学を創る

これまで述べた事柄を総合して、数学における論理過程を大胆に推測しよう。論理演算の際には最初に演算の目的や意図が設定され、課題に関連すると思われる諸命題に注意を払うことにより、それらの命題をコードしている脳部位のアルファ振動電位振幅が脳の休息時に比べて減少する。振幅の減少にもかかわらずそれら命題をコードする脳部位のアルファ振動電位間には位相同期が保たれ、それら命題間に相互関連がある可能性を表現している。注意に伴いアルファ振動電位の振幅の減少した脳部位では、より速い振動電位であるベータ振動電位の振幅が増大し、同期したベータ振動電位により課題に必要な論理規則が表現される。それらの論理規則に従い論理を進めると、いろいろな局所脳部位のガンマ振動電位が増大し、課題の遂行に必要な諸命題が同期活性化したガンマ振動状態として表現される。このような過程は主としてトップ・ダウンの情報の流れであり、また遅い振動状態から速い振動状態への遷移の流れでもある。

アルファ振動、ベータ振動に伴う情報の流れは調整型の入力の流れであり、入力を受ける脳部位のニューロン集団の発火頻度は比較的小さく、予備的な活性化状態と考えられる。しかし異なる周波数帯の振動電位間の位相・振幅相関、位相・位相相関により最終的に複数の脳部位のガンマ振動電位が増幅され、同時にそれら脳部位のガンマ振動電位の間の位相同期が強まると、予備的活性化状態は真の活性化状態に移り、それぞれのニューロン集団は高頻度で発火する。また局所脳部位間の情報伝達効率も増大し、論理過程を行うための回路網が形成される。

## ゆらぎの効能

脳内に論理演算を行う回路網が形成される道筋について述べた。論理演算はなんらかの規則に従って行われ、それら規則をコードする脳部位とニューロン集団が存在する。また脳にはどのような行動、思考をするかを決める際に、行動・思考の結果を予測して最適な行動・思考を選ぶための評価機能と選択機能、誤った選択をしたときにその行動・思考を修正する機能等が備わっており、大脳皮質 - 視床 - 大脳基底核ループ回路がそのような評価機能・修正機能に関わっている[9]。

脳はニューロンという生物素子の多数の集まりであり、外部刺激に対して適応的な応答をする際、あるいは自発的に思考や行動をする際、個々のニューロン、個々のニューロン集団の活性化には避けられないゆらぎがある。学習によりゆらぎをある程度小さくすることができるが、まったくゼロにすることは不可能である。脳が適切な行動や思考をする際にゆらぎの存在は多くの場合にマイナスの効果をもつと思われるが、他方でゆらぎにより予期しない脳内回路網が一時的に形成され、予期しない認知能力をもたらすなどのプラスの面もある。特に柔軟性が必要な脳の高次認知機能には、ゆらぎの存在が欠かせないように思われる。

ニューロン・ニューロン集団は入力刺激がないときでも自発的に活性化しており、活性化の強さは入力刺激による活性化と自発的活性化の総和で決まってくる。たまたま自発活性化の強いときに入力した刺激の効果は強化され、たとえ弱い入力刺激でもニューロン・ニューロン集団は活性化され得ることになる[10]。このようなゆらぎの効果により、通常は現れない脳の活性化パターン、新たな思考パターンが表面化される可能性があり、ゆらぎには新たな思考形式を生みだすメリットがある。

人が加減乗除などの演算を行ったり会話をするとき、多くの場合に正しい演算、正しい会話をすることができるが、ときには誤ることもある。これらの数演算や会話の機能と異なり、数学における証明という論理操作は誤りを許さない論理の連鎖で行う脳機能であり、そのような100パーセントの正確さを要求される機能を脳がいかにして行えるかが問題である。5章で数の正確な認知、数のデジタル化について述べた。脳には集合中の物体の数を概算する機能があり、頭頂葉のIPS領域や前頭葉には数の概略の大きさを認知するニューロン集団が存在する。言語能力の向上に伴い数を数字や言葉で表現できるようになり、集合中の物体の数に対応して一つの数字が存在することを理解すると、アラビア数字を用いていかなる数もデジタル化して正確に表現できるようになる。このようなデジタル化された数の概念は、頭頂葉の角回領域で形成されると考えられている。

論理的な推論の正確度は学習により向上するが、ときには誤りを犯すことは避けがたい。特に多くの段階を経て推論をする場合には、過ちを犯す可能性は否定できない。仮定から結論を導く論理の連鎖を誤りなく行うのは難しい作業であり、多くの数学定理の証明では最初に「ひらめき」により最終結論や中間段階の結論を予測し、それから時間をかけて演繹的・論理的推論をして結論を導くのが通常の証明過程といわれている。多くの研究者が過ちをときどき犯しながら証明の過程を検証し、時間をかけて個々の論理過程の正しさを確かめたときに結論が証明されたと考えるが、脳の働きのゆらぎなどを考えると、研究者による一種の共同謀議として結論を認知したとも考えたくなる。

## 脳の想像力

フォン・ノイマンは著書『計算機と脳』[11]の中で脳の働きと電子計算機の機能とを比較して論じているが、両者の働きには大きく異なる点がある。計算機はデジタル形式で情報を表現し、与えられたプログラムに従って情報を逐次処理するが、一つの計算機（ハードウェア）にはいろいろと異なるプログラム（ソフトウェア）を組み入れることができるので、電子計算機は万能型の機械である。また電子計算機は離散的な時間単位で作動し、サイクルごとに新たな操作を行うが、1サイクルは1ナノ秒程度の短時間であり、操作は迅速、かつ、正確に行われる。

一方、脳は多数のニューロンから構成される複雑な組織であり、ニューロンの機能の時間単位は1ミリ秒程度、局所ニューロン集団の集団としての機能の時間単位は10～20ミリ秒程度であり、計算機の作動時間単位である1ナノ秒に比べて桁違いに遅い。またニューロンの機能には応答のゆらぎがあり、完全に正確な情報処理は期待できない。しかし脳は非常に多数のニューロン、多数の局所ニューロン集団が同時に並列に機能するシステムであり、それぞれの情報処理スピードは遅いが、多数のニューロン、多数の局所ニューロン集団が情報を並列処理することにより、並列処理性の低い電子計算機にはない利点がある。またニューロン、ニューロン集団の応答のゆらぎは常に負の効果をもつのではなく、前述したように情報統合の新たな思考回路の形成等の予期せぬ効果を生むことがある。

ユークリッドの『原論』[12]では、自明と思われる複数の公理から構成される公理系から出発し、厳密な演繹的推論を経て多様な数学定理を証明するという手法を取っている。今日の数学でも同様な方法が好ましい方法であると考えられているが、直接に公理系から出発して新たな定理を導くことはまれであり、すでに証明された諸定理を用いて新たな定理を導く方法が取られている。演繹的に導かれた結果の多くは自明な事柄であり、それほど興味をそそられる結果でないことが多いが、その中で重要で興味深い結果である諸定理を組み合せて眺めて見ると、その数学のもつ知的体系としての全体像が見えてくる。

数学を研究する際、あるいは研究内容を他人に伝える際、自然言語に加えて数学記号と数学用語を用いている。アラビア数字、等号、不等号、四則演算等を表す記号、5章で述べた各種の論理演算子記号はすべて数学記号であり、また整数、素数、未知数、直線、線分、平面、三角形、集合、群などの用語は、数学の対象になる命題を表すのに用いられる数学用語である。それぞれの命題を記号p、q、……などの記号で表せば、すべての数学で用いる論理と命題は記号で表すことができ、記号のみで数学の世界を記述する形式言語を構成できる。

英語や日本語のような自然言語には文法規則があるが、自然言語は厳密な文法規則に従って構成されてはいないので、文の意味には曖昧さが残る。また用いられる単語の意味も厳密には定義されていないのが普通である。したがって誤りを許さない数学体系の構成には、できれば自然言語を用いずに構成することが望ましい。自然言語を用いずに数学記号・数学用語のみを用いて数学に現れるを概念を表現し、数式などの数学的操作をも記述することが原理的にはできるので、自然言語のもつ曖昧さとは無縁な形で数学を構成することはできる。しかしこのような厳密な形式化はあくまで原則であり、自然言語を用いずに形式言語のみで数学の内容を表すと、きわめて複雑で長い表現になり、決して現実に実行されることはない。

数学用語の多くは抽象化された概念に対応する用語である。例えば図形に関する用語である直線、円、正三角形等の用語を例に取ると、幅ゼロの真っ直ぐな線である直線、中心から正確に等距離にある点の集まりである円、3辺の長さが正確に等しい正三角形等は現実の物質世界には存在しない。これらの数学用語は現実に存在する図形を理想化して得られる図形であり、一つの抽象化された概念に対応する図形を意味する用語である。5章で述べたように抽象化・一般化の機能は脳にそなわった普遍的な機能であり、人は五感を通して感じる物質世界の事象・事物を抽象化・一般化する能力を備えている。

数学は主として抽象化された事象・事物を対象とする学問であり、現実世界の実態を超越して、すなわち現実世界の制約を越えて抽象的な世界を構築する科学であり、脳の想像力に依存する科学である。実数から複素数への数の拡張、三次元空間から多次元空間への空間次元の拡張などに見られるように、数学では思考対象の選択には制限がなく、論理的思考の対象になる事物・事象であれば、いかなる想像上の世界をも議論の対象にすることが許される[13]。物理学などの自然科学では、論理の整合性に加えて現実世界の実態との整合性が要求されるが、数学では論理的整合性のみが要求され、より自由に思考対象を選択できる。

論理対象の自由な拡張は予期せぬ効果をもたらすことがある。例として有名なオイラーの公式を取りあげよう。次式で定義される関数をゼータ関数という。

$$\zeta(s)=\sum_n \frac{1}{n^s}=1+\frac{1}{2^s}+\frac{1}{3^s}+\frac{1}{4^s}+\cdots \quad (1)$$

変数 $s$ の値が-1のときは $\zeta(-1)=1+2+3+\cdots$ となり、その値は無限大になると思われるが、$s$ を実数から複素数に拡張して二次元複素平面内で定義されたゼータ関数の値を求めると、$\zeta(-1)=-1/12$ という驚くべき結果が得られる。この結果は数学者オイラーにより見いだされた。オイラーはこの種の多くの公式を見いだしているが、その中のいくつかを以下に記す。

$$\zeta(-1)=1+2+3+4+5+\cdots=-1/12$$

$$\zeta(-3)=1^3+2^3+3^3+4^3+\cdots=1/120 \quad (2)$$

$$\zeta(2)=1+\frac{1}{2^2}+\frac{1}{3^2}+\frac{1}{4^2}+\cdots=\pi^2/6$$

ゼータ関数は物理学の理論によく用いられる関数である。われわれの住む宇宙は三次元空間、四次元時空と考えられているが、最近の素粒子物理学では高次元の宇宙の存在が議論されており、素粒子の究極理論の一つの候補である超弦理論では、われわれの宇宙が十次元時空、九次元空間である可能性が考えられている。超弦理論で光子の質量を求めると[14]、空間次元が$D$次元の場合に光子の質量が0になる条件は次のようになる。

$$2+3\zeta(-1)\times(D-1)=2-(D-1)/4=-1/12 \qquad (3)$$

この式から空間次元$D$は九次元（$D=9$）という結果が得られる。この議論ではオイラーの公式$\zeta(-1)=-1/12$を用いている。このように自由に想像力を働かせ時空の次元をも論じることができるのは脳の想像力によるものである。

## 数学はどのようにして生まれるか

数学研究を行っている際、多くの数学者は研究内容の中の重要な発見は無意識のうちに行われたと考えている。著名な数学者であるアダマール[15,16,17]は自らの数学研究の進捗過程を振り返り、（1）意識的な準備段階、（2）無意識な推敲による思考のふ化の段階、（3）再び意識的な思考に立ち戻る啓示（ひらめき）の段階、（4）意識的な検証の段階に分けている。各段階における思索の際に必ずしも自然言語を用いて考えているわけではなく、むしろ言語になっていない概念を使っているので、思考の内容を言葉で表すのは難しいとアダマールは述べている。アダマールの考えは主観的にすぎるとの批判はあるが、一方で多くの数学者が自らの研究を振り返りアダマールと類似な経験をしたと語っている。

アダマールの考えは数学研究を行っている際の自らの心の中を内観して述べたものだが、アダマールの考えを参照しながら数学研究の際の脳内過程を推測してみよう。新たな数学課題に取り組むとき、数学者は自分がもち合せている数学上の知識を用いて問題を解こうとする。これがアダマールのいう第一段階、意識的な準備段階に相当すると思われるが、多くの場合にその段階では目標とした問題を解決できずに研究が中断し、なんらかの新たな思考のパターンが必要になる。準備段階で用いた習熟した思考のパターンの束縛から離れて、少し頭を休めることが必要になる。

頭を休めている間でも、気になる事柄は無意識のうちになんらかの形で頻繁に想起されている。このような脳の無意識の働きの間に想起された情報が偶然に統合され、新たな脳内回路が形成され、本人が気づかない状態で新たな思考パターンが形成される可能性は否定できない。脳の働きの大部分は意識にのぼることなく行われ、意識を伴う脳の働きに用いられるエネルギーは脳で使われるエネルギー全体の5パーセント以下にすぎない。無意識な思考の中身を明らかにするのは難しいが、脳が休息しているデフォルト状態での脳の活性化部位の測定等から、広範囲の脳部位が無意識の脳の働きに関与していると推測される。

過去の出来事を思いだす、あるいは未来に起こることを予測するときの脳の活性化部位は、デフォルト状態での脳の活性化部位とほとんど重複している（6章参照）。したがって無意識な思考ではいろいろな過去の記憶の断片が想起され、未来を予測する際と同様に想起した記憶の断片を統合して新たな思考のパターンを再構成する試みが、本人が気づかない形で行われていると考えられる。意識を伴う思考では一時に一つの思考パターンしか意識に上らないが、無意識の思考では多くの異なる記憶の断片が同時に並列に想起され、それらを結びつけて作られるいろいろな思考のパターンの構成が同時に並列して行われている。想起した記憶の断片や思考のパターンを表現する脳部位の活性化の程度は大きくないので、想起された記憶の断片、思考のパターンが意識に上ることはないが、このような無意識の思考は新たな思考パターン形成の準備段階と考えられる。

想起した記憶の断片をつないで興味ある新たな思考のパターンが形成できるか否かは予測できないが、多数の異なる記憶の断片が同時に想起されている無意識の状態では、偶然に複数の記憶の断片がたくみに結合され、実りのある思考のパターン、あるいは思考のパターンの種を創造することは起り得る。したがって無意識の思考の状態はアダマールのいう第二段階に対応する思考のふ化の状態ともいえる。問題解決に役立つ思考のパターンが生まれるか否かは偶然に支配されるが、数学に関する多数の記憶の断片が同時に想起されている状態では、情報統合の正準過程や局所脳部位の活性化のゆらぎの効果などにより想起された記憶の断片をたくみに統合する回路網が形成され、意識に上るほどに回路網の活性化が成長すれば、新たな数理的思考の生まれる可能性があると思われる。

新たな思考パターンの卵が形成されふ化すると、再び脳は意識的な思考の状態に戻り、その思考のパターンを顕在化、具体化しようとする。ふ化した思考を意識する瞬間がひらめきであり、脳はアダマールのいう第三段階の思考状態に移行したことになる。ふ化した思考パターンを用いて問題の解決の道筋を立てた後、厳密な演繹的推論を重ねて論理的に問題の解法を明示するのが最終段階の検証の段階であり、証明という手続きで検証を行うことになる。この最終段階は数学研究を特徴づける思考段階であるが、論理の積み重ねが不得手な脳にとってはきわめて厄介な手続きでもある。

## 数学と心の科学

著名な心理学者であるピアジェは人の知能の発達段階を次のような4段階に分けて論じている[18]。(1) 感覚－運動知能の段階 (0～2歳)、(2) 前操作思考の段階 (2～6、7歳)、(3) 具体的操作の思考段階 (6、7歳～11、12歳)、(4) 形式的操作の思考段階 (11、12歳以降)。各段階の年齢には個人差や地域文化による差があるが、個人や地域によらずに人が知能を獲得するにはこのような順序づけられた発達段階があることを、子供を対象にした多くの心理学実験の結果に基づいてピアジェは示している。数学をするのに必要な論理的な知能も、このような発達段階を経て獲得されるものと思われる。

段階1は幼児が言語機能を獲得する以前の段階であり、子供が身近な具体的な環境に接して外界を知覚し、それに応じた適切な行動を学習する段階である。段階2は経験したことを心の中でイメージして思い浮かべることができる段階であり、心の中に外界のさまざまな表象、脳内イメージが形成される時期である。子供はこのような表象、イメージを用いて思考するようになるが、多様な表象の相互関係はまだよく理解されていないので、表彰されたイメージをうまく操作することはできない。段階3は脳内で表象されるイメージを具体的に操作できる段階であり、具体的事物の表象については大人と同様に合理的に推論できるが、言葉で表される言語的な命題等の抽象化された表象について操作することはうまくできない。段階4は言語的な命題を含む抽象的な命題をも操作できる段階であり、具体的な事物や事象から離れて、抽象的な命題を用いて論理的推論を進めることができる段階である。

ピアジェは操作という言葉を用いているが、操作とは心の活動、脳の活動を意味している。抽象的な命題の操作は知性の源泉であり、前述の知能の発達段階を経て多様な表象・イメージの高度な操作能力が獲得されると考えられる。例えば$x^n$は$x$を$n$回繰り返し再生産する操作、$x+y$は$x$と$y$を結合する操作、$x-y$は$x$から$y$を分離する操作、$x=y$は$x$を$y$でおき換える操作を意味しているが、このようなシンボルで表現される抽象的な対象の操作が数学では欠かせない役割を果たしている。

## 証明する脳機能を再考する

５章でいろいろな基本論理演算について論じたが、脳内で表象される抽象的な命題に対する論理操作は生まれつき脳に備わった操作ではなく、学習を経て脳が獲得する操作である。数学上の命題の証明には脳内での多様な論理回路の形成が欠かせないが、基本論理演算を行う論理回路がどのように形成されるかを再検討しよう。

例として基本論理演算素子であるＯＲ演算を取りあげよう。命題Ａと命題Ｂのどちらか一方が成立すれば命題Ｃが成立するＯＲ演算（論理和）の場合には、まず命題Ａをシンボル化して表現する局所脳部位Ｘのニューロン集団の特定の活性化状態、命題Ｂを表現する局所脳部位Ｙのニューロン集団の特定の活性化状態、そして命題Ｃを表現する局所脳部位Ｚのニューロン集団の特定の活性化状態の存在が必要である。これらの活性化状態はそれぞれの命題をシンボル化して表象している。

命題Ａ、Ｂ、Ｃ間の関係の成立には、それぞれの命題を表現する局所ニューロン集団Ｘ、ＹとＺを結ぶ局所回路網の生成と、その回路網を用いた情報伝達による命題Ａ、Ｂ、Ｃ間の関係の認知が必要である。命題Ａ、Ｂと命題Ｃの間にＯＲ関係が存在することはあらかじめ決められていることではなく、命題Ａ、命題Ｂの少なくとも一方が想起されたときに命題Ｃを表象する活性化状態が常に実現するとき、初めて命題Ａ、Ｂ、Ｃ間にＯＲ関係が成立することが認知され、命題間の論理的関係性が確立される。

命題A、B、Cを関連づける課題に取り組むとき、命題A、B、Cを表現する脳部位X、Y、Zだけでなく、それらと結合している脳部位も同時に活性化する。そのような活性化状態が繰り返し実現する間に、7章で論じた位相‐振幅相関、位相‐位相相関などによりX‐Z、Y‐Z間の結合のみが選択的に強化され、他の脳部位の活性化に伴う入力が無視できる状況になると、初めてA、B、C間のOR関係が疑いない形で認知されることになる。

先に取り上げた対連合記憶課題を例に取ると、対図形を繰り返しサルに提示することによりTE野にそれぞれの図形を表現する活性化状態A、Bが記憶される。またTE野からの入力を受ける36野には、いずれの図形に対しても強く応答するニューロン集団が形成され、その活性化状態Cは二つの図形が対図形であることを表現する。TE野と36野を結ぶ回路はOR回路であり、活性化状態A、BのいずれかのTE野から入力を受けると、36野に活性化状態Cが実現する。このような感覚情報処理に関与する脳部位では、繰り返し同じ感覚刺激を与えることによりOR回路が半ば自動的に形成される。OR回路以外の基本論理回路も繰り返し同じ感覚刺激を与えることにより自然に形成されるものと思われる。

一方、感覚情報と異なり抽象性の高い情報を結ぶ論理回路の場合には、それらの情報を記憶している脳部位は前頭前野等の高次の脳部位であり、また抽象的な情報を直接伝える外部入力は存在しない。したがって自発的に高次の脳部位を活性化し、記憶されている多様な命題を想起し、それら命題間の関係を探るためのいろいろな思考を試みることになる。外部入力に依存して認知する命題間の関係を経験法則とすると、抽象度の高い命題間の関係は論理的思考により得られる論理法則であり、経験法則とは異なっている。抽象性の高い思考の極致として数学があるとすると、高次の脳部位の自立的働きに主として依存する心の働きは、数学的思考ということになる。

複数の命題を結ぶ論理は先験的に存在するのか、あるいは経験を通して人が発見すべきものなのかは氏と育ちの問題とも考えられるが、数学は人が発見すべきものなのか、あるいは人が発明するものなのかという問題と同じ問題である。誰もが認知できる論理関係は心の働きと無関係に先見的に存在する関係と考えたくなるが、それでもその論理関係の成立は上述のような脳の働きを通して確認されなければならない。論理学や数学は経験的要素をできるだけ排除し、公理系から出発していろいろな論理的命題を形成してゆく学問であるが、知能心理学や脳科学は、そのような論理学、数学に対する実験科学であると考えることもできる。

6、7章では数学を構成するのに必要な「ならば」、論理和、論理積、否定などの論理素子機能を行う回路の存在、数学上のいろいろな命題を表象する脳機能と脳部位、複数の命題を論理回路でつなぎ一つの調和のとれた論理を構成するための情報統合機能と機能を支える正準過程、局所ニューロン集団の活性化を表す局所場振動電位の情報伝達に際しての役割等について述べた。また、この章では論理思考の制御規則をコードする脳部位の存在と、制御規則を伝達する局所場振動電位の機能について述べた。人の脳に多数の微小電極を挿入して、数理的思考を行っている際の局所脳部位の局所場電位や局所脳部位を構成する個々のニューロンの活性化の様子を調べることはできないので、数学構成の際にどのような過程が脳内で進行するかを現実に確かめることは難しい。それでも、これまでの議論から数理的思考の流れの概略の様子はある程度推定できるように思われる。

最後に2章で取りあげた数学定理の証明の具体例のいくつかを取りあげ、数学における証明という手続きについて改めて考えよう。

1．数学的帰納法を用いたファルマーの小定理の証明で示したように、数学的帰納法では異なる命題が自然数 $n=1, 2, \ldots$ で区別されるとき、（1）ある自然数 $n$ に対して命題 $A(n)$ が成立すれば自然数 $n+1$ に対しても成立すること、（2）$n=1$ に対して命題が成立することから、任意の自然数に対して命題が成立すると認定する証明方法である。$n=1$ に対して成立すれば $n=2$ に対して成立し、$n=2$ に対して成立すれば $n=3$ に対して成立するという具合の論理を続けていけば、いかなる有限な $n$ に対しても命題が成立することを理解できるが、無限に続く論理の連鎖を脳がどのようにして理解するかはやはり不思議に思えてくる。脳は想像力を働かせて無限という抽象的な概念を作りあげ、（1）、（2）が成立すればすべての $n$ に対して命題が成立すると結論しているように思われる。[12]

# 著者の独白

人が無限という概念をどのようにして獲得するかは自明でないが、例えば自然数を例に取ると、どの自然数に対してもそれより1だけ大きい自然数が存在することは容易に理解できるので、自然数の個数が有限か無限かと問われれば、自然数は無限に存在すると答えることになる。個人的な体験を述べると、筆者は幼年時に中等・高校教育を一貫して行う7年制の高校で学んだ。この高校の入学試験は筆記試験と口頭試問からなる2日にわたる試験であった。入試を受けたのは小学校の卒業時になるが、口頭試問で出された数学の問題の一つは「二つの整数の公倍数のなかで、最大の公倍数は有限か無限か？」という設問であった。どのように答えたかは覚えていないが、小学6年生でも無限という概念を理解できるという前提で出された設問であった。

2．次に背理法による素数が無限に存在することの証明を取りあげよう。背理法とは公理系で表現されるいくつかの仮定から演繹的な推論により目標とする結論を導くのではなく、あえて最初に証明すべき結論を否定し、それから導かれた結果が出発点である「結論の否定」と矛盾することから結論の否定が間違であることを示し、結論が正しいことを証明する方法である。すなわち「否定の否定＝肯定」という論理である。通常の証明は「仮定」→「推論」→「結論」という論証の流れであるが、背理法では流れの向きを逆転させ、「結論の否定」→「推論」→「仮定の否定」という流れで結論が正しいことを証明する。ある意味で虚構の世界で論理を展開し、命題の正しさを証明することになる。

一般に一つの命題の正否を直感的に判断するのは難しく、命題が正しいか誤っているかの予測は人により異なる。素数が無限個存在するのか、有限個で最大素数が存在するのかは人により予測が異なるかもしれないが、そのいずれかを直接に確かめるのは難しく、背理法という特別な方法を用いて正否を判断することになる。素数が無限に存在することを否定すると、素数は有限個で最大の素数 $p$ が存在することになるが、$p$ より大きな素数の存在を具体的に示すことにより、素数が有限個ではなく無限個存在すると結論する。

ブラウワー（1881〜1966年）は数学における直感主義とよばれる考えを押し進めた数学者である。数学上の命題は真か偽のいずれかでなければならないが（排中律）、いかなる命題も正しいことが具体的に証明されるまでは真とも偽ともいえないと彼は主張した。ブラウワーは背理法を利用して命題の真偽を証明する方法に疑問をもち、背理法に否定的な考えを強調したが、数学には背理法を用いないと真偽を確かめられない多くの命題があり、最終的には彼も背理法を受け入れざるを得なかったといわれている。脳は背理法のような偽りの仮定に基づいて論理を進め、最終的に矛盾が生ずることを示す能力を備えている。

# 終わりに

この最終章では、これまで論じてきた脳の数理機能を参照して、数学を構成する際の思考過程と数学を特徴づける証明という手続きについて改めて考察した。数学上の興味ある事実を理解する際に、公理系から出発してその事実を証明するという手続きを文字通り行う人は数学者の中でもほとんどいないし、また数学者を除くと、多くの人は証明という手続きにはあまり興味を示さない。何段階もの論理を踏んで演繹的に何かを証明する機能は脳にとって不得手な機能であり、すべての人の脳にあらかじめ備わっている機能ではない。論理的思考を学習した人々にのみ学習の度合に応じて共有される機能であり、数学定理などを理解する際にはほとんどの人は論理の連鎖を用いるのではなく、直感に訴えて理解する方法を取っている。

今日に至る多様な数学体系の構成の様子を眺めると、数学者はできるだけ直感に基づく判断をさけ、論理的に数学を構成することを目指してきたように見える。(19) 例えばユークリッドの『原論』で論じられている幾何学体系では、幾何学図形などから得られる視覚情報に基づく直感的判断をできるだけ避け、数学の構成を論理の積み重ねで行う努力をしている。しかし2章で述べた平面幾何学の公理を眺めても、いずれの公理も直感的に理解しやすい公理であり、完全に直感を避けて公理系を設定するのは難しい。公理系の選択には自由度があるが、公理系は誰にでも受け入れやすい自明な公理から構成されており、受け入れやすさの理由には感覚情報に基づく公理系の直感的理解が背景にあるものと思われる。また公理とは証明すべきものではなく、公理を証明なしに受け入れなければ数学体系を構築できないので、採用するどの公理も直感に訴えて理解できるものであることが望ましい。

数学の論理的構成を研究対象とする数学基礎論には、ラッセル（１８７２～１９７０年）とホワイトヘッド（１８６１～１９４７年）による3巻からなる『プリンピキア・マセマティカ』、あるいはヒルベルト（１８６２～１９４３年）により提唱された『ヒルベルト・プログラム』などの代表的な著作があり、数学を論理的に構成する研究が精力的になされてきた。しかし、その後にゲーデル（１９０６～１９７８年）が不完全性定理を発表し、「いかなる考察に値する形式体系も本質的に不完全か、もしくは矛盾を含む。すなわちその体系には証明することも否定することもできない命題が存在する」ことが示された。

ゲーデルの不完全性定理などを考慮すると、数学に用いられるすべての命題に対して命題の正しさを証明しなければならないと考えるのは行きすぎた要求である。また脳が命題の正しさを最終的にどのようにして判定するかについても、いまだ多くの謎が残されている。さらなる脳科学の進歩に基づいて数学思考の内容を明らかにすることが望まれる。

本書を書き終えて脳の数学機能を理解するのは大変難しいことを改めて実感した。本書の初稿は1年半ほど前に書きあげたが、その後も脳の数理機能に直接・間接的に関連する多くの興味ある研究報告が世に出され、それらを参照して初稿に多少の手を加えた。いずれは脳の数理機能の理解がより進んだ形で行われるものと期待したい。

## 参考文献


1. J. D. Wallis, K. C. Anderson and E. K. Miller: Single neurons in prefrontal cortex encode abstract rules, Nature Vol. 411, p. 953 (2001).
2. D. Badre, A. S. Kayser and M. D'Esposito: Frontal cortex and the discovery of abstract action rules, Neuron Vol. 66, p. 315 (2010).
3. C. A. Montojo and S. M. Courtney: Differential neural activation for updating rule versus stimulus information in working memory, Neuron Vol. 59, p. 173 (2008).
4. T. J. Buschman, E. L. Denovellis, C. Diopgo, D. Bullock and E. K. Miller: Synchoronus oscillatory neural ensambles for rules in the prefrontal cortex, Neuron Vol. 76, p. 838 (2012).
5. A. K. Enget: Rules got rhythm, Neuron Vol. 76, p. 673 (2012).
6. T. Hirabayashi, D. Takeuchi, K. Tamura and Y. Miyashita: Microcircuits for hierarchical elaboration of object coding across primate temporal areas, Science Vol. 341, p. 191 (2013); T. Hirabayashi, D. Takeuchi, K. Tamura and Y. Miyashita: Functional microcircuit recruited during retrieval of object association memory in monkey perirhinal cortex, Neuron Vol. 77, p. 192 (2013).
7. M. Takeda, K. W. Koyano, T. Hirabayashi, Y. Adachi and Y. Miyashita: Top-down regulation of laminar circuit via inter-area signal for successful object memory recall in monkey temporal cortex, Neuron Vol. 86, p. 840 (2015).
8. L. H. Arnal and A-L Giraud: Cortical oscillations and sensory predictions, Trends in Cognitive Sciences Vol. 16, p. 390 (2012).

9. 武田暁、「脳は物理学をいかに創るのか」岩波書店、２００４、７章を参照。
10. M. D. McDonnell and L. M. Ward: The benefits of noise in neural systems: bridging theory and experiment, Nature Review Neuroscience Vol. 12, p. 415 (2011); M. D. Fox, A. Z.Snyder, J. L. Vincent and M. E. Raichle: Intrinsic fluctuations within cortical systems account for intertrial variability in human behavior, Neuron Vol. 56, p. 171 (2007).
11. J. Von Neumann: The computer and the brain (Yale University Press, 1958).（フォン・ノイマン、柴田裕之訳、「計算機と脳」ちくま学芸文庫 Math & Science、筑摩書房、２０１１）
12. エウクレイデス、斎藤憲訳・解説、「エウクレイデス全集　第１巻原論Ⅰ～Ⅵ」東京大学出版会、２００８。
13. 瀬山士郎、「数学 想像力の科学」岩波科学ライブラリー、岩波書店、２０１４。
14. 大栗博司、「超弦理論入門」ブルーバックス、講談社、２０１３。
15. J. Hadamard: Essai sur la psychologie de l'invention dans le domaine mathematique (Gauthier-Villars, Paris, 1952).（アダマール、伏見康治他訳、「数学における発明の心理」みすず書房、１９９０）
16. D. Luelle: The mathematical brain (Princeton University Press, 2007).（ルエール、冨永星訳、「数学者のアタマの中」岩波書店、２００９）
17. J. P. Changeux and A. Connes: Matiere a Pensee (Editions O. Jacob, 1989).（シャンジュー、コンヌ、浜名優美訳、「考える物質」産業図書、１９９１）
18. 波多野完治編、「ピアジェの発達心理学」国土社、１９６５、「ピアジェの認識心理学」国土社、１９６５、滝沢武久、山内光哉、落合正行、芳賀純、「ピアジェ知能の心理学」有斐閣新書古典入門、７版、有斐閣、１９８７。
19. R. Kaplan and E. Kaplan: Hidden harmonies (Janklow and Nesbit Associations, 2011).（R・カプラン、E・カプラン著、水谷淳一訳、「数学の隠れたハーモニー：ピタゴラスの定理のすべて」ソフトバンククリエイティブ、２０１１）; J. Mazur, Euclid in the rainforest (Pi Press, 2005).（メイザー、松浦俊輔訳、「数学と論理をめぐる不思議な冒険」日経BP社、２００６）

**著者の略歴**

東京大学・東北大学名誉教授.（公財）平成基礎科学財団理事. 理学博士. 専門は理論物理学(素粒子論), 脳科学. 1924年生まれ. 東京帝国大学理学部物理学科卒業. 同大学院中退. 神戸大学助教授, 東京大学原子核研究所教授・所長, 東北大学理学部教授・理学部長, 東北学院大学教授などを歴任. 主な著書は『素粒子』『場の理論』『物理科学への招待』『形の科学』『脳と物理学』（以上, 裳華房), 『脳と力学系』『脳はいかにして言語を生みだすか』（以上, 講談社), 『脳は物理学をいかに創るのか』（岩波書店）など.

脳はいかにして数学を生みだすのか

平成 28 年 12 月 15 日 発 行

著作者 武 田 暁

発行者 池 田 和 博

発行所 丸善出版株式会社

〒101-0051 東京都千代田区神田神保町二丁目17番
編集：電話(03)3512-3267 ／ FAX(03)3512-3272
営業：電話(03)3512-3256 ／ FAX(03)3512-3270
http://pub.maruzen.co.jp/



組版印刷・製本／藤原印刷株式会社

ISBN 978-4-621-30102-9 C0040 Printed in Japan